寒区水工大体积混凝土
防裂及裂缝处理

王成山　苑立东　编著

中国电力出版社
CHINA ELECTRIC POWER PRESS

内 容 提 要

开展大体积混凝土防裂研究已有数十年历史，时至今日，混凝土构筑物上依然还有大量的裂缝出现，这些裂缝对混凝土构筑物的完整性、耐久性、抗渗性及外观造成了不利的影响。本书对寒区水工大体积混凝土防裂及裂缝处理工程经验与心得体会加以总结，以期为类似工程防裂提供借鉴。

本书共分 14 章，主要内容包括：概述；典型混凝土重力坝温度和温度应力时空分布规律；大体积混凝土温度控制标准的制定；大体积混凝土原材料选择与配合比优化防裂措施；大体积混凝土降温防裂措施；大体积混凝土保温与养护防裂措施；大体积混凝土结构防裂措施；观音阁碾压混凝土重力坝施工期裂缝原因分析与处理；玉石水库 6 号坝段上游面竖向裂缝分析与处理；青山水库溢洪道裂缝调查与处理；辽河闸闸墩混凝土裂缝成因分析与处理；水工隧洞混凝土衬砌裂缝原因分析与预防；蓦窝水库大坝重要裂缝调查与处理；三湾水库闸坝工程防裂及裂缝处理。

本书适用于从事大体积混凝土施工及水工结构领域的科研人员、施工技术人员阅读使用，并可供相关科研院所、高等院校师生参考使用。

图书在版编目（CIP）数据

寒区水工大体积混凝土防裂及裂缝处理/王成山，苑立东编著 . —北京：中国电力出版社，2022.9
ISBN 978-7-5198-6458-3

Ⅰ.①寒… Ⅱ.①王…②苑… Ⅲ.①混凝土—防裂②混凝土—裂缝—处理 Ⅳ.①TU528

中国版本图书馆 CIP 数据核字（2022）第 022675 号

出版发行：中国电力出版社

地　　　址：北京市东城区北京站西街 19 号（邮政编码 100005）

网　　　址：http：//www.cepp.sgcc.com.cn

责任编辑：安小丹（010-63412367）　代　旭

责任校对：黄　蓓　朱丽芳

装帧设计：王　欢

责任印制：吴　迪

印　　　刷：三河市万龙印装有限公司

版　　　次：2022 年 9 月第一版

印　　　次：2022 年 9 月北京第一次印刷

开　　　本：787 毫米×1092 毫米　16 开本

印　　　张：21

字　　　数：381 千字

印　　　数：0001－1200 册

定　　　价：120.00 元

前言

开展大体积混凝土防裂研究已有数十年历史，时至今日，混凝土构筑物上依然还有大量的裂缝出现，这些裂缝对混凝土构筑物的完整性、耐久性、抗渗性及外观造成了不利的影响。

自 20 世纪 90 年代初，通过观音阁、白石、玉石、阎王鼻子、猴山、大雅河、三湾等新建混凝土重力坝，以及葠窝混凝土重力坝加固、青山水库溢洪道、盘山闸等大体积混凝土工程温控设计及工程建设，从原材料选择与配合比优化、降温、保温、结构等方面，形成了较为完整的大体积混凝土综合防裂措施体系。并且，观音阁、白石、玉石、阎王鼻子、猴山、大雅河、三湾和葠窝 8 座混凝土坝均进行了温度场和温度徐变应力有限元仿真计算，基本摸清了混凝土重力坝温度和温度应力时空分布规律。依据有限元仿真计算成果，制定出合适的浇筑温度、最高温度、上下层温差、内外温差等控制标准，更加科学合理、切合实际。

大体积混凝土完全做到防裂是较为困难的，需要较多的资金投入，并受到施工过程中多种因素影响。有必要对防裂目标的制定进行讨论，既要重视防裂，也要顾及成本，将严格防止如重力坝上游面裂缝及坝体中央部位纵向贯穿性裂缝等对防渗和稳定性影响较大的重要裂缝，以及将对防渗和安全没有实质性影响的裂缝数量控制在某一个范围内，作为大体积混凝土防裂控制目标是可行的。

本书基于寒区水工大体积混凝土防裂及裂缝处理成功经验，从以下几方面展开论述：第一章为概述；第二章为典型混凝土重力坝温度和温度应力时空分布规律；第三章为大体积混凝土温度控制标准的制定；第四章为大体积混凝土原材料选择与配合比优化防裂措施；第五章为大体积混凝土降温防裂措施；第六章为大体积混凝土保温与养护防裂措施；第七章为大体积混凝土结构防裂措施；第八章为观音阁碾压混凝土重力坝施工期裂缝原因分析与处理；第九章为玉石水库 6 号坝段上游面竖向裂缝分析与处理；第十章为青山水库溢洪道裂缝调查与处理；第十一章为辽河闸闸墩混凝土裂缝成因分析与处理；第十二章为水工隧洞混凝土衬砌裂缝原因分析与预防；第十三章为葠窝水库大坝重要裂缝调查与处理；第十四章为三湾水库闸坝工程防裂及裂缝处理。

大体积混凝土裂缝原因是十分复杂的，伴随着科学技术的发展进步，将会更多地揭示出混凝土裂缝机理，发现更多、更有效的防裂措施，能够更好地解决大体积混凝土裂缝问题。书中引用了大量参考文献资料，武汉三源特种建材有限责任公司长期从事混凝土裂缝防控技术的研究与应用，为本书提供了有益研究的参考资料。在此，谨向文献作者及资料提供者一并致以衷心感谢。

由于作者经验与水平有限，书中难免有不足之处，敬请读者批评指正。

编著者
2022 年 7 月

目录

第一章
概述

第一节　研究背景与意义

裂缝是较为常见的混凝土缺陷与病害。大体积混凝土的防裂及裂缝处理是混凝土工程的关键技术问题之一，也是一个复杂的技术难题。已建典型大体积混凝土大坝、溢洪道、水闸、水工隧洞大多都有裂缝产生。尤其寒冷的北方地区，是大体积混凝土裂缝重灾区。

20 世纪 40 年代建成的阜新闹德海水库混凝土重力坝，最大坝高 44.5m。由于大坝裂缝引起严重渗漏，20 世纪 90 年代除险加固时，大坝上游面设置沥青混凝土防渗面板，明显改善了大坝坝体渗漏情况。2007 年对大坝质量进行检测发现，大坝下游面混凝土存在多处竖向或近似竖向的裂缝，总数量近百条，主要裂缝数量为 29 条。溢流坝段的 4、5 号及 6 号工作桥桥墩与堰顶面连接处有倾向上游的近乎 45°角的裂缝，裂缝贯穿桥墩。廊道内在顶拱上有一条与廊道平行的连续裂缝，侧墙有 100 余条垂直裂缝，一般缝宽 0.2～0.5mm，最大达到 0.7mm，局部沿缝有大量的钙质析出。

20 世纪 60 年代建成的桓仁水库单支墩大头坝，于 1958 年 8 月开工，1962 年停建，1965 年复工，1972 年竣工验收移交。蓄水前共进行 5 次裂缝调查，在可查部位共发现裂缝 2084 条，上大头有 699 条，上游面有 261 条，劈头裂缝有 50 条，其中 20 条比较严重。裂缝长度一般在 10m 以上，有 14 条长达 20～40m，缝宽大于 0.5mm 的有 24 条，缝深一般为 3～3.5m，最深达 5～6m。大坝蓄水后，裂缝有所发展。1975 年 1 月发现 10 号坝段裂缝已从高程 294m 往上扩展到高程 300m。1981 年春，在未做防渗层的部位发现新的劈头裂缝 8 条，原裂缝扩展的有 11 条。这些裂缝的长度为 3～17m，缝宽 0.5～2.0mm，缝深一般为 2～4m，最深的已经贯穿。有的裂缝扩展到坝顶和下游面，比较严重的有 6、7、9、10 号坝段。在气温较低的 2～3 月，9 号和 10 号坝段下游侧有水渗出，并在溢流面上（坝段中心线附近）也发现一些裂缝，其中几个坝段也有水渗出。

20 世纪 70 年代初建成的葠窝水库混凝土重力坝，坝高 50.3m。大坝在施工期的 1971 年 8 月首次发现坝体裂缝，当年即查出 210 条裂缝。1971～2012 年共进行了 11 次裂缝普查，从 1971 年的 210 条增加至 2012 年的 1156 条，大坝裂缝数量逐年增加，且裂缝长度、宽度、渗水等问题也趋于严重。大坝裂缝主要分为四种类型：一类裂缝是自基础向上开裂的纵向裂缝。最为严重的 23 号坝段两条纵向裂缝已将大坝分成三块，严重影响了大坝的稳定安全。二类裂缝是闸墩和边墩上的贯穿性裂缝。闸墩裂缝多自堰面向上延伸，且主要集中于牛腿上游和弧门面板下游，引起宽墩渗漏并严重影响闸墩的安全。三类裂缝是水平施工缝开裂。经钻孔压水及孔内电视检测，23～25 号坝段分别在高程 89、94.5m 及 100m 附近水平裂缝已经贯通大坝上、下游面，70、80m 高程水平裂缝尚未贯通大坝。由于贯通大坝上、下游面水平裂缝的存在，引起电站坝段及左岸挡水坝段下游面渗水严重。四类裂缝是自上游面开裂，贯通到横向廊道和闸门井的横向裂缝。此类裂缝虽然对大坝稳定不构成直接威胁，但会引起渗漏，对大坝整体性及耐久性均有不利影响。

20 世纪 90 年代建成的观音阁水库碾压混凝土（RCD）[1]重力坝，坝高 82m。于 1990 年 5 月正式开始兴建，1995 年 9 月大坝主体工程结束，是我国北方严寒地区修建的第一座（RCD）碾压混凝土高坝。尽管在施工中重视了混凝土温度控制及裂缝预防，但施工期在大坝混凝土中仍然产生了一些程度不同的裂缝。截至 1995 年 5 月 1 日，大坝混凝土共发生裂缝 402 条，其中上游面 106 条，下游面 153 条，孔洞表面 15 条，坝体内部 128 条。对坝体稳定和渗漏有影响的重要裂缝，主要是 209.25、218.25、233.25m 高程混凝土越冬层面上、下游侧水平裂缝，上游面竖向裂缝和永久底孔环形缝。其中，上、下游越冬面上的水平裂缝，最大深度达 5～6m，穿过了大坝上游面防渗层，最后采用沥青混凝土面板进行防渗处理。

观音阁水库枢纽工程运行 20 余年后，运行期部分坝面出现新的裂缝，2015 年 2 月进行大坝裂缝检测工作，在水位 242.6m 以上上游面共检测出裂缝 380 条，其中有 192 条发生线渗漏现象，裂缝表面有白色析出物或漏水，裂缝宽度为 0.08～1.64mm，裂缝深度为 51～500mm，裂缝累计长度 602.70m。下游面共检测裂缝 587 条，其中有 116 条发生线渗漏现象，裂缝表面有白色析出物或水痕，裂缝宽度为 0.06～1.80mm，裂缝深度为 45～500mm；点渗漏 31 处，表面均有白色析出物。溢流坝面共检测裂缝 127 条，其中有 13 条发生线渗漏现象，裂缝表面有白色析出物或水痕，裂缝宽度为 0.06～

---

[1] 金包银碾压工法（Roller Compacted Dam-Concrete），简称 RCD。

1.10mm，裂缝深度为 69～376mm；点渗漏 2 处，表面有白色析出物或水痕。闸墩共检测裂缝 3 条，其中有 1 条发生线渗漏现象，裂缝表面有白色析出物，裂缝宽度为 0.12～0.32mm，裂缝深度为 58～284mm。

2000 年建成的玉石碾压混凝土重力坝，坝高 50.2m。其中 6 号溢流坝段总长 24m，该坝段建基面高程为 155.00m，施工期间 169.00m 高程以下至建基面位于坝段中部发生上游面竖向裂缝。采用化学灌浆、凿槽内嵌 SR3 型塑性止水材料以及表面用 SR 盖片保护方法进行裂缝处理。同时，将该坝段 169.00m 高程以上在坝段中间设置横缝，将一个坝段划分成 12m 长的两个坝段，在 169m 高程平面裂缝位置布置限裂钢筋。经上述方法处理后，廊道内渗水完全消失，裂缝处理效果较好。

青山水库于 2010 年 3 月开始兴建，主体工程 5 孔溢洪道布置在距主坝右岸 350m 处的山垭口上，溢流总净宽 57.5m，堰体采用驼峰堰型式，堰顶高程 76.00m，堰高 3m。2020 年春，溢洪道混凝土裂缝检测共普查 5 孔，包括 6 个闸墩和 5 孔堰面，共普查裂缝 85 条，其中闸墩裂缝 33 条，堰面裂缝 49 条，伸缩缝 3 条。裂缝长度 1.42～23.75m，裂缝宽度 0.18～4.20mm，裂缝深度 28～493mm。闸墩裂缝呈竖向分布，堰体裂缝呈竖向、横向、斜向等分布，部分裂缝渗水。裂缝采用内部化学灌浆＋表面手刮聚脲的处理方法；堰面伸缩缝采用内部化学灌浆＋GB 材料＋橡胶棒＋砂浆＋表面手刮聚脲的处理方法。

辽河闸（原称盘山闸、双台子河闸）始建于 1966 年。2014 年 3 月开始除险加固，在老闸左侧新建 18 孔滩地浅孔闸。2015 年春，经检测，闸墩裂缝有 41 条，分布于 18 个闸墩两侧，裂缝长度 1.72～5.68m，宽度 0.03～0.50mm，裂缝均起于闸墩底部，止于闸墩顶以下 3～4m。裂缝的主要原因是温控措施不足，闸底板混凝土浇筑完停歇了较长时间，由混凝土内外温差和底板约束作用引起。闸墩裂缝对闸墩的整体性和耐久性有一定的不利影响，采用 E 型环氧树脂化学灌浆进行处理，处理后经检验满足设计要求，可保证工程正常安全运行。

混凝土衬砌裂缝是水工隧洞常见的缺陷病害，如锦屏二级水电站 1 号引水隧洞、小浪底导流洞、永宁河四级电站引水隧洞、东江水源工程 6 号隧洞、恩施洞坪水电站枢纽工程水工隧洞、小孤山隧洞、辽宁省阎德海水库输水隧洞、柴河水库输水隧洞、清河水库输水隧洞、富尔江引水隧洞等水工隧洞工程，在施工及运行过程中混凝土衬砌陆续出现一些裂缝，裂缝有环向、纵向或斜向，分布在顶拱、侧墙或底板等各个部位，部分裂缝伴有渗水流白析钙现象。

裂缝对结构安全性、整体性、防渗性、耐久性及其外观形象造成了严重影响，缩短了结构使用寿命，裂缝处理花费了高昂的代价。大体积混凝土结构防裂及裂缝处理技术的研究对保证工程的安全与耐久具有重要意义。

第二节　国内外研究现状

一、水工大体积混凝土的分类

水工大体积混凝土最具代表性的结构是混凝土坝（重力坝和拱坝）。混凝土坝按施工工艺分为常规混凝土坝、碾压混凝土坝以及堆石混凝土坝。浆砌石坝和冲填砂浆结石坝也是以水泥为胶凝材料、以石料为骨架的水泥、砂和石的结石体。由于其水泥用量少，水化热温升低，温度应力小，防裂压力不大，在此不做讨论。

常规混凝土重力坝分为：①实体混凝土重力坝，即整个坝体除若干小空腔外均用混凝土填筑的重力坝；②混凝土空腹重力坝，即在坝的腹部沿坝轴线方向布置有大尺寸空腔的混凝土重力坝；③混凝土宽缝重力坝，即两个坝段之间的横缝中部扩宽成空腔的混凝土重力坝。

碾压混凝土筑坝技术的主要特点是：①用土石坝的施工机械和方法碾压混凝土；②通仓薄层；③降低水泥用量，适量掺入粉煤灰或其他掺合料。这种施工方法节约水泥，有利于大规模机械化作业，可以显著缩短工期、降低工程造价。

堆石混凝土筑坝技术，其主要特点是利用高自密实性能混凝土填充堆石体的空隙，形成完整、密实、满足设计要求的混凝土。

较大规模的溢洪道工程、水闸工程以及水工输水隧洞工程，也可归入水工大体积混凝土。

二、大体积混凝土的温控与防裂分析方法

1993 年，通过平面有限元计算，对故县工程坝基低弹模岩层修筑混凝土高坝的稳定、应力、变形条件进行评价，并探讨深层滑动、摩擦系数、允许变位控制指标等问题。

同年，通过对各国不同的设计思想进行研究，总结了一套用于我国龙滩碾压混凝土重力坝温度控制设计的具体方法和步骤，其中包括一、二、三维有限元综合分析数值模型以及上下游面诱导缝与普通横缝相结合的横缝布置方案及其设计方法。根据提出的方

法和步骤，结合龙滩碾压混凝土坝的材料、结构、环境参数以及施工方案，可以明确提出坝体各部位的容许温差、容许最高温度、不同季节不同部位的容许浇筑温度、横缝布置方案、间距以及最佳开工日期。

1994年，根据热传导理论与黏弹性理论，采用空间有限单元法，按照大坝混凝土浇筑、蓄水与正常运行过程，考虑随时间变化的各种因素（结构、材料和环境的），进行增量的全过程仿真动态分析，得出大坝在全过程中的温度与应力变化情况，供大坝施工设计、结构设计和运行管理应用。

随着计算机技术的不断发展和数值分析方法的不断完善，以我国目前的技术水平，已完全可以进行大坝设计施工、运行管理全过程的仿真计算。

全过程仿真动态分析是按照大坝施工、蓄水与运行过程进行计算的，考虑的因素比较全面，如混凝土浇筑的分层分块、混凝土浇筑温度、间歇时间、一期与二期水管冷却、蓄水和正常运行的水位与水温变化、气温变化、混凝土徐变与自生体积变形、混凝土弹性模量随龄期的变化等。自大坝浇筑第一层混凝土算起，直到大坝正常运行大坝温度与应力达到准稳定状态止，得出大坝在全过程中温度与应力的变化情况。全过程仿真动态分析是一种较先进的计算方法，得出的结果更接近实际情况。

1996年，为研究裂缝的形成过程及发展趋势，确保之后越冬面不出现裂缝，采用有限单元法对观音阁大坝的典型坝段按现场实际情况，进行了施工期至运行期的温度及温度徐变应力的仿真分析及预测计算分析，研究了避免新浇混凝土施工期及运行期产生裂缝的温控条件及措施。考虑水库来水情况、气候条件、水库库容及水库运行方式等，对水库水温年内变化过程进行了分析。用建立数学模型和数值解的方法，计算观音阁水库逐月水温分布、年均水温分布，以及水库表面、库底底孔、电站进水口处的水温年内变化分布情况。在有限元仿真计算中，全面模拟了施工过程中的气象条件、施工条件、表面保护条件、边界约束条件等，作了全过程温度及温度徐变应力仿真计算分析，计算时间步长为1天。由计算结果绘制的各断面温度及温度应力历时过程图，直观地展示了各个不同断面不同时期的温度应力分布情况，尤其是几个越冬面附近的温度应力变化，已显示了裂缝出现的成因。

1999年，采用有限元方法对龙滩碾压混凝土重力坝溢流坝段施工及运行全过程实现了数值仿真，利用自编软件包SimuDam对大坝施工中所采取的温控方案进行了多次反复的模拟与改进，以寻求较为理想的温控设计。最后，提出了多种可行的方案及温度应力的分布规律，为施工单位提供了参考。

2004 年，根据大坝上游水库水温和气温观测资料，建立了大坝上游水库水温和当地气温的回归模型。采用有限元数值计算方法，分析了混凝土大坝的温度场，研究了混凝土大坝由于气温变化引起的应力场交替变化。

研究表明，由于气温随季节的交替变化，大坝下游面浅层的最大主应力远大于混凝土的抗拉强度，进而导致混凝土大坝下游面的冻融老化甚至破坏。计算结果表明，有限元数值模拟结果与现场勘查结果基本一致。

2007 年，针对玉石碾压混凝土大坝出现的裂缝问题，采用目前功能较强的计算机辅助工程设计软件（ANSYS 软件），通过对其在施工期温度场、应力场模拟分析计算，找出该工程出现裂缝的原因，并论证了裂缝处理方法的合理性，为预防其他工程出现类似问题提供成功的借鉴。

2016 年，对猴山混凝土坝的温度场及温度应力进行有限元仿真分析，提出了能综合考虑混凝土表面散热、混凝土初温、水泥水化热等各种影响因素的水管冷却效果等效计算新方法，给出了考虑混凝土表面散热对水管冷却效果影响的计算公式。

三、大体积混凝土的温控与防裂措施

日本为了防止混凝土坝温度裂缝的产生，采取了各种温度控制措施。这些措施是：①控制混凝土中的水泥用量，使用中热水泥；②预冷骨料或冷却拌和水，或掺冰屑拌和，或向搅拌机内喷射液体氮等；③设置收缩缝或诱导缝；使裂缝按人为规定的位置发生，防止无规则温度裂缝的出现。在收缩缝或诱导缝处要设置止水，同时要保证可以进行接缝灌浆。美国、英国等国家采用的温度控制措施与日本基本相同。

我国为了防止混凝土坝温度裂缝的产生，各工程依具体情况采取了各种不同温度控制措施。福建水东混凝土坝（坝高 57m），通过减少水泥用量（水泥 $C=50\text{kg/m}^3$，粉煤灰 $F=80\text{kg/m}^3$），合理选择低温期（10 月至次年 4 月）施工，取消了 203m 坝长的所有分缝。

福建棉花滩混凝土重力坝（坝高 111m）所采取的温控防裂措施：在混凝土施工月份内，10 月 20 日至次年 4 月 20 日时段内一般均可在自然气温下浇筑，不需采取特别的温控措施；9 月 20 日至 10 月 20 日、4 月 20 日至 5 月 20 日时段内气温高于允许浇筑温度，需采用集料堆遮阳或预冷、液态氮或加冰拌和等措施以满足允许浇筑温度。当月平均气温高于 25℃或低于 3℃时，采取保温措施或停止浇筑。除控制上述允许浇筑温度外，在 4 月上旬至 5 月中旬、9 月下旬至 10 月中旬期间还必须采用以下温控措施：运输途中

防止气温倒灌；仓面喷雾；避开 13:00～17:00 高温时段浇筑混凝土等。为防止气温年变化、内外温差，尤其是寒潮引起的混凝土表面过大的温度应力，在 11 月至来年 3 月的时间内，对于暴露部位的混凝土，不论什么龄期都要进行表面保护，保温材料为 3cm 厚的泡沫塑料。

湖南江垭混凝土坝（坝高 131m）。主要的温控防裂措施：

（1）为了满足规定的坝体最高温度，在混凝土中不采取人工冷却的条件下，限制混凝土的浇筑温度不超过 15℃。为此，除 6～8 月停止浇筑混凝土外，建立规模为 $1.444 \times 10^7 kJ/h$ 的风冷骨料制冷厂，以控制 4、5 月及 9、10 月的浇筑温度。

（2）由于混凝土采用薄层铺筑，温度回升快，当浇筑仓面环境温度大于允许浇筑温度时，混凝土面及已摊铺面在 1h 内不能完成的铺筑层面，立即用 1～3cm 厚的泡沫塑料软板覆盖进行隔热保温，以防止温度回升。

（3）低温季节坝体存在较大的内外温差，加强表面保护，防止表面裂缝产生。坝址处常有寒潮出现，引起的表面应力较大，也需对混凝土进行表面保护。选用两层单层单泡（厚 10mm）的聚乙烯气垫薄膜作为保护材料。

河南石漫滩混凝土坝（坝高 40.5m）采取仓面喷雾、混凝土表面覆盖保温防护材料及堆高骨料等的常规防裂措施。未采取骨料预冷及加冰拌和等专门工程措施。为解决夏季高温季节和冬季低温季节的防裂问题，混凝土在冬夏季停止施工。

三峡混凝土纵向围堰（最大堰高 146m，一期工程高度为 51m），采用"金包银"断面结构型式。施工季节按排在 10 月至次年 5 月。除采用常用的风冷骨料、加冰拌和混凝土以及合理分缝分块，还在 84.4m 以下部位全部埋设冷却水管进行中期通水降温，实测冷却水管可使最高温度降低 3℃。

河北桃林口混凝土重力坝（坝高 91.3m，一期 82m）采用"金包银"断面结构型式。设计碾压混凝土允许拉应力 $[\sigma] = 1.02MPa$，常规混凝土允许拉应力 $[\sigma] = 1.5MPa$。采用 4℃冰水拌和混凝土并在上游面设置 10cm 厚聚苯乙烯泡沫塑料板保温层以及其他常规措施，避免了上游面裂缝。

辽宁观音阁混凝土重力坝（坝高 82m）采用"金包银"断面结构型式。设计允许浇筑温度：在 0～0.2L（L 为浇筑块长边尺寸）时为 13.3℃，在 0.2L～0.4L 时为 21.1℃。越冬保温防护标准为混凝土表面放热系数 $\beta \leqslant 1.197～2.0kJ/(m^2 \cdot h \cdot ℃)$，春秋季防寒潮保温防护标准为混凝土表面放热系数 $\beta \leqslant 4.2kJ/(m^2 \cdot h \cdot ℃)$。工程实施过程中，参照日本玉川坝的经验，确定混凝土出机温度不大于 20℃，浇筑温度不大于

22℃。强约束区坝体混凝土最高温度限制为 30℃，弱约束区坝体混凝土最高温度限制在 35℃以内。主要防裂措施包括采用 4℃冷水拌和混凝土，4℃冷水喷淋粗骨料；严格的越冬保温和防寒潮保温，上游面和侧立面 5cm 厚聚苯乙烯泡沫塑料板，其他部位为 2～3 层草垫及苫布保温。观音阁大坝上游面采用 5cm 厚聚苯乙烯泡沫塑料板长期保温，避免了上游面大部分裂缝的产生。但是由于越冬层面较大的内表温差、较大的上下层温差以及混凝土越冬面层间较薄弱的抗裂能力，未能避免混凝土越冬层面的开裂。

辽宁白石混凝土重力坝（坝高 50.3m）采用"金包银"断面结构型式。采用 4℃冷水拌和混凝土，风冷粗骨料。冷水机组容量为 $4.61×10^5kJ/h$，冷风机组容量为 $3.14×10^5kJ/h$。每年 4～10 月为施工期，4 月和 10 月下旬自然温度拌和，不需要降温。5 月上旬和 10 月上旬只采用冷却水拌和混凝土，5 月下旬～9 月同时采用冷水和风冷粗骨料生产混凝土。1997 年夏季实测，风冷粗骨料混凝土出机温度：未风冷时为 18℃，风冷 2h 为 14.3℃，风冷 3h 为 12℃，相应搅拌强度 54m³/h，制冷效果较为理想。1997 年 5 月中旬～10 月上旬采用风冷粗骨料生产混凝土 12 万 m³，风冷骨料与自然骨料生产的混凝土相比，降温效果是很显著的，其最大温降达 7.8℃。鉴于越冬层面附近混凝土上下层温差及内表温差在坝体上、下游面产生较大的铅直向拉应力 $σ_y$，而越冬层面附近混凝土层间抗拉强度低于本体抗拉强度，极容易引起越冬层面附近水平施工缝的开裂，尤其是上游产生水平缝，其危害更为严重。对此，白石坝的设计除采取严格的温控措施和通常的防裂措施外，吸取了观音阁大坝混凝土水平越冬层面开裂的经验教训，对于应力集中且较大的混凝土越冬层面采取了预留水平短缝的措施，辅以缝内端水平止水和限裂钢筋的措施，以期达到应力释放和重分布、严格防止上游面产生水平缝的目的。收到了很好的效果。避免了应力集中的越冬层面附近无序开裂。为监测预留缝的工作情况，施工期在坝内埋设了三支测缝计。测缝计开度主要受气温影响，距下游面越近，裂缝开度变化越大。1999 年 1 月，第 1 号测缝计在气温作用下张开了 2mm 以上，2 号测缝计张开了 1.5～1.7mm，3 号测缝计张开了 0.25mm 左右，1999 年 5 月以后，由于温度的回升，各支测缝计均恢复到开始埋设时的状态。从测缝计的温度及开度测值可以看出，当温度升高时，缝的开度变小；当温度降低时，缝的开度变大。靠近下游面处，缝的开度较大；靠近坝内侧，缝的开度较小。测缝计观测结果表明，预留缝开度符合规律，与有限元计算结果相吻合。

山西汾河二库碾压混凝土重力坝（坝高 87m），采用全断面碾压混凝土断面结构型式。由于其碾压混凝土中胶凝材料量较少（水泥 57kg/m³、粉煤灰 93kg/m³），降低了混凝土绝热温升，从而简化了温控措施。防寒潮采用5cm厚苯板保温，越冬采用10cm厚苯板保温。

广西龙滩碾压混凝土重力坝（最大坝高216.5m，一期192m），其温控与防裂有较多的研究成果。分别采用了基于温度场解析解的一维分层叠加法、仿真并层复合单元、并层坝块接缝单元、分区异步长解法、三维有限元浮动网格分区异步长算法、基于有限元的约束系数矩阵法以及广义约束矩阵法等多种方法对龙滩碾压混凝土重力坝的温度场和温度应力进行了计算分析，提出了用于判断不均匀材料开裂可能性的指标—体积开裂概率。所采取的温控与防裂措施包括：

（1）根据温度应力计算及温控研究，确定合适的横缝间距是防裂措施之一。

（2）碾压混凝土坝中不可避免地要设置孔洞，这些部位在收缩时产生应力集中或其他原因导致拉裂。对于通仓浇筑的不设纵缝的碾压混凝土重力坝，其底孔超冷问题比常规柱状法浇筑施工的混凝土重力坝更为严重。在施工期间，加强对底孔的保护，以防裂缝发生。

（3）坝内不设纵缝，浇筑仓面大，而且不埋设冷却水管，无二期冷却，且一般的碾压混凝土坝靠近基岩部位，均要设计一定高度的常规混凝土垫层，因而相对于柱状法浇筑的常规混凝土坝，其基础强约束区的高度要比常规混凝土坝高一些。因此，对这部分的温控要求特别严格，可采用降低基础强约束区范围内的浇筑温度，选择适宜的浇筑季节，采取表面保护等严格的温控措施。

（4）提高碾压混凝土的抗裂能力，是防止裂缝的有效措施。工程实践表明，改进碾压混凝土的施工工艺，提高施工质量，适当掺用外加剂，严格控制砂石级配，降低热强比，是提高碾压混凝土抗裂能力，防止裂缝发生的经济而有效的措施。

（5）碾压混凝土坝施工方案和进度的安排，对改善温度应力控制裂缝发生有一定的影响。不同的开工日期相应有不同的坝体最大应力值，最佳开工日期取决于最高坝段基础约束区的温度应力与开工后第一个夏季浇筑的基础混凝土的约束应力。龙滩碾压混凝土坝体最佳开工日期是10月上旬；异步上升施工方案的钢筋混凝土防渗面板最佳施工时期是11月下旬至第二年的4月上旬。

（6）保温和养护措施是大体积混凝土结构防止裂缝的有效措施。由于碾压混凝土重力坝通仓浇筑，不设纵缝，不埋设冷却水管，坝体内部温度降低缓慢，高坝要经过几十年甚至更长的时间才能降至稳定温度。在漫长的降温过程中，尤其在冬季，坝体表面会出现较大的拉应力，由于水平施工缝的层面结合强度较低，更容易产生水平裂缝。坝体的内外温差不仅仅发生在早期，而是在整个施工过程中内外温差都较大。对碾压混凝土坝的表面做好保温工作，以减小内外温差，是防止裂缝发生的有效措施之一。由于碾压混凝土掺加了一定比例的粉煤灰，水泥用量较少，因此，早期强度较低，抵抗变形的能力差，如遇到不利的温度和湿度变化就容易产生裂缝。加强早期养护防止发生早期表面裂缝，是防止碾压混凝土坝发生裂缝的关键措施。

第三节　大体积混凝土防裂体系

一、有限元三维仿真数值分析方法

大体积混凝土施工期及运用期的温度及温度徐变应力三维有限元仿真数值分析，能够全过程模拟大体积混凝土实际初始条件和边界条件，计入混凝土的热学性能、物理力学性能、混凝土浇筑温度、边界保温、升程过程、蓄水过程、气温变化、水压、自重、温度、徐变及自生体积变形等荷载作用。

二、混凝土温度控制标准的制定

混凝土坝的温度控制设计标准一般包括混凝土的容许浇筑温度、容许基础温差、容许上下层温差、容许内外温差、坝体不同部位的容许最高温度、表面保护标准以及相邻分块高差要求。项目建议书和可研阶段，可以依据规范及类似工程经验确定混凝土坝的温度控制设计标准。初步设计阶段，对于重要工程，宜进行有限元温度徐变应力仿真计算，依据计算成果及设计规范合理确定混凝土的各种温度控制设计标准。

采用 SL 319—2018《混凝土重力坝设计规范》中为防止混凝土开裂所要求的抗裂能力计算公式计算混凝土块体容许抗拉强度。混凝土水平施工层面是混凝土薄弱部位，其抗拉强度低于块体抗拉强度，一般可以考虑 0.75 抗拉强度折减系数。水平越冬层面附近在冬、春季低温季节浇筑的混凝土，其强度明显低于在夏季浇筑的混凝土，对该部位施工层面混凝土可以考虑 0.6 抗拉强度折减系数。

三、原材料优选与配合比优化

大体积混凝土宜尽量选用低发热水泥，以削减其发热量，降低绝热温升，达到简化温控和节省投资的目的。混凝土中掺加一定量的粉煤灰，可以降低水泥用量，减少发热量，降低绝热温升。优先选用满足规范要求的电吸尘粉煤灰作为混凝土的掺合料。满足规范要求的外加剂通常使用以木质磺酸盐为主要成分的塑化剂，使用引气剂以提高混凝土的抗冻性。常规混凝土与碾压混凝土坝型比较时，坝高和坝长较大的混凝土坝，优先采用碾压混凝土坝。碾压混凝土单方水泥用量小，水化热绝热温升低，有利于大体积混凝土防裂。

试验表明掺加纤维对提高混凝土抗裂能力效果显著。

通过在生产混凝土时加入适量的、特制的轻烧氧化镁（MgO），制成具有延迟性微膨胀特性的水工微膨胀混凝土，自生体积变形量显著增大，可补偿大体积混凝土的温度收缩变形，对于大体积混凝土防裂具有较好的作用。MgO掺量需满足压蒸安定性合格标准，尽可能达到温控设计的膨胀量。通过外掺MgO和优选水泥品种，可以得到比较理想的自生体积膨胀变形过程线。研究证明外掺氧化镁混凝土的力学、热学、变形、耐久等性能都优于普通混凝土，且具有长期稳定性，自生体积变形长期稳定，不会发生无限膨胀。

四、降温防裂措施

为达到规定的混凝土允许浇筑温度及允许最高温度控制标准，高温季节需要对混凝土采取降温措施，为降低混凝土浇筑温度采取的措施一般包括堆高骨料、地垄取料、料堆搭棚遮阳、风冷粗骨料、混凝土冷水拌和、加冰拌和等。为降低混凝土水化热温升采取的措施一般包括：坝内埋设冷却水管通水降温措施，在新浇混凝土达到终凝后，对整个仓面进行薄层流水养生，可有效降低坝体混凝土温度。

五、保温防裂措施

施工期内部温度高，内外温差大，是大体积混凝土表面裂缝的多发期，混凝土表面保温是防止施工期表面裂缝最有效措施。

大坝上游面受冰冻及外部自然环境作用，运行期坝面容易产生较多的裂缝，一旦开裂，引起渗漏和下游面冻融破坏，加剧下游面老化，缩短大坝使用寿命，是预防表面裂缝的重点部位。观音阁大坝上游面大部分采用3～5cm厚聚苯乙烯泡沫塑料板保温，白石坝体上游面采用6cm厚聚苯乙烯泡沫塑料板保温，猴山大坝上游面采用了10cm厚耐久性更好的GRC（glass fiber reinforced cement）复合保温板，各工程上游面保温防裂效果良好，对于个别应力集中部位，可结合预留缝等结构防裂措施。坝体越冬顶面、下游面及侧立面等部位也应做好越冬保温和临时防护，溢流面及闸墩等过流曲面，可采用岩棉被等柔性保温材料进行越冬保温。

大坝表面实现长期保温是减少施工期和运行期裂缝的有效措施，是十分必要的。由于大坝等大体积混凝土散热慢，内部降温缓慢，完工时内部依然具有较高的温度，至稳定温度时间需要数年至十数年之久，运行期无表面保温防护条件下，内外温差大，大坝表面温度应力大，易产生表面裂缝。大坝裂缝数量逐年增加，且裂缝长度、宽度、渗水等问题也趋于严重。如蓿窝水库大坝自1971年施工期发现裂缝210条至2012年运行期裂缝增加至1156条；观音阁水库大坝截至1995年5月1日施工期共发生裂缝402条，运行20年至2015年2月，上游面水位在242.6m以上裂缝380条，下游面裂缝587条，溢流坝面裂缝127条，闸墩裂缝3条，运行期共新增大坝表面裂缝695条。

研究新型保温材料，实现施工期及运行期连续长期保温防裂，要求保温材料具有一定的强度、保温性、憎水性、阻燃性、耐久性、施工方便、经济节省以及外观美观效果。目前，XPS挤塑保温板、GRC复合保温板、PUR现场喷涂硬泡聚氨酯保温板均是较好的大体积混凝土表面保温材料。PUR现场喷涂硬泡聚氨酯保温板需要多层喷涂，以增加其强度，造价略高。施工时将保温板内衬模板内侧，拆模时保温板即留在混凝土表面，实现连续长期保温，防裂效果较好。

混凝土越冬面低于河水一定深度，采用蓄水保温是可行的，蓄水深度宜在2.0m以上，不宜小于1.0m。

溢流坝面及闸墩由于有过流要求，一般仅在施工期实施保温，无法实现长期保温。完工时拆除保温层，内部依然具有较高的温度，冬季较大的内外温差，将引起较大的混凝土表面应力。目前坝面防裂仍有一定困难，需要采取综合防裂措施。如采取控制浇筑温度和最高温度、施工期保温、表层混凝土掺加MgO膨胀抗裂剂、反弧段设置永久伸缩缝、内部先浇混凝土台阶抹角或施工一次性整体浇筑等综合措施预防坝面裂缝。

六、结构防裂措施

SL 319—2018《混凝土重力坝设计规范》中规定，大坝横缝间距宜为15～20m，气候寒冷的北方地区，横缝间距以取规范规定的下限为宜。

在混凝土坝上下游越冬面及溢流坝堰面反弧段温度应力集中部位，采取预留缝措施，可以有效缓解局部应力集中，避免无序开裂。在确保溢流坝段抗滑稳定的前提条件下，可以在溢流坝堰面反弧段采取贯通永久纵缝。当结构布置需要坝段较长时，可以在上游面坝段中部设置竖向预留浅缝。

　　溢流坝段常常采用内部先浇混凝土并预留台阶，台阶形状对后浇的堰面薄层混凝土应力影响较大，采取台阶斜坡抹角或圆弧抹角形状，可以明显减小堰面拉应力。

　　岩基上长块薄层混凝土长间歇或越冬，混凝土内部温度很快降至稳定温度，甚至低于稳定温度，即使采取蓄水保温或加强保温层厚度，也难以防止纵向裂缝，可采取在长块中部预留宽槽后浇带措施，待温度降低，混凝土充分收缩后，回填微膨胀混凝土。由于宽槽两侧插筋影响，对宽槽进行清理和凿毛比较困难，注意留够预留宽槽的宽度。

参 考 文 献

[1] 李江鱼. 大型引水隧洞衬砌裂缝原因分析及修复处理研究 [J]. 铁道建筑技术，2014 (5)：29-32.

[2] 段云岭，周睿. 小浪底工程泄洪洞衬砌施工期温变效应的仿真分析 [J]. 水力发电学报，2005 (10)：49-54.

[3] 谢和平，李本华，魏军红. 永宁河四级电站引水隧洞衬砌裂缝的预防与处理 [J]. 四川水利，2012 (4)：35-37.

[4] 王国秉，朱新民，胡平，等. 东江水源工程 6 号隧洞裂缝成因分析及修复对策研究 [J]. 山西水利科技，2008 (4)：273-278.

[5] 兰辉. 洞坪水电站水工隧洞混凝土防渗漏措施 [J]. 水电与新能源，2011 (6)：23-24.

[6] 张景岳，霍吉才. 隧洞衬砌裂缝问题 [J]. 水力发电，2009 (3)：79-80.

[7] 何光同，曾宪康. 水东碾压混凝土坝温控及整体坝的优越性 [J]. 农田水利与小水电，1995 (2)：14-16.

[8] 毛影秋. 棉花滩碾压混凝土重力坝温控设计 [J]. 水利水电技术，2000 (11)：46-49.

[9] 李启雄，董勤俭，毛影秋. 棉花滩碾压混凝土重力坝设计 [J]. 水力发电，2001 (7)：24-27.

[10] 周柏林，左建明. 江垭碾压混凝土坝温度控制设计 [J]. 水力发电，2001 (5)：41-42.

[11] 武永新，高晓梅. 石漫滩水库重力坝碾压混凝土的设计及施工工艺 [J]. 水力发电学报，1998 (4)：11-20.

[12] 汪安华，刘宁. 三峡工程碾压混凝土纵向围堰设计 [J]. 中国三峡建设，1997 (3)：11-15.

[13] 汪安华，许志安. 三峡纵向碾压混凝土围堰温控设计 [J]. 中国三峡建设，1997 (4)：15-17.

[14] 王永存，阎俊如，薛永生. 观音阁水库碾压混凝土坝的设计 [J]. 水利水电技术，1995 (8)：13-16.

[15] 顾辉. 桃林口水库碾压混凝土坝设计与施工 [J]. 河北水利水电技术，1999 (1)：11-13.

[16] 耿荣民，朱新刚. 防止寒冷地区碾压混凝土坝迎水面产生裂缝的探讨 [J]. 河北水利水电技术，

1999（1）：57-59.

［17］王成山，刘永林，陆殿阁，等．白石水库碾压混凝土坝温度控制与防裂措施的研究与应用［J］．水利水电技术，1998（9）：44-47.

［18］陆殿阁，王金宽，蒋化忠．白石水库工程混凝土拌和制冷措施［J］．水利水电技术，1998（9）：31-32.

［19］郭强．汾河二库碾压混凝土重力坝设计与施工［J］．水利水电技术，1999（6）：4-6.

［20］曹刚，张桂珍，李力．汾河二库坝体碾压混凝土配合比设计及其应用［J］．水利水电技术，1999（6）：13-16.

［21］孙启森．龙滩碾压混凝土重力坝结构设计与施工方法研究［J］．水力发电，1998（3）：65-70.

［22］李守义，杜效鹄，高辉，等．龙滩碾压混凝土重力坝分缝研究［J］．红水河，2000（3）：5-8.

［23］姜冬菊，张子明，宋培玉．龙滩碾压混凝土重力坝温度应力研究［J］．红水河，2001（2）：51-56.

［24］张子明，姜冬菊，宋培玉，等．龙滩碾压混凝土坝温度场仿真计算［J］．红水河，2001（3）：18-21.

［25］王树和，朱伯芳，许平．龙滩碾压混凝土坝劈头裂缝的研究［J］．水利水电技术，2000（8）：38-40.

［26］林鸿镁．龙滩大坝碾压混凝土施工问题的研究［J］．红水河，2002（2）：4-11.

第二章
典型混凝土重力坝温度和温度应力时空分布规律

大体积混凝土施工期及运用期的温度及温度徐变应力三维有限元仿真数值分析，能够全过程模拟大体积混凝土实际初始条件和边界条件，计入混凝土的热学性能、物理力学性能、混凝土浇筑温度、边界保温、升程过程、蓄水过程、气温变化、水压、自重、温度、徐变及自生体积变形等荷载作用。计算成果揭示出的大体积混凝土温度和温度徐变应力时空分布规律，对采取各种有针对性的防裂措施具有重要指导作用。本章结合观音阁、白石、猴山和葰窝等混凝土重力坝工程，分析了典型混凝土重力坝温度及温度徐变应力时空分布规律。

第一节　基　本　理　论

一、混凝土温度场有限元法计算原理

（一）热传导问题

根据热传导理论，固体中的热传递问题可用下列一组数学公式描述。

根据热量平衡，可导出导热方程如下

$$\frac{\partial T}{\partial \tau} = a\left(\frac{\partial^2 T}{\partial x^2} + \frac{\partial^2 T}{\partial y^2} + \frac{\partial^2 T}{\partial z^2}\right) + \frac{\partial \theta}{\partial \tau} \tag{2-1}$$

式中　　a——导温系数；

　　　　T——温度，$T = T(x, y, z, \tau)$；

　　　　θ——混凝土绝热温升；

　　　　τ——时间。

初始条件是指物体在初始瞬时的温度分布，可用式（2-2）表示

$$(T)_{\tau=0} = T(x, y, z) \tag{2-2}$$

边界条件是指物体表面与周围介质之间进行热交换的规律。

第一类边界条件：物体表面温度 T_s 是时间 τ 的已知函数，即

$$T_s(\tau) = f(\tau) \tag{2-3}$$

第三类边界条件：已知物体表面在各瞬时的运流（对流）放热情况，即

$$-\lambda\left(\frac{\partial T}{\partial n}\right)_s = \beta(T_s - T_a) \tag{2-4}$$

式中　β——放热系数；

　　　T_a——周围介质（流体）的温度。

在给定的初始条件和边界条件下求解导热方程就可得出不同时刻 τ 时的温度场 $T(x,y,z,\tau)$。

（二）不稳定温度场的有限元隐式解法

根据变分原理，热传导问题可以等价地转化为下列泛函的极值问题。即

$$\begin{aligned}
I(T) = &\iiint\limits_R \left\{\frac{1}{2}\left[\left(\frac{\partial T}{\partial x}\right)^2 + \left(\frac{\partial T}{\partial y}\right)^2 + \left(\frac{\partial T}{\partial z}\right)^2\right] + \frac{1}{a}\left(\frac{\partial T}{\partial \tau} - \frac{\partial \theta}{\partial \tau}\right)T\right\}\mathrm{d}x\mathrm{d}y\mathrm{d}z \\
&+ \iint\limits_C \bar{\beta}\left(\frac{1}{2}T - T_a\right)T\mathrm{d}s = \min \\
&\bar{\beta} = \frac{\beta}{\lambda}
\end{aligned} \tag{2-5}$$

式中　R——求解区域；

　　　C——具有第三类边界条件的边界；

　　　β——放热系数；

　　　λ——导热系数。

现在的任务是寻找使泛函 $I(T)$ 实现极小值的解答，即寻找温度场 T，使 $\delta I = 0$。把求解区域 R 划分为有限个单元。在单元分割足够小的情况下，可用 $\sum I^e$ 近似地代替 $I(T)$，即 $I(T) \approx \sum I^e$。I^e 是式（2-5）在单元 e 内的积分值。于是泛函 $I(T)$ 的极值条件可表示为

$$\frac{\partial I}{\partial T_i} = \sum \frac{\partial I^e}{\partial T_i} = 0 \quad (i=1,2,\cdots,n) \tag{2-6}$$

根据泛函实现极值的条件 $\sum \partial I^e/\partial T_i = 0$，所有单元集合后得到方程组如下

$$[H]\{T\} + [R]\frac{\partial}{\partial \tau}\{T\} + \{F\} = 0 \tag{2-7}$$

对时间 τ 取差分格式。

$$\frac{\partial}{\partial\tau}\{T\} = \frac{\{T\}_{\tau+\Delta\tau} - \{T\}_\tau}{\Delta\tau} \Bigg\}$$
$$\frac{\partial\theta}{\partial\tau} = \frac{\Delta\theta}{\Delta\tau}$$

$$(2\text{-}8)$$

式中　$\Delta\tau$——时段步长。

把式（2-8）代入式（2-7）中得

$$\left([H] + \frac{1}{\Delta\tau}[R]\right)\{T\}_{\tau+\Delta\tau} - \frac{1}{\Delta\tau}[R]\{T\}_\tau + \{F\}_{\tau+\Delta\tau} = 0 \qquad (2\text{-}9)$$

式（2-9）是 n 阶线性方程组，求解此方程组即可由 $\{T\}_\tau$ 得到各结点在 $\tau+\Delta\tau$ 时刻的温度值 $\{T\}_{\tau+\Delta\tau}$。

二、混凝土温度徐变应力有限元法计算原理

（一）线性徐变力学的基本方程式

徐变力学的基本方程式包括平衡方程、几何方程和物理方程三个方面。这些方程中，除了物理方程外，其他方程的形式与弹性力学是类同的。因此，下面只列出物理方程（本构方程），其他方程请参阅介绍弹性力学的书籍。

复杂应力状态下的物理方程为

$$\begin{aligned}
\varepsilon_x(t) &= \varepsilon_x^0(t) + \frac{(1+\mu)\sigma_x(t) - \mu S(t)}{E(t)} \\
&\quad + \int_{\tau1}^{t}[(1+\mu)\sigma_x(\tau) - \mu S(t)]K(t,\tau)\mathrm{d}\tau \\
\gamma_{xy}(t) &= \gamma_{xy}^0(t) + \frac{2(1+\mu)\tau_{xy}(t)}{E(t)} \\
&\quad + \int_{\tau1}^{t}2(1+\mu)\tau_{xy}(\tau)K(t,\tau)\mathrm{d}\tau \\
&\quad (x,y,z)
\end{aligned}\Bigg\} \qquad (2\text{-}10)$$

式中：$S(t) = \sigma_x(t) + \sigma_y(t) + \sigma_z(t)$；$K(t,\tau) = -\frac{\partial}{\partial\tau}\left[\frac{1}{E(\tau)} + c(t,\tau)\right]$；$(x,y,z)$ 表示依次置换 x，y，z 可得 $\varepsilon_y(t)$，$\varepsilon_z(t)$，$\gamma_{yz}(t)$ 和 $\gamma_{zx}(t)$；$\varepsilon_x^0,\varepsilon_y^0,\varepsilon_z^0,\gamma_{xy}^0,\gamma_{yz}^0,\gamma_{zx}^0$ 为强迫应变。

（二）隐式解法

1. 计算徐变变形增量的递推公式

混凝土的徐变不仅与当时的应力有关，而且与历史的应力有关，计算过程中必须记录应力历史，因此在计算中如何压缩计算机的存储量是关键所在。以下给出隐式解法中变步长徐变变形增量的递推算式。

设从 τ_0 开始受 $\sigma(t)$ 作用，到时间 t 时混凝土徐变变形为

$$\varepsilon^c(t) = \sigma(\tau_0)c(t,\tau_0) + \int_{\tau 0}^{t} c(t,\tau)\frac{\partial\sigma(\tau)}{\partial\tau}d\tau$$

$$= \sigma(\tau_0)c(t,\tau_0) + \sum_{i=1}^{n}\int_{ti-1}^{ti} c(t,\tau)\frac{\partial\sigma(\tau)}{\partial\tau}d\tau \tag{2-11}$$

混凝土的徐变度取为

$$C(t,\tau) = \sum_{r=1}^{R}\varphi_r(\tau)(1-\mathrm{e}^{-sr(t-\tau)}) \tag{2-12}$$

通过推导可得到复杂应力状态下的徐变应变增量列阵如下

$$\{\Delta\varepsilon_n^c\} = \{\eta_n\} + q_n[Q]\{\Delta\sigma_n\} \tag{2-13}$$

式中　$\{\Delta\varepsilon_n^c\}$——徐变应变增量列阵；

　　　$\{\Delta\sigma_n\}$——应力增量列阵。

$$\left.\begin{aligned}
& q_n = \sum_{r=1}^{R}\varphi_{rn}^* h_{rn} \\
& \{\eta_n\} = \sum_{r=1}^{R} p_{rn}\{\omega_{rn}\} \\
& \varphi_{rn}^* = \varphi_r(t_{n-1}+\Delta\tau_n/2), \Delta\tau_n = t_n - t_{n-1} \\
& h_{rn} = 1 - f_{rn}\mathrm{e}^{-sr\Delta\tau_n} \\
& f_{rn} = (\mathrm{e}^{-s_r\Delta\tau_n}-1)/s_r\Delta\tau_n \\
& p_{rn} = 1 - \mathrm{e}^{-s_r\Delta\tau_n} \\
& \{\omega_{rn}\} = \{\omega_{r,n-1}\}\mathrm{e}^{-s_r\Delta\tau_{n-1}} + [Q]\{\Delta\sigma_{n-1}\}\varphi_{r,n-1}^* f_{r,n-1}\mathrm{e}^{-s_r\Delta\tau_{n-1}} \\
& \{\omega_{r1}\} = \varphi_{r0}[Q]\{\sigma(\tau_0)\}, \varphi_{r0} = \varphi_r(\tau_0)
\end{aligned}\right\} \tag{2-14}$$

2. 应力-应变增量关系

混凝土应变增量由四部分组成，见式（2-15）。

$$\{\Delta\varepsilon_n\} = \{\Delta\varepsilon_n^e\} + \{\Delta\varepsilon_n^c\} + \{\Delta\varepsilon_n^T\} + \{\Delta\varepsilon_n^0\} \tag{2-15}$$

式中　$\{\Delta\varepsilon_n\}$——总应变增量列阵；

　　　$\{\Delta\varepsilon_n^e\}$——弹性应变增量列阵；

　　　$\{\Delta\varepsilon_n^T\}$——温度应变增量列阵；

　　　$\{\Delta\varepsilon_n^0\}$——自生体积变形增量列阵。

根据弹性应变与应力线性关系，得

$$\{\Delta\varepsilon_n^e\} = \int_{tn-1}^{tn}\frac{1}{E(t)}[Q]\left\{\frac{\partial\sigma(\tau)}{\partial\tau}\right\}dt$$

$$=[Q]\{\Delta\sigma_n\}/E_n^* \qquad (2\text{-}16)$$

其中，E_n^* 可以取为 $E_n^*=E(t_{n-1}+\Delta\tau_n/2)$。

把式（2-16）和式（2-13）代入式（2-15）整理合并后，得

$$\{\Delta\sigma_n\}=[\overline{D}_n](\{\Delta\varepsilon_n\}-\{\eta_n\}-\{\Delta\varepsilon_n^T\}-\{\Delta\varepsilon_n^0\}) \qquad (2\text{-}17)$$

式中　$[\overline{D}_n]=[D_n]/(1+q_nE_n^*)=\overline{E}_n\ [Q]^{-1}$，$[D_n]$是弹性矩阵，$[D_n]=E_n^*\ [Q]^{-1}$，$\overline{E}_n=E_n^*/(1+q_nE_n^*)$。

式（2-17）就是复杂应力状态下应力-应变增量关系式。

3. 有限元隐式解法基本公式

得出应力-应变增量表达式之后，我们可以运用有限单元法进行计算。把结构划分成有限个单元，用结点位移来表示单元的应变

$$\{\Delta\varepsilon_n\}=[B]\{\Delta\delta_n\} \qquad (2\text{-}18)$$

式中　$[B]$——几何矩阵；

$\{\Delta\delta_n\}$——结点位移增量列阵。

把式（2-18）代入式（2-17），得

$$\{\Delta\sigma_n\}=[\overline{D}_n]([B]\{\Delta\delta_n\}-\{\eta_n\}-\{\Delta\varepsilon_n^T\}-\{\Delta\varepsilon_n^0\}) \qquad (2\text{-}19)$$

由有限元法中的平衡方程

$$\int_v [B]^{\mathrm{T}}\{\Delta\sigma_n\}\mathrm{d}v=\{\Delta P_n\} \qquad (2\text{-}20)$$

可得基本方程如下

$$[K]\{\Delta\delta_n\}=\{\Delta P_n\}+\{\Delta P_n^c\}+\{\Delta P_n^T\}+\{\Delta P_n^0\} \qquad (2\text{-}21)$$

式中　$[K]$——结构的刚度矩阵，$[K]=\int_v [B]^{\mathrm{T}}[\overline{D}_n][B]\mathrm{d}v$；

$\{\Delta P_n\}$——外荷载增量；

$\{\Delta P_n^c\}$——徐变变形产生的当量荷载增量，$\{\Delta P_n^c\}=\int_v [B]^{\mathrm{T}}[\overline{D}_n][\eta_n]\mathrm{d}v$；

$\{\Delta P_n^T\}$——温度荷载增量，$\{\Delta P_n^T\}=\int_v [B]^{\mathrm{T}}[\overline{D}_n]\{\Delta\varepsilon_n^T\}\mathrm{d}v$；

$\{\Delta P_n^0\}$——自生体积变形荷载增量，$\{\Delta P_n^0\}=\int_v [B]^{\mathrm{T}}[\overline{D}_n]\{\Delta\varepsilon_n^0\}\mathrm{d}v$。

由式（2-21）求得位移增量$\{\Delta\delta_n\}$后，代入式（2-19）即可求出应力增量$\{\Delta\sigma_n\}$。

总应力为各时段应力增量之和，即

$$\{\sigma_n\}=\sum_{i=1}^{n}\{\Delta\sigma_i\} \qquad (2\text{-}22)$$

第二节　观音阁碾压混凝土重力坝温度应力仿真分析

一、工程概况

观音阁水库是一座以供应城市工业及生活用水、防洪为主，兼农田灌溉及发电的综合利用水利枢纽。坝址位于辽宁省本溪县城东 3km 的太子河干流上。

观音阁水库拦河大坝为碾压混凝土重力坝，最大坝高 82m，坝顶高程 267m，坝顶长 1040m，从左至右共分 65 个坝段。断面采用"金包银"的型式。上游面常态混凝土防渗层厚 3.0m，下游常态混凝土保护层厚 2.5m，基础常态混凝土垫层最小厚度 2.0m。横缝间距，除 4、5、7、9 号坝段外，均为 16m。碾压混凝土采用通仓铺筑，碾压层厚 75cm，分三层摊铺一次碾压，层间冲毛、铺砂浆处理。

水库工程总工期为 6 年。1990 年 5 月正式开始坝体混凝土浇筑，并于 1991 年汛后导、截流。1994 年汛后落闸蓄水，1995 年 5 月 1 日第一台机组发电，1995 年 10 月竣工。在水库大坝施工中，对混凝土浇筑温控标准和冬季保温措施如下：

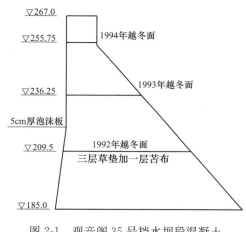

图 2-1　观音阁 35 号挡水坝段混凝土
浇筑及保温图（高程单位：m）

（1）温控及保温标准。合同文件规定坝体混凝土浇筑温度不得超过 22℃，也不得低于 4℃。同时还规定，对坝体混凝土应采取越冬保温措施，使其表面任何一处的温度不低于 0℃。

（2）冬季保温措施。上游面采用 5cm 厚聚苯乙烯泡沫塑料板。下游面铺两层草垫子，上覆一层苫布。越冬停浇顶面，铺三层草垫子，其上、下还各铺一层防水苫布。越冬侧立面，不拆模板，另加两层草垫子。

观音阁碾压混凝土坝地处严寒地区，冬季最低月平均气温 -13.1℃。大坝混凝土施工期为每年的 4～10 月，从当年的 10 月末至次年 4 月初，混凝土停止浇筑。混凝土浇筑及保温如图 2-1 所示。

二、基本资料

观音阁碾压混凝土重力坝温度应力仿真分析所需基本数据资料如表 2-1～表 2-6 所示。

表 2-1　　　　　　　　　　　混凝土及地基的热力学性能

项目	泊松比 μ	线胀系数 $\alpha(℃^{-1})$	导热系数 λ $[kJ/(m \cdot h \cdot ℃)]$	比热容 $c[kJ/(kg \cdot ℃)]$	容重 $\rho(kg/m^3)$
基岩	0.24	0.000012	3.979	0.932	2400
常态混凝土	0.167	0.000012	4.058	0.899	2400
碾压混凝土	0.167	0.0000086	3.314	0.795	2400

表 2-2　　　　　　　　　　　混凝土自生体积变形

$\tau(d)$	1	2	3	6	10	14	21	29	60	151	227	283
变形量	5.50×10^{-6}	9.00×10^{-6}	11.00×10^{-6}	13.00×10^{-6}	14.10×10^{-6}	14.90×10^{-6}	15.50×10^{-6}	15.80×10^{-6}	20.07×10^{-6}	28.79×10^{-6}	29.73×10^{-6}	27.83×10^{-6}

表 2-3　　　　　　　　　　　混凝土弹性模量　　　　　　　　　　　MPa

$\tau(d)$	3	7	14	28	90
常态混凝土	16.35×10^{-3}	20.58×10^{-3}	23.97×10^{-3}	26.89×10^{-3}	30.00×10^{-3}
碾压混凝土	10.19×10^{-3}	14.11×10^{-3}	17.95×10^{-3}	22.41×10^{-3}	29.14×10^{-3}

表 2-4　　　　　　　　　　　混凝土绝热温升　　　　　　　　　　　℃

$\tau(d)$	1	2	3	4	5	7	14	28	90
常态混凝土	5.67	9.68	12.65	14.95	16.79	19.52	24.50	30.09	31.23
碾压混凝土	3.85	6.52	8.48	9.80	11.20	12.97	16.06	18.29	20.22

表 2-5　　　　　　　　　　　气温　　　　　　　　　　　℃

月份	1	2	3	4	5	6	7	8	9	10	11	12	年平均
上旬	−12.1	−11.0	−3.4	5.8	13.7	18.9	22.4	23.3	18.3	11.7	3.1	−7.1	
中旬	−13.3	−8.4	−0.3	8.8	14.9	20.2	23.4	22.5	15.6	8.5	−1.0	−9.7	
下旬	−13.8	−7.0	2.3	11.5	17.3	21.6	24.2	20.3	13.3	5.3	−4.7	−11.7	
月均	−13.1	−9.0	−0.4	8.4	15.3	20.2	23.3	22.4	15.7	8.5	−0.9	−9.5	6.8

表 2-6　　　　　　　　　　　各高程浇筑时间、计算时间、浇筑温度

浇筑块数	浇筑高程（m）	浇筑日期（年.月.日）	计算时间（d）	浇筑温度（℃）	浇筑块数	浇筑高程（m）	浇筑日期（年.月.日）	计算时间（d）	浇筑温度（℃）
1	186.00	1992.4.17	1	12.0	6	189.75	1992.5.12	26	14.0
2	186.75	1992.4.24	7	12.5	7	190.50	1992.5.15	29	14.3
3	187.5	1992.4.29	12	13.0	8	191.25	1992.5.26	40	15.5
4	188.25	1992.5.3	17	14.4	9	192.00	1992.6.1	46	19.8
5	189.00	1992.5.7	21	14.0	10	192.75	1992.6.9	54	15.5

续表

浇筑块数	浇筑高程（m）	浇筑日期（年.月.日）	计算时间（d）	浇筑温度（℃）	浇筑块数	浇筑高程（m）	浇筑日期（年.月.日）	计算时间（d）	浇筑温度（℃）
11	193.50	1992.6.12	57	15.0	45	219.00	1993.6.14	424	22.0
12	194.25	1992.6.15	60	18.3	46	219.75	1993.6.19	429	21.0
13	195.00	1992.6.20	65	17.3	47	220.50	1993.6.26	436	20.8
14	195.75	1992.6.23	68	19.6	48	221.25	1993.8.10	481	20.0
15	196.50	1992.6.26	71	21.5	49	222.00	1993.8.18	489	19.0
16	197.25	1992.6.30	75	21.8	50	222.75	1993.8.24	495	20.0
17	198.00	1992.8.23	129	21.5	51	223.50	1993.8.30	501	20.0
18	198.75	1992.8.30	136	20.1	52	224.25	1993.9.2	504	19.0
19	199.50	1992.9.1	138	21.0	53	225.00	1993.9.5	507	18.0
20	200.25	1992.9.6	143	21.0	54	225.75	1993.9.9	511	17.0
21	201.00	1992.9.10	147	17.8	55	226.50	1993.9.12	514	16.0
22	201.75	1992.9.14	151	19.7	56	227.25	1993.9.17	519	15.5
23	202.50	1992.9.17	154	15.8	57	228.00	1993.9.21	523	14.0
24	203.25	1992.9.22	159	16.5	58	228.75	1993.9.24	526	14.0
25	204.00	1992.9.25	162	15.3	59	229.50	1993.9.28	530	12.3
26	204.75	1992.9.29	166	13.8	60	230.25	1993.10.1	533	12.9
27	205.50	1992.10.4	171	11.5	61	231.00	1993.10.5	537	11.5
28	206.25	1992.10.8	175	12.8	62	231.75	1993.10.12	544	8.7
29	207.00	1992.10.14	181	10.0	63	232.50	1993.10.15	547	9.0
30	207.75	1992.10.19	186	11.5	64	233.25	1993.10.21	553	7.0
31	208.50	1992.10.23	190	13.0	65	234.00	1993.10.25	557	7.0
32	209.25	1992.10.30	197	9.0	66	234.75	1993.10.31	563	5.0
33	210.00	1993.4.14	363	8.3	67	235.50	1993.11.3	566	5.0
34	210.75	1993.4.18	367	13.0	68	236.25	1993.11.6	569	5.0
35	211.50	1993.5.4	383	13.4	69	237.00	1994.4.3	717	5.0
36	212.25	1993.5.9	388	14.8	70	237.75	1994.4.8	722	7.6
37	213.00	1993.5.12	391	14.8	71	238.50	1994.5.8	752	14.0
38	213.75	1993.5.16	395	18.6	72	239.25	1994.5.14	758	14.8
39	214.50	1993.5.21	400	17.3	73	240.00	1994.5.21	765	16.3
40	215.25	1993.5.24	403	18.3	74	240.75	1994.5.27	771	17.0
41	216.00	1993.5.27	406	18.5	75	241.50	1994.6.4	779	18.5
42	216.75	1993.5.31	410	18.3	76	242.25	1994.6.10	785	19.0
43	217.50	1993.6.4	414	16.3	77	243.00	1994.6.17	792	19.5
44	218.25	1993.6.9	419	18.8	78	243.75	1994.6.23	797	21.0

浇筑块数	浇筑高程（m）	浇筑日期（年．月．日）	计算时间（d）	浇筑温度（℃）	浇筑块数	浇筑高程（m）	浇筑日期（年．月．日）	计算时间（d）	浇筑温度（℃）
79	244.50	1994.6.30	804	21.0	90	252.75	1994.9.15	881	15.0
80	245.25	1994.7.6	810	22.0	91	253.50	1994.9.24	890	15.0
81	246.00	1994.7.13	817	22.0	92	254.25	1994.10.3	899	13.0
82	246.75	1994.7.19	823	23.0	93	255.00	1994.10.12	908	9.0
83	247.50	1994.7.26	830	23.0	94	255.75	1994.10.22	918	7.0
84	248.25	1994.8.2	837	23.0	95	256.50	1995.4.2	1080	7.0
85	249.00	1994.8.9	844	23.0	96	257.25	1995.4.16	1094	8.0
86	249.75	1994.8.17	852	22.0	97	258.00	1995.4.23	1101	10.0
87	250.50	1994.8.24	859	21.0	98	258.75	1995.5.1	1109	13.0
88	251.25	1994.9.1	867	19.7	99	259.50	1995.5.9	1117	
89	252.00	1994.9.8	874	16.9					

混凝土的徐变为

$$C(t,\tau) = (0.86553 + 6.6986\tau^{-0.5})[1 - e^{-0.8519(t-\tau)}] +$$

$$(0.19824 + 2.8194\tau^{-0.5})[1 - e^{-0.1409(t-\tau)}] + 2.8564(e^{-0.092513\tau} - e^{-0.092513t}) \quad (2-23)$$

三、计算方法与计算方案

坝体温度场及应力场计算采用有限元方法。选择 35 号挡水坝段作为典型坝段，共划分 12940 个三角形单元，节点为 6810 个，计算时间步长为 1 天。计算中考虑了混凝土坝的施工过程、浇筑温度、外界温度的变化，混凝土材料性能随时间的变化，混凝土的徐变及混凝土表面保温的效果。温度和温度徐变应力计算是从混凝土浇筑开始一直到混凝土浇筑完毕，再到运行期，全过程的仿真计算。

按不同边界不同保温条件划分成 5 种计算方案：

（1）上游面 $\beta = 2.43 \text{kJ/(m}^2 \cdot \text{h} \cdot \text{℃)}$（相当于 5cm 泡沫塑料板保温），下游面二层草垫，越冬顶面三层草垫加一层苦布。

（2）1994 年浇混凝土上游面 $\beta = 0.73 \text{kJ/(m}^2 \cdot \text{h} \cdot \text{℃)}$（相当于 17cm 泡沫塑料板保温），下游面、顶面及 1993 年越冬面以上保温同方案（1）。

（3）1994 年浇混凝土上游面及顶面 $\beta = 0.73 \text{kJ/(m}^2 \cdot \text{h} \cdot \text{℃)}$，其他部位保温同方案（1）。

（4）1993、1994 年浇混凝土上游面及 1994 年越冬顶面 $\beta = 0.73 \text{kJ/(m}^2 \cdot \text{h} \cdot \text{℃)}$，

其他部位保温同方案（1）。

（5）1993、1994 年浇混凝土上游面、1994 年浇混凝土顶面及下游面均用 $\beta=0.73kJ/(m^2 \cdot h \cdot ℃)$。

四、计算成果

观音阁碾压混凝土坝温度应力计算时，针对各种表面保温情况，对 35 号挡水坝段进行了温度应力的仿真计算，35 号挡水坝段越冬层面上、下游面各时刻铅直向温度应力计算结果见表 2-7；35 号坝段 1993 号年越冬面（▽236.25m）各种表面保温下铅直向温度应力计算结果见表 2-8。

表 2-7　　　　35 号坝段越冬层面上、下游面各时刻铅直向温度应力 σ_y 计算结果　　　　MPa

时间		1993 年 6 月 22 日	1994 年 2 月 3 日	1994 年 8 月 14 日	1995 年 2 月 9 日	1995 年 5 月 22 日
209.50m	上游面	−1.95	3.37	−1.30	3.98	0.78
高程	下游面	−1.85	3.88	−1.77	4.52	−0.41
236.25m	上游面	0.05	−0.01	−1.53	3.71	0.78
高程	下游面	−0.08	0.34	−1.70	3.32	−0.45

表 2-8　　　35 号坝段 1993 年越冬面（▽236.25m）各种表面保温方案下的铅直向温度应力

方案	保温情况	σ_{ymax}（MPa）	
		上游面	下游面
1	上游面 $\beta=2.43kJ/(m^2 \cdot h \cdot ℃)$，下游面二层草垫，越冬顶面三层草垫加一层苫布	3.31	3.21
2	1994 年浇混凝土上游面 $\beta=0.73kJ/(m^2 \cdot h \cdot ℃)$，下游面、顶面及 1993 年越冬面以上保温同方案（1）	2.8	3.2
3	1994 年浇混凝土上游面及顶面 $\beta=0.73kJ/(m^2 \cdot h \cdot ℃)$，其他部位保温同方案（1）	2.79	3.1
4	1993、1994 年浇混凝土上游面及 1994 年越冬顶面 $\beta=0.73kJ/(m^2 \cdot h \cdot ℃)$，其他部位保温同方案 1	2.44	2.75
5	1993、1994 年浇混凝土上游面、1994 年浇混凝土顶面及下游面均用 $\beta=0.73kJ/(m^2 \cdot h \cdot ℃)$	1.8	1.3

注　$\beta=0.73kJ/(m^2 \cdot h \cdot ℃)$ 相当于 17cm 泡沫塑料板保温，$\beta=2.43$（$kJ/m^2 \cdot h \cdot ℃$）相当于 5cm 泡沫塑料板保温。

分析上述计算结果，得出以下坝体温度及温度应力时空分布规律：

（1）图 2-2 为坝体稳定温度场，坝体稳定温度场由上游的 5.3℃逐步上升到下游的 10.2℃，基础部位混凝土年均约 6.0℃。

（2）图 2-3 和图 2-4 为 1 月和 7 月的坝体准稳定温度场，各月坝体准稳定温度场变化较大，尤其是靠近边界数米范围内的变化更大。

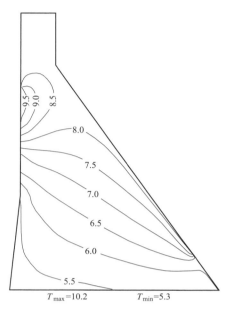

图 2-2　挡水坝段稳定温度场（单位：℃）

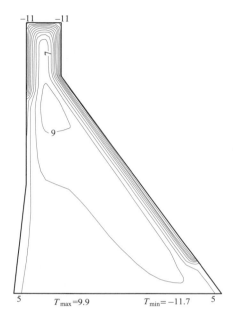

图 2-3　1 月份挡水坝段准稳定温度场（单位：℃）

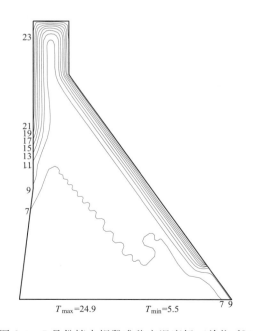

图 2-4　7 月份挡水坝段准稳定温度场（单位：℃）

(3) 图 2-5 和图 2-6 为第（1）方案的上、下游面最大铅直温度应力分布图。至 1995 年 2 月 5 日，1993 年越冬面（▽236.25m）上游面最大铅直拉应力 σ_y 为 3.31MPa，下游面 σ_y 为 3.21MPa；至 1996 年 2 月 18 日，上游面最大铅直拉应力 σ_y 发展为 3.38MPa，下游面 σ_y 发展为 4.02MPa，远超过层面设计抗拉强度（$[\sigma]$ = 1.89MPa）。

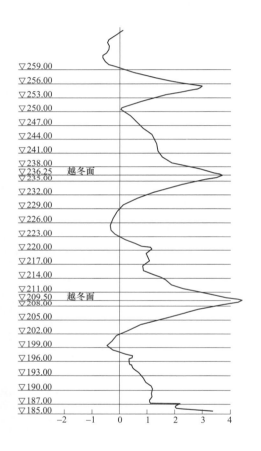

图 2-5　35 号挡水坝段方案（1）　　　　　图 2-6　35 号挡水坝段方案（1）

上游面最大温度应力分布图 σ_y　　　　　下游面最大温度应力分布图 σ_y

（高程单位：m；应力单位：MPa）　　　　　（高程单位：m；应力单位：MPa）

(4) 图 2-7 和图 2-8 为第（2）方案上、下游面铅直温度应力分布图。至 1995 年 2 月 5 日，1993 年越冬面上游面最大铅直拉应力 σ_y 为 2.8MPa，下游面 σ_y 为 3.2MPa，仍不能满足强度要求。

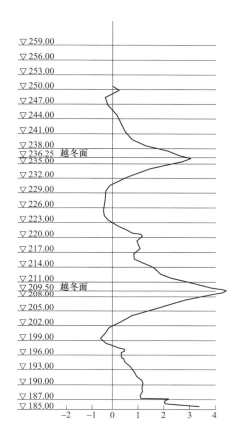

图 2-7　35 号挡水坝段方案（2）

上游面最大温度应力分布图 σ_y

（高程单位：m；应力单位：MPa）

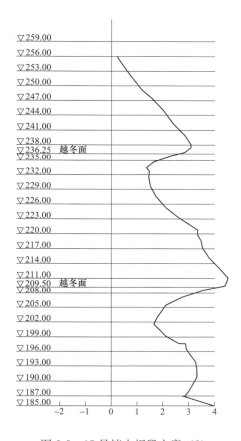

图 2-8　35 号挡水坝段方案（2）

下游面最大温度应力分布图 σ_y

（高程单位：m；应力单位：MPa）

（5）图 2-9 和图 2-10 为第（3）方案上、下游面铅直温度应力分布图。至 1995 年 2 月 5 日，1993 年越冬面上游面铅直拉应力 σ_y 为 2.79MPa，下游面 σ_y 为 3.10MPa，几乎没有改善。

（6）图 2-11 和图 2-12 为第（4）方案上、下游面铅直温度应力分布图。至 1995 年 2 月 5 日，1993 年越冬面上游面拉应力 σ_y 减至 2.44MPa，下游面 σ_y 为 2.95MPa，拉应力仍然很大。

（7）图 2-13 和图 2-14 为第（5）方案上、下游面铅直温度应力分布图。至 1995 年 2 月 5 日，1993 年越冬面上游面拉应力 σ_y 减至 1.80MPa，下游面 σ_y 为 1.30MPa，施工期拉应力基本满足强度要求。

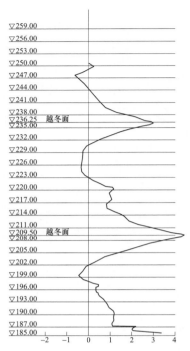

图2-9　35号挡水坝段方案（3）上游面最大温度应力分布图 σ_y（高程单位：m；应力单位：MPa）

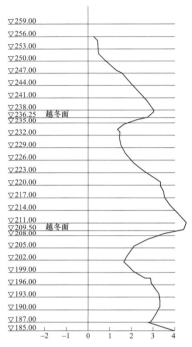

图2-10　35号挡水坝段方案下游面最大温度应力分布图 σ_y（高程单位：m；应力单位：MPa）

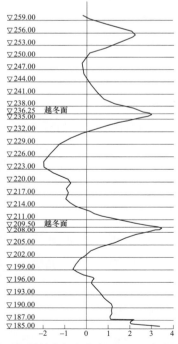

图2-11　35号挡水坝段方案（4）上游面最大温度应力分布图 σ_y（高程单位：m；应力单位：MPa）

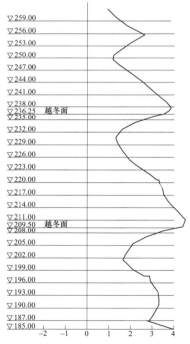

图2-12　35号挡水坝段方案（4）下游面最大温度应力分布图 σ_y（高程单位：m；应力单位：MPa）

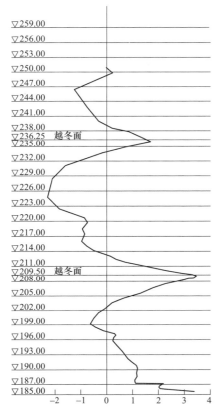

图 2-13　35 号挡水坝段方案（5）

上游面最大温度应力分布图 σ_y

（高程单位：m；应力单位：MPa）

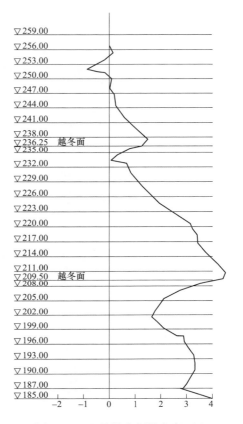

图 2-14　35 号挡水坝段方案（5）

下游面最大温度应力分布图 σ_y

（高程单位：m；应力单位：MPa）

第三节　白石碾压混凝土重力坝温度应力仿真分析

一、工程概况

白石水库位于辽宁省北票市上园乡附近的大凌河干流上，是一座以防洪灌溉为主，兼顾养鱼和发电的大型水利枢纽。水库大坝为碾压混凝土重力坝，坝顶长 514m，最大坝高 50.3m，设有 11 个 12m×15.8m（宽×高）的溢流堰，堰顶高程 115.0m，设有 12 个 4m×7m（宽×高）的排沙底孔，底板高程 96.0m。大坝装有 3 台水轮发电机组，装机总容量 9600kW。白石水库大坝主体混凝土于 1997 年 4 月开始浇筑，1999 年 9 月底下闸蓄水，2000 年底全面竣工。

二、基本资料

计算选用的 27 号挡水坝段有限元网格剖分图如图 2-15 所示，碾压混凝土、常态混凝土及岩石的物理力学、热学性能见表 2-9，混凝土坝的升程记录见表 2-10，混凝土浇筑温度记录见表 2-11，1999 年 10 月 1 日后开始蓄水的逐月蓄水高程见表 2-12，不同深度库水水温逐月变化情况见表 2-13，各种保温层的放热系数见表 2-14，2000 年年末水库正常运行时上游水位逐月变化见表 2-15，水库正常运行时下游水位逐月变化见表 2-16，养生水的表面河水水温见表 2-17，计算采用的坝址多年平均逐日气温见表 2-18，建坝前大坝基础地温为 13～14℃。

表 2-9　　　　碾压混凝土、常态混凝土及岩石的物理力学、热学性能参数

类型	常态混凝土	碾压混凝土	基础岩石
弹性模量（10^4MPa）	$3.11\times(1-e^{-0.376t^{0.419}})$	$3.067\times(1-e^{-0.3512t^{0.432}})$	1.1
泊松比	0.16	0.16	0.24
绝热温升（℃）	$T=20.2t/(3.181+t)$	$T=16.36t(3.548+t)$	
导热系数[kJ/(m·h·℃)]	5.029	5.288	
导温系数（m^2/h）	2.477×10^{-3}	2.453×10^{-3}	2.477×10^{-3}
比热容[kJ/(kg·℃)]	0.82	0.88	0.878
线膨胀系数（$℃^{-1}$）	6.55×10^{-6}	6.16×10^{-6}	0.85×10^{-5}
容重（kg/m^3）	2476	2447	2790
自生体积变形	$G(t)=37.89t\times10^{-6}$ $/(87.79+t)$	$G(t)=0.0$	
徐变度	$C(t,\tau)=(7.93\times10^{-8}+6.798\times10^{-7}/\tau^{0.45})\times[1-e^{-0.3(t-\tau)}]+(1.672\times10^{-7}+2.84\times10^{-7}/\tau^{0.43})\times[1-e^{-0.005(t-\tau)}]$	$C(t,\tau)=(3.33\times10^{-11}+6.325\times10^{-7}/\tau^{0.549})\times[1-e^{-1.775(t-\tau)}]+(8.50\times10^{-11}+5.362\times10^{-7}/\tau^{0.51})\times[1-e^{-0.096(t-\tau)}]$	

表 2-10   27 号挡水坝段升程记录

浇筑层号	浇筑时间 （年．月．日）	浇筑高程（m）	浇筑层号	浇筑时间 （年．月．日）	浇筑高程（m）
1	1997.4.10	89.50	26	1997.10.28	109.25
2	1997.4.20	90.00	27	1997.10.31	110.00
3	1997.4.30	91.25	28	1998.4.10	110.75
4	1997.5.10	92.00	29	1998.4.23	111.50
5	1997.5.20	92.75	30	1998.4.29	112.25
6	1997.5.30	93.50	31	1998.5.7	113.00
7	1997.6.8	94.25	32	1998.5.14	113.75
8	1997.6.15	95.00	33	1998.5.18	114.50
9	1997.6.30	95.75	34	1998.5.26	115.25
10	1997.7.9	96.50	35	1998.6.8	116.00
11	1997.8.10	97.25	36	1998.6.24	117.00
12	1997.8.20	98.00	37	1998.7.9	118.00
13	1997.8.25	98.75	38	1998.7.16	119.00
14	1997.8.29	99.50	39	1998.7.21	120.00
15	1997.9.3	100.25	40	1998.7.26	121.00
16	1997.9.6	101.00	41	1998.8.13	122.00
17	1997.9.9	101.75	42	1998.8.23	123.00
18	1997.9.12	102.50	43	1998.8.30	124.00
19	1997.9.15	103.25	44	1998.9.9	125.00
20	1997.9.25	104.00	45	1998.9.15	126.00
21	1997.10.13	105.50	46	1998.9.20	127.00
22	1997.10.16	106.25	47	1999.4.7	128.00
23	1997.10.19	107.00	48	1999.4.16	129.00
24	1997.10.22	107.75	49	1999.4.26	130.00
25	1997.10.25	108.50	50	1999.6.14	134.30

表 2-11   混凝土浇筑温度记录   ℃

月份	1	2	3	4	5	6	7	8	9	10	11	12
1997 年				7.0	13.7	15.7	15.5	19.3	17.3	14.2		
1998 年				14.9	15.8	17.6	18.5	18.2	18.0			
1999 年				15.0	16.0	18.0						

表 2-12　　　　　　　　　　　水库逐月蓄水高程　　　　　　　　　　　　　　m

月份	1	2	3	4	5	6	7	8	9	10	11	12
1999 年										102.5	105.5	107.2
2000 年	109.0	111.0	113.5	116.8	118.0	119.2	121.2	122.5	123.1	123.0	122.5	122.0

表 2-13　　　　　　　　　　库水逐月平均水温沿水深分布表　　　　　　　　　　℃

水深（m）	1 月	2 月	3 月	4 月	5 月	6 月	7 月	8 月	9 月	10 月	11 月	12 月
0.00	0.52	1.42	1.40	8.50	15.4	19.4	21.5	21.9	16.3	8.25	2.73	0.80
5.00	1.41	2.00	2.00	7.00	11.5	15.1	15.6	21.7	16.3	8.25	3.00	1.52
10.0	1.80	2.52	3.00	5.91	8.59	10.8	10.9	19.8	15.7	8.3	3.73	2.00
15.0	2.41	3.22	3.60	5.20	7.00	9.86	10.2	15.8	14.5	8.25	3.73	2.62
20.0	3.00	3.82	4.00	5.00	6.50	7.51	7.74	11.0	11.1	8.23	3.83	3.20
25.0	3.51	4.00	4.00	5.00	6.20	6.70	6.74	9.56	10.0	1.90	3.83	3.62
30.0	3.64	4.00	4.00	5.00	6.00	6.70	6.74	7.87	7.93	6.50	3.93	3.80
35.0	3.65	4.00	4.00	5.00	6.00	6.70	6.74	6.87	6.40	5.50	4.00	3.90
40.0	3.71	4.00	4.00	5.00	6.00	6.70	6.74	6.87	6.40	5.50	4.00	3.90

表 2-14　　　　　　　　　　　各种保温层的放热系数

顶面及下游面		上游面	
草垫子厚度（cm）	放热系数[kJ/(m²·h·℃)]	苯板厚度（cm）	放热系数[kJ/(m²·h·℃)]
24	2.0390	6	2.0390

表 2-15　　　　　　　　　　正常运行水库上游水位月变化

月份	1	2	3	4	5	6	7
水位（m）	124.43	123.99	123.26	122.94	121.21	118.88	121.04
月份	8	9	10	11	12	平均	
水位（m）	122.53	123.10	123.01	122.51	121.00	122.41	

表 2-16　　　　　　　　　　正常运行水库下游水位月变化

月份	1	2	3	4	5	6	7
水位（m）	93.30	93.30	93.40	93.40	93.50	93.30	93.50
月份	8	9	10	11	12	平均	
水位（m）	93.30	93.30	93.30	93.30	93.30	93.38	

表 2-17　　　　　　　　　　　河水表面水温表　　　　　　　　　　　　℃

月份	4	5	6	7	8	9	10	11
水温	7.33	14.15	19.57	23.13	22.22	16.08	8.07	1.63

表 2-18　　　　　　　　　　坝址多年平均气温统计表　　　　　　　　　℃

日	1月	2月	3月	4月	5月	6月	7月	8月	9月	10月	11月	12月
1	−11.6	−12.2	−3.7	3.7	14.1	19.4	23.2	24.3	20.5	13.7	4.6	−4.2
2	−11.4	−11.7	−3.6	3.9	13.7	19.0	23.7	24.2	19.9	14.0	5.2	−4.9
3	−11.2	−10.7	−3.5	4.6	13.6	19.2	23.6	24.3	19.8	13.7	5.8	−5.4
4	−11.7	−10.7	−3.8	5.8	14.1	18.7	24.1	24.6	19.4	12.3	4.9	−4.5
5	−10.9	−10.5	−3.1	6.3	14.1	20.1	23.7	24.5	19.2	11.9	4.0	−6.0
6	−9.5	−8.9	−2.2	5.3	15.4	19.9	23.3	23.9	19.1	11.9	5.0	−6.4
7	−8.8	−8.6	−1.7	5.8	15.6	19.7	23.4	24.2	18.5	11.9	4.1	−6.4
8	−9.7	−8.3	−1.6	6.9	16.2	20.2	23.6	24.0	18.0	11.5	2.0	−7.6
9	−10.0	−7.6	−1.7	6.4	15.9	20.1	23.8	24.2	17.4	11.0	0.7	−6.5
10	−10.4	−8.4	−2.4	7.3	17.0	20.6	23.4	23.3	17.3	10.4	−0.6	−6.6
11	−11.3	−8.3	−1.5	8.6	17.4	21.0	23.8	23.4	17.8	10.6	0.6	−6.7
12	−10.8	−7.5	−0.7	8.7	16.7	21.1	23.4	23.2	17.6	10.2	−0.2	−8.9
13	−11.2	−8.4	−0.5	9.3	16.7	21.9	23.5	23.1	17.6	9.7	0.4	−8.2
14	−11.6	−8.3	0.6	9.0	17.2	21.5	24.0	22.8	18.0	9.7	0.2	−8.0
15	−11.7	−7.6	0.4	9.4	16.4	21.7	24.0	22.5	17.7	8.7	−0.3	−8.0
16	−11.5	−6.8	0.8	8.8	16.5	21.7	24.2	22.4	17.0	8.3	0.4	−7.9
17	−10.9	−7.1	0.6	9.3	17.2	21.8	24.4	22.4	16.1	8.6	−0.1	−6.9
18	−11.4	−6.3	1.1	10.4	17.7	22.1	24.4	22.1	15.9	9.1	−0.2	−7.7
19	−12.1	−6.0	1.8	12.0	18.2	21.3	23.9	22.0	15.8	9.2	−0.7	−8.4
20	−12.1	−5.8	1.0	12.2	18.6	21.6	23.7	22.4	16.2	8.8	−2.0	−9.3
21	−11.6	−6.8	1.6	11.9	18.8	22.2	23.8	22.5	15.7	6.8	−3.0	−9.7
22	−11.7	−7.1	1.5	11.2	19.6	22.4	24.0	21.7	15.0	7.2	−2.7	−9.7
23	−10.5	−6.7	1.1	11.1	18.3	23.0	24.2	22.3	15.3	7.2	−1.9	−10.9
24	−10.3	−6.3	1.6	12.0	18.3	22.7	24.5	22.1	16.4	6.9	−2.1	−10.8
25	−10.2	−6.0	2.3	12.3	18.7	22.5	23.9	22.2	15.7	6.3	−2.7	−11.0
26	−10.1	−4.7	2.9	12.4	18.3	22.6	24.0	22.0	14.9	7.2	−3.1	−11.7
27	−10.3	−4.4	3.5	12.5	19.4	23.5	24.7	21.3	14.4	6.9	−3.2	−11.5
28	−10.4	−4.1	4.4	14.0	18.1	23.5	24.8	20.7	13.6	5.4	−4.1	−11.0
29	−11.1		5.0	13.6	19.8	22.8	24.9	21.2	13.5	4.9	−4.9	−11.3
30	−11.9		4.7	13.7	19.2	22.9	24.6	20.2	13.7	5.4	−5.4	−11.7
31	−11.8		4.3		20.0		24.5	20.5		4.9		−10.7

三、分析方法与计算方案

坝体温度场及应力场分析采用有限元方法。27 号挡水坝段有限元网格剖分图如图 2-

— 33 —

15 所示，坝体部分剖分为 2363 个三角形单元，1264 个节点，基础岩石深度取 2 倍坝高，宽度取 5 倍坝宽，剖分为 1346 个三角形单元，716 个节点；即挡水坝段的有限元计算中共有 3709 个三角形单元，1944 个节点。为模拟坝体实际升程过程，坝体碾压混凝土部分的三角形单元按 0.75m 高度剖分，其他部分的三角形单元剖分则保证升程过程中各高程浇筑面均在三角形单元的分界面上。剖分时尽量使三角形单元的形状接近等边三角形，以克服单元形状畸变对计算结果的不利影响。节点及单元的编号由左至右、自上而下连续编排，因此在混凝土浇筑升程过程中，不同高程的坝体可由大于某节点号和单元号的全部节点集和单元集来描述。在温度场的计算中考虑了逐日气温变化、混凝土的入仓温度及水化热、边界保温、库水对坝体温度的影响以及浇筑间歇洒水养生等因素。温度场计算的时间步长取 6h。

应力的计算采用初应变法，徐变应力分析采用在每一时段内假定应力线性变化的隐式解法；每一时段内的应力增量包括了弹性应变增量、温差应变增量、自生体积变形应变增量，徐变应变增量，计算中考虑了混凝土的自重、蓄水后的静水压力、常规混凝土与碾压混凝土不同的自生体积变形、混凝土的徐变以及混凝土的弹性模量随龄期的变化。

计算中定义水平方向为 x 方向（坝踵指向坝址为正），大坝上游垂直面 $x=0$；定义垂直方向为 y 向（向上为正），海平面高度 $y=0$，即 y 坐标与高程一致。

对 27 号挡水坝段在给定的升程计划、设计浇筑温度和边界条件下，仿真计算坝体施工期和运行期的温度场和应力场。

为反映静水压力、坝体自重、温度、自生体积变形、混凝土徐变五种主要因素对坝体应力的影响，分别计算：①基于坝体升程过程和水库蓄水过程的，由静水压力和坝体自重产生的坝体应力；②单纯由温度产生的坝体应力；③静水压力、坝体自重、温度及自生体积变形综合作用产生的坝体应力；④静水水压、坝体自重、温度、自生体积变形及混凝土徐变综合作用产生的坝体应力。计算出的第④项的应力即是坝体实际存在的应力。

四、计算成果

坝体温度、应力的计算结果以两种方式给出，一是在坝体上选择若干个温度、应力特征点，给出这些点上温度、应力在施工期和运行期整个计算时段上的变化曲线，以此反映坝体关键部位温度、应力随时间变化情况；二是选择特定的时间，给出该时刻坝体整个断面上的温度、应力分布情况。

计算从 1997 年 4 月 10 日混凝土浇筑开始，到 2010 年 7 月 15 日止，根据经验给出了施工期 1998 年 1 月 15 日、1998 年 7 月 15 日、1999 年 1 月 15 日、1999 年 7 月 15 日和运行期 2000 年 1 月 15 日、2000 年 7 月 15 日、2001 年 1 月 15 日、2001 年 7 月 15 日、2002 年 1 月 15 日、2002 年 7 月 15 日、2010 年 1 月 15 日、2010 年 7 月 15 日，共 12 个时刻的温度场和应力场。

根据工程经验及试算结果选择的温度、应力特征点如图 2-16 所示。

在计算中同时输出了以下 4 种工况的计算结果：

（1）基于坝体升程过程和蓄水过程中由静水压力和自重产生的坝体应力。

（2）单纯由温度产生的坝体应力。

（3）水压、自重、温度及自生体积变形综合作用产生的坝体应力。

（4）水压、自重、温度、自生体积变形及徐变综合作用产生的坝体应力，即坝体实际存在的应力。

整理出工况（4）的各特定时间各温度特征点温度计算值及最高、最低温度值见表 2-19 和表 2-20；工况（4）的各特定时间各应力特征点 σ_y、σ_x 计算值见表 2-21 和表 2-22。各温度特征点温度历时过程线如图 2-17 所示；2000 年 1 月 15 日上、下游面铅直应力 σ_y 沿高程分布曲线如图 2-18 所示；各应力特征点 σ_y、σ_x 历时过程线如图 2-19～图 2-25 所示。

分析计算结果得出以下规律：

（1）坝内最高温度 24.6℃，发生在坝体中上部。计算至 2010 年 7 月 15 日，坝内部温度达 7～9℃，基本稳定。

由于受水温影响，上游面温度变化不大，呈缓慢下降趋势。下游面温度受气温影响显著，明显呈周期性变化，夏季平均达到 23.3℃，冬季平均达到－11℃。

（2）上、下游面年度结合面附近出现明显应力集中现象。上游面最大 σ_y 发生在 127m 高程（第二越冬面）附近，为 2.73MPa；下游面最大 σ_y 也发生在 127m 高程（第二越冬面）附近，为 3.12MPa。

（3）上游面第一越冬面（110m 高程）最大 σ_y 为 1.83MPa，发生在 2001 年冬季，之后受水库蓄水影响，应力在－2.35～0.92MPa 之间振荡，夏季为压应力，冬季转为拉应力。应力呈缓慢下降趋势。

上游面第二越冬面（127m 高程）应力不受水库蓄水影响，应力在－1.87～2.73MPa 之间呈明显周期性变化。应力略呈缓慢下降趋势。

（4）下游面第一越冬面（110m 高程）应力受气温影响，最大 σ_y 为 2.45MPa，发生在 2001 年冬季，之后在－2.12～2.03MPa 之间振荡，夏季为压应力，冬季转为拉应力。应力略呈缓慢下降趋势。

下游面第二越冬面（127m 高程）应力受气温影响，应力在－2.04～3.12MPa 之间呈明显周期性变化。应力略呈缓慢下降趋势。

（5）上、下游面水上越冬层面部位应力 σ_y 长期处于较高水平。

（6）坝踵坝趾部位长期处于较小的拉应力或压应力状态。

（7）坝体内部水平向应力 σ_x，在越冬面上当年冬季为拉应力达 1.96MPa，运行期拉应力较小，呈缓慢上升趋势。

（8）在水压、自重、温度、自生体积变形及徐变这些荷载中，温度是最主要的荷载，温度应力是最主要的应力。膨胀型自生体积变形对大坝上、下游面应力影响较小，但对基础部位内部混凝土水平向拉应力有明显影响。徐变对缓解应力效果不很明显。

表 2-19　　　　　　　　　　特定时间各温度特征点温度计算值　　　　　　　　　℃

日期（年.月.日）	温度特征点（部位）				
	1（内部中上部）	2（内部中部）	3（内部下部）	4（上游面中部）	5（下游面中部）
1998.1.15		21.00	23.12	5.01	5.70
1998.7.15	22.80	17.14	21.90	18.00	23.76
1999.1.15	22.67	19.13	20.31	3.55	－1.97
1999.7.15	16.32	17.23	18.68	17.61	21.71
2000.1.15	15.83	16.34	16.94	0.88	－11.01
2000.7.15	10.08	13.31	15.84	10.32	23.65
2001.1.15	12.26	13.08	14.85	2.70	－11.04
2001.7.15	8.37	10.65	13.95	10.34	23.63
2002.1.15	10.79	11.10	13.18	2.70	－11.05
2002.7.15	7.46	9.19	12.50	10.34	23.61
2010.1.15	9.63	8.51	9.03	2.70	－11.08
2010.7.15	6.65	7.19	8.96	10.34	23.59

表 2-20　　　　　　　　　　各温度特征点最高、最低温度值　　　　　　　　　℃

温度特征点（部位）	最高温度 T_{max}	最低温度 T_{min}
1（内部中上部）	24.19	6.50
2（内部中部）	23.06	7.20
3（内部下部）	23.43	8.91
4（上游面中部）	19.32	0.83
5（下游面中部）	24.68	－11.65

表 2-21　　　　　　　　特定时间各应力特征点 σ_y 计算值　　　　　　　　MPa

日期 (年.月.日)	应力特征点（部位）					
	1（上游面第二越冬面）	3（下游面第二越冬面）	4（上游面第一越冬面）	6（下游面第一越冬面）	7（坝踵）	9（坝趾）
1998.1.15			0.06		−2.47	−0.40
1998.7.15			−1.55	−0.77	−5.50	−1.80
1999.1.15	0.22		1.56	1.71	−3.03	0.93
1999.7.15	−0.90	−0.72	−1.82	−0.97	−6.92	−1.66
2000.1.15	2.48	2.53	1.82	2.36	−2.34	0.78
2000.7.15	−1.43	−1.60	−1.52	−1.47	−3.18	−1.85
2001.1.15	2.73	3.12	0.89	1.92	−1.01	0.20
2001.7.15	−1.82	−2.03	−1.99	−1.81	−3.65	−1.81
2002.1.15	2.57	2.99	0.60	1.66	−1.45	0.21
2002.7.15	−1.86	−2.03	−2.18	−1.96	−4.02	−1.81
2010.1.15	2.54	2.97	0.30	1.28	−2.84	0.01
2010.7.15	−1.87	−2.04	−2.40	−2.26	−5.26	−2.01

表 2-22　　　　　　　　特定时间各应力特征点 σ_x 计算值　　　　　　　　MPa

日期 (年.月.日)	应力特征点（部位）		
	2（内部上部）	5（内部中部）	8（内部下部）
1998.1.15		1.96	−1.20
1998.7.15		0.16	−1.29
1999.1.15		−0.29	−1.39
1999.7.15	−0.55	−0.25	−1.36
2000.1.15	−0.78	−0.54	−1.36
2000.7.15	−0.74	−0.25	−1.43
2001.1.15	−0.80	−0.62	−1.34
2001.7.15	−0.70	−0.23	−1.37
2002.1.15	−0.79	−0.61	−1.30
2002.7.15	−0.70	−0.25	−1.33
2010.1.15	−0.79	−0.64	−1.17
2010.7.15	−0.71	−0.26	−1.23

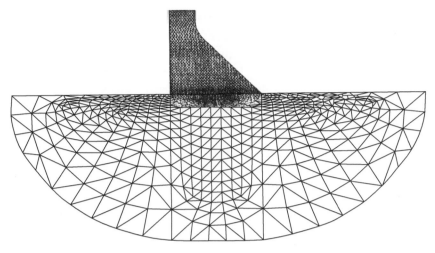

图 2-15　27 号挡水坝段有限元网格剖分图

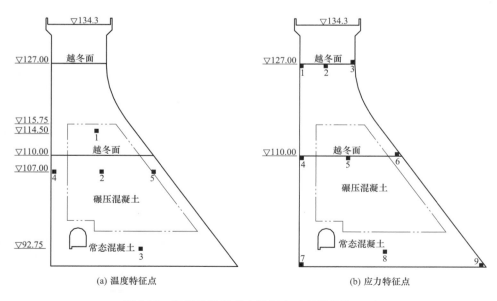

图 2-16　温度及温度应力特征点（高程单位：m）

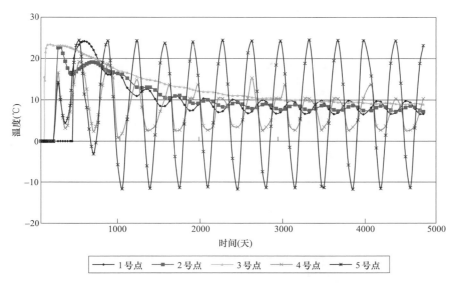

图 2-17 各温度特征点温度历时曲线

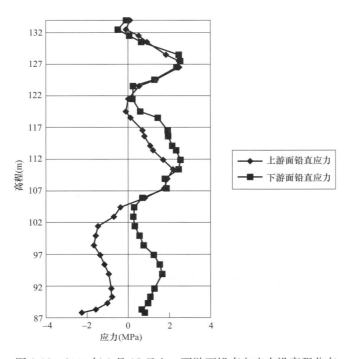

图 2-18 2000 年 1 月 15 日上、下游面铅直向应力沿高程分布

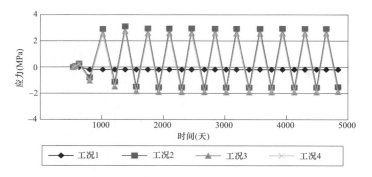

图 2-19 1 号应力点各工况铅直应力历时曲线

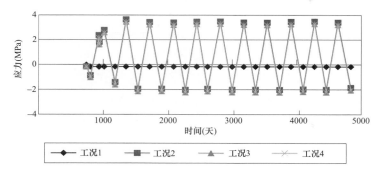

图 2-20 3 号应力点各工况铅直应力历时曲线

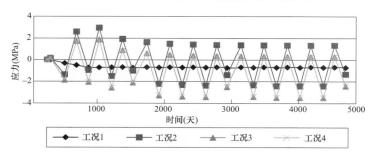

图 2-21 4 号应力点各工况铅直应力历时曲线

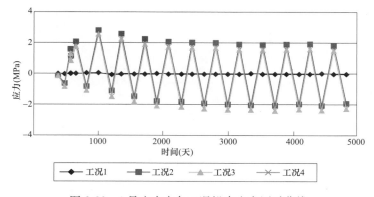

图 2-22 6 号应力点各工况铅直应力历时曲线

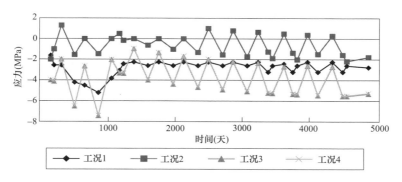

图 2-23　7 号应力点各工况铅直应力历时曲线

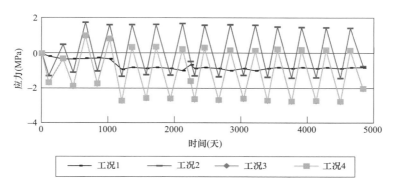

图 2-24　9 号应力点各工况铅直应力历时曲线

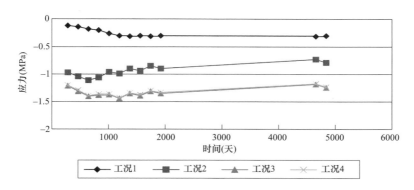

图 2-25　8 号应力点各工况水平应力历时曲线

第四节　猴山混凝土重力坝温度应力仿真分析

一、工程概况

猴山水库工程位于辽宁省绥中县狗河中游范家乡赵家甸村上游约 1km 处，距离绥中县约 35km。坝址以上河长 47.9km，控制面积 377km²，占狗河全流域面积的 70％。水库最大库容为 $1.59×10^8m^3$，工程规模为大（2）型，工程等别为Ⅱ等，永久性主要建筑物拦河坝、副坝建筑物级别为 2 级。水库主要作用是为绥中县东戴河新区供水，同时兼有防洪及农业灌溉的作用。

拦河主坝为混凝土重力坝，最大坝高 51.60m，由左、右岸挡水坝段、门库坝段、引水坝段及溢流坝段等组成。主坝坝顶全长 349.0m，其中左岸挡水坝段长 116.0m，右岸挡水坝段长 110.0m，溢流坝段长 69.0m，引水坝段长 16.0m，门库坝段长 38.0m。

狗河流域地处辽宁省西部，属于温带季风气候区，其特点是冬季以西北季风为主，严寒干燥；夏季以东南季风为主，炎热多雨，四季冷暖干湿分明。多年平均气温为 9.5℃，极端最高气温达 39.8℃，极端最低气温为 −26.3℃。结冰时间一般为 11 月上旬，融冻时间为 3 月中旬。最冷月为 1 月，多年平均温度为 −7.7℃。气温年内变幅大，昼夜温差也较大。

通过坝址区多年平均气温统计可知，全年高温时段为 6、7、8 三个月，平均气温超过 20℃，11 月至次年 3 月为冬季寒冷月份，冬季寒冷月份较长，夏季高温月份较短，春秋昼夜温差大。

二、研究目的

本工程所在地区最冷月平均气温为 −7.7℃，为寒冷地区，多年平均气温仅为 9.5℃，气温年内变幅大，昼夜温差也较大。因大坝的温度应力问题比较突出，有必要开展温度应力仿真分析和温控方案的深入研究，提出合理的温控标准和有效的温控防裂措施。根据本工程的基本条件和大坝的结构特征，对大坝的温度场、温度应力以及温控措施进行深入地研究，提出适合本工程的温控方案，为大坝的设计和施工提供参考。

三、主要研究内容

（一）准稳定温度场计算和温度应力仿真分析

（1）选取 2 个典型坝段（挡水坝段和溢流坝段），计算大坝的准稳定温度场。

（2）全过程模拟大坝的升程过程及水库蓄水过程，考虑实际初始条件和边界条件，对大坝施工期及运用期的温度及应力情况进行三维有限元仿真计算。计算中基础约束区的混凝土分别采用大坝中热硅酸盐水泥和普通硅酸盐水泥两种混凝土，混凝土中掺加抗裂剂和不掺加抗裂剂两种情况。

（二）温控措施、温控标准和温控方案研究

（1）根据计算结果提出浇筑温度及最高温度的控制标准，提出高温季节的温控措施和各季节的保温标准及其他避免大坝产生严重危害性裂缝（如基础约束区发生纵向裂缝，上、下游面水平和劈头裂缝，闸墩和堰面裂缝）的建议措施。

（2）分析坝面施工期保温的防裂效果及长期保温的必要性；分析基础混凝土永久短浅纵缝的防裂效果对大坝安全影响及缝自身的稳定对温控标准的影响；分析溢流坝段永久纵缝对大坝安全及温控标准的影响。

四、计算基本资料和参数

（一）自然条件

各月多年平均气温见表 2-23。多年平均气温 9.5℃。各月多年平均水温见表 2-24。

表 2-23　　　　　　　　　　　各月多年平均气温　　　　　　　　　　　℃

月份	1	2	3	4	5	6	7	8	9	10	11	12
多年平均	−7.7	−4.8	2	10.2	16.9	21.2	24.1	23.8	18.8	11.4	2.6	−4.6

表 2-24　　　　　　　　　　　各月多年平均水温　　　　　　　　　　　℃

月份	1	2	3	4	5	6	7	8	9	10	11	12
多年平均	2.4	3.1	4.4	8.9	16.4	22.4	26.1	26.1	22.5	16.4	9.4	3.5

根据 SL 744—2016《水工建筑物荷载设计规范》的水库水温计算方法，上游库水温度的变化用公式表示

$$T_w(y, \tau) = 14.9e^{-0.005y} + 13.48e^{-0.012y}\cos[\tau - \tau_0 - (0.53 + 0.008y)] \qquad (2-24)$$

（二）基岩的性能参数

基岩的热力学参数见表 2-25，弹性模量取为 23.0GPa，泊松比 0.32。

表 2-25　　　　　　　　　　　基岩的热力学参数

导温系数 a （m²/h）	导热系数 λ [kJ/(m·h·℃)]	比热容 c [kJ/(kg·℃)]	线膨胀系数 α （10^{-5}℃$^{-1}$）
0.0036	10.0	1.03	0.56

（三）混凝土性能参数

1. 混凝土弹性模量

混凝土的弹性模量用公式表示为

$$E(t) = E_0(1 - e^{-at^b}) \tag{2-25}$$

式中　E_0——弹性模量的最终值。

系数 E_0、a、b 具体取值见表 2-26。

表 2-26　　　　　　　　　　　　　弹性模量公式拟合系数

混凝土分区	公式系数		
	E_0	a	b
Ⅰ	36.0	0.4	0.34
Ⅱ	36.0	0.4	0.34
Ⅲ	36.0	0.4	0.34
Ⅳ	34.9	0.4	0.34
Ⅴ	34.9	0.4	0.34
Ⅵ	39.8	0.4	0.34

2. 徐变

在温度应力分析中采用徐变度计算公式如下

$$C(t,\tau) = (0.23/E_0)(1 + 9.2\tau^{-0.45})[1 - e^{-0.3(t-\tau)}] +$$
$$(0.52/E_0)(1 + 1.7\tau^{-0.45})[1 - e^{-0.005(t-\tau)}] \tag{2-26}$$

式中　E_0——弹性模量的最终值。

3. 混凝土自生体积变形

混凝土的自生体积变形见表 2-27。

表 2-27　　　　　　　　　　　　　混凝土自生体积变形 ε_0

	龄期（d）	1	3	5	7	12	28	33	50	63
渤海牌水泥	ε_0	-2.22×10^{-6}	-3.63×10^{-6}	-4.04×10^{-6}	-3.03×10^{-6}	-7.75×10^{-6}	-2.69×10^{-6}	-6.13×10^{-6}	-3.03×10^{-6}	-1.58×10^{-6}
	龄期（d）	78	85	93	103	110	118	125		
	ε_0	-0.13×10^{-6}	0.13×10^{-6}	1.62×10^{-6}	4.55×10^{-6}	5.20×10^{-6}	6.48×10^{-6}	8.7×10^{-6}		
浑河牌水泥	龄期（d）	3	15	30	45	60	90	120	150	180
	ε_0	-0.34×10^{-6}	-0.45×10^{-6}	-0.28×10^{-6}	6.02×10^{-6}	6.19×10^{-6}	9.34×10^{-6}	12.72×10^{-6}	14.4×10^{-6}	16.0×10^{-6}

4. 混凝土热学参数

混凝土热学参数见表 2-28。

表 2-28 混凝土热学性能

混凝土	导温系数 $a(m^2/h)$	导热系数 λ $[kJ/(m \cdot h \cdot ℃)]$	比热容 $c[kJ/(kg \cdot ℃)]$	线膨胀系数 $\alpha(10^{-6}℃^{-1})$
Ⅰ	0.0038	8.88	0.98	9.0
Ⅱ	0.0038	8.88	0.98	9.0
Ⅲ	0.0038	8.88	0.98	9.0
Ⅳ	0.0038	8.88	0.98	9.0
Ⅴ	0.0038	8.88	0.98	9.0
Ⅵ	0.0038	8.88	0.98	9.0

5. 混凝土绝热温升

混凝土绝热温升见表 2-29。

表 2-29 混凝土绝热温升

混凝土分区		绝热温升
Ⅰ		$T=37.6t/(1.363+t)$
Ⅱ		$T=37.6t/(1.363+t)$
Ⅲ		$T=37.6t/(1.363+t)$
Ⅳ	渤海牌水泥	$T=35.5t/(1.363+t)$
	浑河牌水泥	$T=31.0[1-\exp(-0.203t^{1.020})]$
Ⅴ		$T=30.8t/(1.363+t)$
Ⅵ		$T=45.5t/(1.363+t)$

（四）冷却水管参数

冷却水管参数见表 2-30。

表 2-30 冷却水管参数

水管的材料	管材导热系数	水管的外径	水管壁厚
HDPE 管	$\geqslant 1.6kJ/(m \cdot h \cdot ℃)$	$\phi32mm$	2mm

每根水管的长度：200m；水管的水平间距 1.5m，垂直间距为混凝土浇筑层厚度；冷却水初温：12℃；流量：1.0m³/h；开始通水时间：一期冷却在开始浇筑混凝土时立即进行；每根水管通水天数：14d。

（五）保温材料

（1）坝体上游面经常性水位以上部分采用10cm厚的GRC复合挤塑板保温，经常性水位以下部分采用10cm厚的挤塑板保温，均采用锚栓固定于混凝土表面。坝体下游面采用挤塑保温板，溢流堰面、闸墩部位采用10cm厚岩棉被保温，保温材料至竣工后拆除。挤塑板导热系数要求，10℃时导热系数小于0.00168kJ/(m·h·℃)，25℃时导热系数小于0.0018kJ/(m·h·℃)。

（2）水平越冬面混凝土采用10cm厚聚苯乙烯泡沫塑料板（苯板）保温。侧立面越冬采用苯板保温，位于模板内侧（也可后挂），厚度采用10cm，待浇筑相邻混凝土将其刮除。

五、计算模型及计算条件

（一）计算模型

选取一个挡水坝段和一个溢流坝段进行分析研究。坝体材料分区如图2-26和图2-27所示。

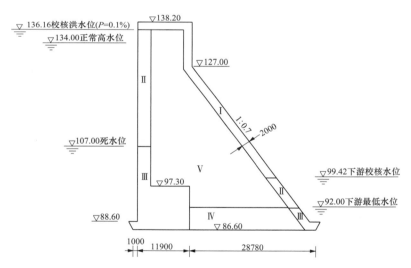

图2-26　挡水坝段混凝土分区（高程单位：m；尺寸单位：mm）

用20结点等参数单元对坝体和地基进行网格剖分，图2-28和图2-29表示了2个坝段的计算网格图。

边界条件：上、下游面无水时为空气，有水时为水温。地基除顶面外的5个面为绝热，顶面上、下游区域无水时为空气，有水时为水温。地基除顶面外的5个面为垂直方向约束。

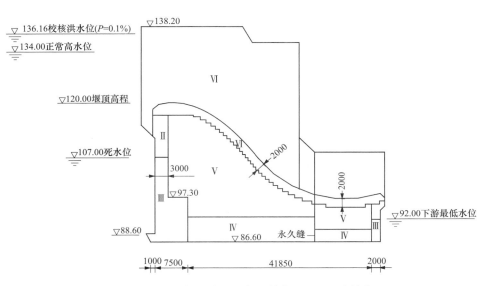

图 2-27　溢流坝段混凝土分区（高程单位：m；尺寸单位：mm）

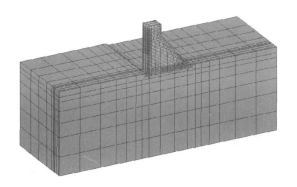

图 2-28　挡水坝段计算网格图

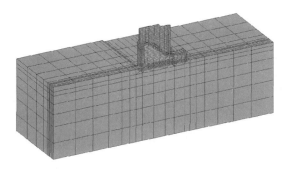

图 2-29　溢流坝段计算网格图

主要荷载有温度荷载和混凝土自重。

在本文中，应力以拉为正，压为负，1 是指第 1 主应力。

（二）初拟温控措施

混凝土温控分区：建基面 $0\sim0.2L$（L 为浇筑块长边尺寸）范围按强约束区控制、$0.2L\sim0.4L$ 为弱约束区、其他为非约束区。初拟大坝温控措施见表 2-31。

表 2-31 初拟大坝温控措施表

分 区	温控措施
强约束区 ($0\sim0.2L$)	（1）浇筑层 1.0～1.5m，层间间歇 5 天以上； （2）浇筑温度不大于 15℃； （3）水管冷却； （4）保温； （5）表面流水（河水）
弱约束区 ($0.2L\sim0.4L$)	（1）浇筑层 1.0～1.5m，层间间歇 5 天以上； （2）浇筑温度不大于 18℃； （3）水管冷却； （4）保温； （5）表面流水（河水）
非约束区	（1）浇筑层 1.5m，层间间歇 5 天以上； （2）浇筑温度不大于 20℃； （3）水管冷却； （4）保温； （5）表面流水（河水）

六、挡水坝段温度和温度应力仿真分析

（一）准稳定温度场

大坝浇筑完成后，经过多年的运行，坝体的温度场将处于以年为变化周期的准稳定温度场，准稳定温度场将随着外界环境温度的变化而变化。

挡水坝段的准稳定温度场分为两种情况，第一种情况是上游面保温、下游面不保温，第二种情况是上、下游面都保温。计算结果如图 2-30 和图 2-31 所示，图中表示了坝段温度较低的 1 月典型月的准稳定温度场温度分布。考虑到对坝体温度应力造成不利影响的是低温状态时的准稳定温度场，所以图中给出的准稳定温度场是较低温状态下的，其余月份的准稳定温度场不起控制作用，省略了。

对于上游面保温、下游面不保温的情况，由准稳定温度场计算结果可以看出，坝体中下部区域的温度常年保持不变，温度变化的区域是上、下游面附近和坝顶附近。坝体温度变化区域的温度随着外界水温和气温的变化而变化。坝内恒温区的温度约为11～12℃。

对于上、下游面都保温的情况，坝体中下部区域的温度常年保持不变，上、下游面附近和坝顶附近的温度随着外界水温和气温的变化而变化，与下游面不保温的情况相比，下游面保温后，下游面附近的最低温度有很大的提高，由－5℃左右提高到了约8℃。坝内恒温区的温度为11～12℃。

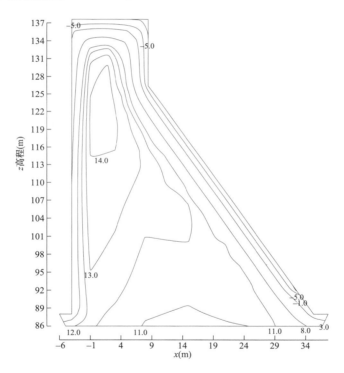

图 2-30　挡水坝段 1 月准稳定温度场（单位：℃）（上游面保温、下游面不保温）

（二）温度和温度应力

首先按初拟的温控条件（表 2-31）计算了挡水坝的温度和温度应力，计算结果表明，坝体内部的温度应力不大，因此，对温控措施进行了调整，调整后的挡水坝段温度和温度应力计算条件见表 2-32。施工计划见表 2-33～表 2-34。挡水坝段温度和应力计算结果见表 2-35。

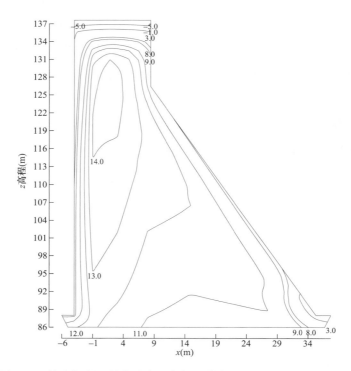

图 2-31　挡水坝段 1 月准稳定温度场（单位：℃）（上、下游面保温）

表 2-32　　　　　　　　　　　　　　　挡水坝段计算方案

计算方案	计算条件和温控措施
DS-1	（1）强约束区（86.6～94.9m 高程），混凝土浇筑温度不大于 18℃； （2）弱约束区（94.9～103.2m 高程），混凝土浇筑温度不大于 20℃； （3）非约束区（103.2m 高程以上），混凝土浇筑温度不大于 22℃； （4）基础混凝土水泥品种为渤海牌 P.O42.5； （5）上游面永久保温，下游面保温至竣工后拆除； （6）5～10 月浇筑的混凝土中铺设水管； （7）6～9 月浇筑的混凝土采取表面流水（采用河水，当河水温度超过 20℃时，用 20℃的制冷水）； （8）施工计划见表 2-33； （9）无自生体积变形
DS-2	上、下游面永久保温，其他条件同方案 DS-1
DS-3	基础混凝土水泥品种为浑河牌 PM.H42.5，其他条件同方案 DS-2

续表

计算方案	计算条件和温控措施
DS-4	（1）强约束区，混凝土浇筑温度不大于 18℃； （2）弱约束区，混凝土浇筑温度不大于 20℃； （3）非约束区，混凝土浇筑温度不大于 22℃； （4）基础混凝土水泥品种为渤海牌 P.O42.5； （5）上、下游面长期保温； （6）5～10 月浇筑的混凝土中铺设水管； （7）6～9 月浇筑的混凝土采取表面流水（采用河水，当河水温度超过 20℃时，用 20℃的制冷水）； （8）4 月 1 日开始浇筑混凝土，施工计划见表 2-33； （9）有自生体积变形
DS-5	基础混凝土水泥品种为浑河牌 PM.H42.5，其他条件同方案 DS-4
DS-6	无水管冷却，无表面流水，其他条件同方案 DS-5
DS-7	无水管冷却，其他条件同方案 DS-5
DS-8	无表面流水，其他条件同方案 DS-5
DS-9	（1）强约束区，混凝土浇筑温度不大于 18℃； （2）弱约束区，混凝土浇筑温度不大于 20℃； （3）非约束区，混凝土浇筑温度不大于 22℃； （4）基础混凝土水泥品种为浑河牌水泥； （5）上、下游面长期保温； （6）5～10 月浇筑的混凝土中铺设水管； （7）6～9 月浇筑的混凝土采取表面流水（采用河水，当河水温度超过 20℃时，用 20℃的制冷水）； （8）左岸坝段，9 月 1 日开始浇筑混凝土，施工计划见表 2-34； （9）有自生体积变形
DS-10	上、下游保温层厚度 8cm，其他条件同方案 DS-5
DS-11	上、下游保温层厚度 6cm，其他条件同方案 DS-5

注　当河水温度低于设定的水管冷却水温时，用河水冷却。当气温低于表中设定的浇筑温度时，采用自然入仓。

表 2-33 挡水坝段混凝土施工计划（1）

序号	浇筑时间（年.月.日）	浇筑层起止高程（m）	浇筑层厚（m）	间歇时间（d）
1	2014.4.1	▽86.6～▽87.6	1.0	6
2	2014.4.7	▽87.6～▽88.6	1.0	6
3	2014.4.13	▽88.6～▽89.6	1.0	6
4	2014.4.19	▽89.6～▽90.6	1.0	6
5	2014.4.25	▽90.6～▽91.6	1.0	6
6	2014.5.1	▽91.6～▽92.6	1.0	6
7	2014.5.7	▽92.6～▽93.6	1.0	6
8	2014.5.13	▽93.6～▽95.1	1.5	6
9	2014.5.19	▽95.1～▽96.6	1.5	6
10	2014.5.25	▽96.6～▽98.1	1.5	6
11	2014.5.31	▽98.1～▽99.6	1.5	6
12	2014.6.6	▽99.6～▽101.1	1.5	6
13	2014.6.12	▽101.1～▽102.6	1.5	6
14	2014.6.18	▽102.6～▽104.1	1.5	6
15	2014.6.24	▽104.1～▽105.6	1.5	6
16	2014.6.30	▽105.6～▽107.1	1.5	6
17	2014.7.6	▽107.1～▽108.6	1.5	6
18	2014.7.12	▽108.6～▽110.1	1.5	6
19	2014.7.18	▽110.1～▽111.6	1.5	6
20	2014.7.24	▽111.6～▽113.1	1.5	6
21	2014.7.30	▽113.1～▽114.6	1.5	6
22	2014.8.5	▽114.6～▽116.1	1.5	6
23	2014.8.11	▽116.1～▽117.6	1.5	6
24	2014.8.17	▽117.6～▽119.1	1.5	6
25	2014.8.23	▽119.1～▽120.6	1.5	6
26	2014.8.29	▽120.6～▽122.1	1.5	6
27	2014.9.4	▽122.1～▽123.6	1.5	12
28	2014.9.16	▽123.6～▽125.1	1.5	12
29	2014.9.28	▽125.1～▽126.6	1.5	12
30	2014.10.10	▽126.6～▽128.1	1.5	12
31	2014.10.22	▽128.1～▽129.6	1.5	12
32	2014.11.3	▽129.6～▽131.1	1.5	12
33	2014.11.15	▽131.1～▽132.6	1.5	130
34	2015.3.25	▽132.6～▽134.1	1.5	37
35	2015.5.1	▽134.1～▽136.2	2.1	20
36	2015.5.21	▽136.2～▽138.2	2.0	

表 2-34 挡水坝段混凝土施工计划（2）

序号	浇筑时间（年.月.日）	浇筑层起止高程（m）	浇筑层厚（m）	间歇时间（d）
1	2014.9.1	▽86.6～▽87.6	1.0	4
2	2014.9.5	▽87.6～▽88.6	1.0	4
3	2014.9.9	▽88.6～▽89.6	1.0	4
4	2014.9.13	▽89.6～▽90.6	1.0	4
5	2014.9.17	▽90.6～▽91.6	1.0	4
6	2014.9.21	▽91.6～▽92.6	1.0	4
7	2014.9.25	▽92.6～▽93.6	1.0	4
8	2014.9.29	▽93.6～▽95.1	1.5	8
9	2014.10.7	▽95.1～▽96.6	1.5	8
10	2014.10.15	▽96.6～▽98.1	1.5	8
11	2014.10.23	▽98.1～▽99.6	1.5	8
12	2014.10.31	▽99.6～▽101.1	1.5	10
13	2014.11.10	▽101.1～▽102.6	1.5	10
14	2014.11.20	▽102.6～▽104.1	1.5	10
15	2014.11.30	▽104.1～▽105.6	1.5	110
16	2015.3.20	▽105.6～▽107.1	1.5	9
17	2015.3.29	▽107.1～▽108.6	1.5	9
18	2015.4.7	▽108.6～▽110.1	1.5	9
19	2015.4.16	▽110.1～▽111.6	1.5	9
20	2015.4.25	▽111.6～▽113.1	1.5	6
21	2015.5.1	▽113.1～▽114.6	1.5	6
22	2015.5.7	▽114.6～▽116.1	1.5	6
23	2015.5.13	▽116.1～▽117.6	1.5	6
24	2015.5.19	▽117.6～▽119.1	1.5	6
25	2015.5.25	▽119.1～▽120.6	1.5	6
26	2015.5.31	▽120.6～▽122.1	1.5	6
27	2015.6.6	▽122.1～▽123.6	1.5	6
28	2015.6.12	▽123.6～▽125.1	1.5	6
29	2015.6.18	▽125.1～▽126.6	1.5	6
30	2015.6.24	▽126.6～▽128.1	1.5	6
31	2015.6.30	▽128.1～▽129.6	1.5	6
32	2015.7.6	▽129.6～▽131.1	1.5	6
33	2015.7.12	▽131.1～▽132.6	1.5	6
34	2015.7.18	▽132.6～▽134.1	1.5	6
35	2015.7.24	▽134.1～▽136.2	2.1	6
36	2015.7.30	▽136.2～▽138.2	2.0	

表 2-35　　　　　　　　挡水坝段温度和应力计算结果

计算方案		强约束区		弱约束区		非约束区	上游表面	下游表面	顶部
		Ⅲ区	Ⅳ区	Ⅲ区	Ⅴ区				
DS-1	最高温度（℃）	35		37		34	37	39	39
	最大拉应力（MPa）	1.6		1.4		0.9	2.0	4.9	2.4
DS-2	最高温度（℃）	35		37		34	37	39	39
	最大拉应力（MPa）	1.2		1.1		1.2	1.7	1.7	2.1
DS-3	最高温度（℃）	35		37		34	37	39	39
	最大拉应力（MPa）	1.2		1.1		1.2	1.7	1.7	2.1
DS-4	最高温度（℃）	30.2	29.8	37.4	35.4	35.5	37.9	39.3	39.8
	最大拉应力（MPa）	1.5	1.2	1.1	1.0	1.6	1.7	1.7	2.1
DS-5	最高温度（℃）	30.2	29.6	37.4	35.4	35.5	37.9	39.3	39.8
	最大拉应力（MPa）	1.4	0.9	1.0	1.0	1.6	1.7	1.7	2.1
DS-6	最高温度（℃）	35.3	34.5	42.6	42.4	43.9	44.3	45.0	41.9
DS-7	最高温度（℃）	35.1	33.4	41.1	39.6	40.4	41.0	41.8	41.8
DS-8	最高温度（℃）	30.3	29.7	37.4	35.5	37.5	40.2	41.1	39.8
DS-9	最高温度（℃）	38	30	34	33	39	40	41	42
	最大拉应力（MPa）	1.7	1.6	1.4	1.5	1.4	1.6	1.9	1.6
DS-10	最高温度（℃）	30.2	29.6	37.3	35.4	35.5	37.9	39.1	39.7
	最大拉应力（MPa）	1.5	1.0	1.1	1.0	1.7	1.6	1.9	2.1
DS-11	最高温度（℃）	30.2	29.6	37.3	35.4	35.5	37.8	38.9	39.7
	最大拉应力（MPa）	1.5	1.0	1.1	1.1	1.7	1.6	2.2	2.1

　　按照初始的施工计划，混凝土 3 月开始浇筑，计算了 3 个方案。根据施工进度的调整，基础混凝土改为 4 月开始浇筑，计算了方案 DS-4 和方案 DS-5。计算结果如图 2-32～图 2-37 所示，表 2-35 给出了坝体各部位最高温度和最大应力的特征值。

　　对于Ⅳ区基础混凝土采用渤海牌水泥的方案 DS-4，计算结果如图 2-34 和图 2-35 所示。由表 2-35 计算结果得知，坝体强约束区Ⅲ区的最高温度为 30.2℃，Ⅳ区的最高温度为 29.8℃；弱约束区Ⅲ区的最高温度为 37.4℃，Ⅴ区的最高温度为 35.4℃；非约束区的最高温度为 35.5℃，上游面外部混凝土的最高温度为 37.9℃，下游面外部混凝土的最高温度为 39.3℃，顶部混凝土的最高温度为 39.8℃。从应力计算结果来看，温度应力的分布规律为，坝体强约束区Ⅲ区的最大应力为 1.5MPa，Ⅳ区的最大应力为 1.2MPa；弱约束区Ⅲ区的最大应力为 1.1MPa，Ⅴ区的最大应力为 1.0MPa；非约束区的最大应力为 1.6MPa，上游面外部混凝土的最大应力为 1.7MPa，下游面外部混凝土的最大应力为 1.7MPa，顶部混凝土的最大应力为 2.1MPa。除了坝踵和坝趾的局部应力集中区域外，

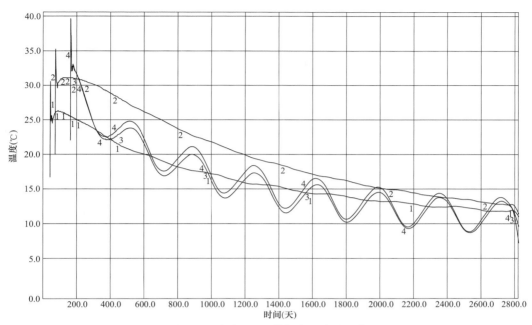

图 2-32　方案 DS-2 特征点温度过程线

1—强约束区最高温度点；2—弱约束区最高温度点；3—上游面最高温度点；4—下游面最高温度点

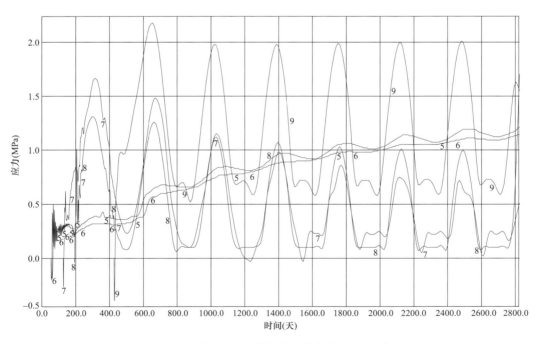

图 2-33　方案 DS-2 特征点温度应力 σ_1 过程线

5—强约束区最大应力点；6—弱约束区最大应力点；7—上游面最大应力点；

8—下游面最大应力点；9—顶部最大应力点

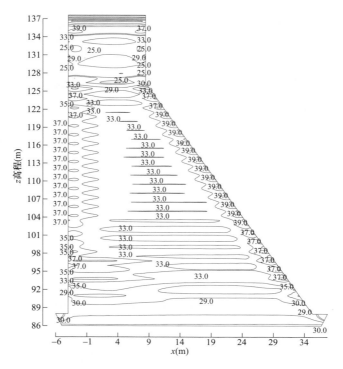

图 2-34　挡水坝段温度包络图（单位：℃）（方案 DS-4）

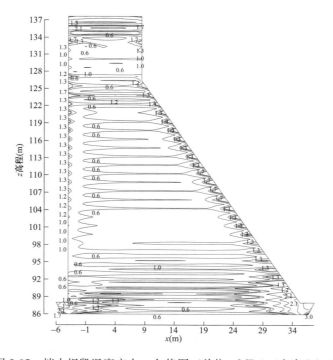

图 2-35　挡水坝段温度应力 σ_1 包络图（单位：MPa）（方案 DS-4）

方案 DS-4 中坝体的温度应力满足混凝土的抗裂要求。

　　对于Ⅳ区基础混凝土采用浑河牌水泥的方案 DS-5，计算结果如图 2-36 和图 2-37 所示。由表 2-35 的计算结果得知，Ⅳ区的最高温度为 29.6℃，比方案 DS-4 降低 0.2℃，其他区域的最高温度与方案 DS-4 相同；强约束区Ⅲ区和弱约束区Ⅲ区的最大拉应力都比方案 DS-4 减少 0.1MPa，Ⅳ区的最大应力为 0.9MPa，比方案 DS-4 减少 0.3MPa，其他区域的最大应力与方案 DS-4 相同。因此，Ⅳ区基础混凝土采用浑河牌水泥后，可以减小坝体的温度应力。

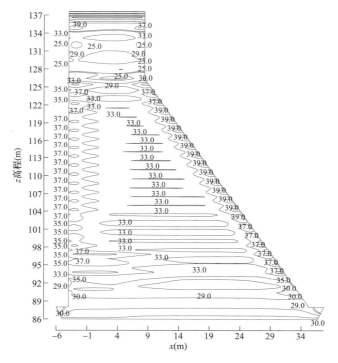

图 2-36　挡水坝段温度包络图（单位：℃）（方案 DS-5）

　　为了了解水管冷却和表面流水的效果，计算了没有水管冷却和表面流水、只有水管冷却、只有表面流水三种工况，计算方案为 DS-6、DS-7 和 DS-8，计算结果如图 2-38～图 2-40，表 2-35 给出了坝体各部位最高温度和最大应力的特征值。

　　通过比较 3 个方案的计算结果，可以得知，水管冷却的降温效果比较明显，各个区域混凝土的降温幅度为 2.1～6.9℃；表面流水对混凝土的降温效果比水管冷却差，各个区域混凝土的降温幅度为 0.1～3.5℃。

　　左岸坝段的计算结果表示在图 2-41 和图 2-42，表 2-35 给出了坝体各部位最高温度和最大应力的特征值。

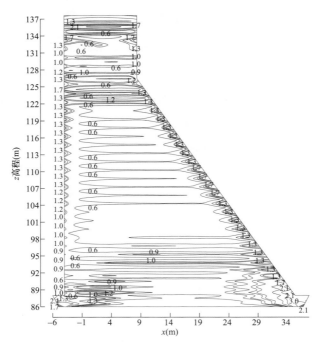

图 2-37　挡水坝段温度应力 σ_1 包络图（单位：MPa）（方案 DS-5）

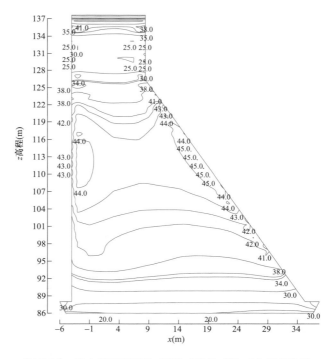

图 2-38　挡水坝段温度包络图（单位：℃）（方案 DS-6）

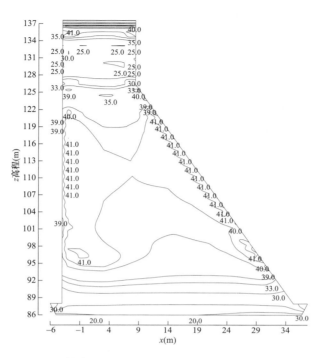

图 2-39 挡水坝段温度包络图（单位：℃）（方案 DS-7）

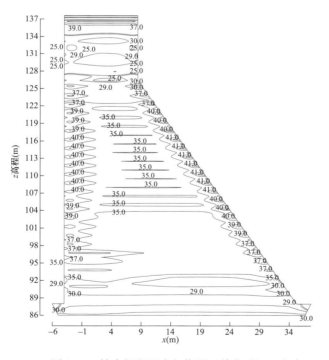

图 2-40 挡水坝段温度包络图（单位：℃）（方案 DS-8）

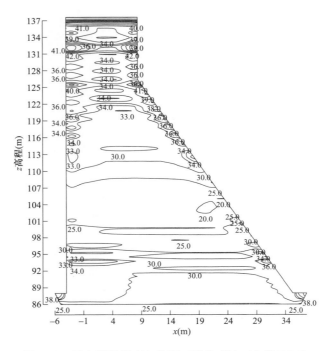

图 2-41　挡水坝段温度包络图（单位：℃）（方案 DS-9）

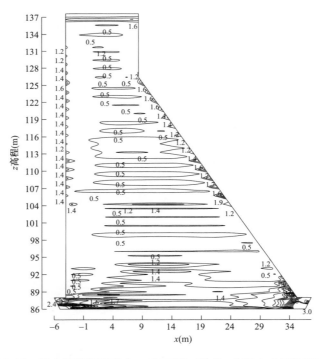

图 2-42　挡水坝段温度应力 σ_1 包络图（单位：MPa）（方案 DS-9）

由计算结果得知，坝体强约束区的最高温度为 38℃，弱约束区的最高温度为 34℃，非约束区的最高温度为 39℃，上游面外部混凝土的最高温度为 40℃，下游面外部混凝土的最高温度为 41℃，顶部混凝土的最高温度为 42℃。从应力计算结果来看，温度应力的分布规律为，坝体强约束区的最大应力为 1.7MPa，弱约束区的最大应力为 1.5MPa，非约束区的最大应力为 1.4MPa，上游面外部混凝土的最大应力为 1.6MPa，下游面外部混凝土的最大应力为 1.9MPa，顶部混凝土的最大应力为 1.6MPa。坝体最大的温度应力位于下游面附近，是由越冬面造成的。因此，除了坝踵和坝趾的局部应力集中区域外，方案 DS-9 中坝体的温度应力满足混凝土的抗裂要求。

方案 DS-10 和方案 DS-11 分别计算了上、下游保温材料的厚度有所改变的工况。在方案 DS-5 的基础上改变保温层的厚度，方案 DS-10 中保温材料的厚度减为 8cm，方案 DS-11 中保温材料的厚度减为 6cm。计算结果如图 2-43～图 2-46 所示，表 2-35 给出了坝体各部位最高温度和最大应力的特征值。

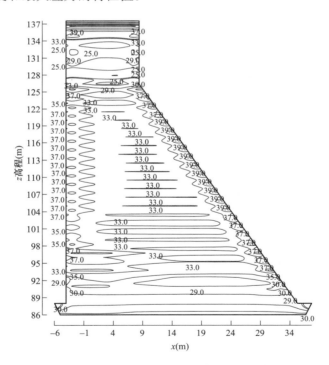

图 2-43 挡水坝段温度包络图（单位：℃）（方案 DS-10）

由计算结果得知，保温材料的厚度减小后，坝体表面附近混凝土的最高温度略有降低，坝内部的最高温度没有变化；坝体内部和上游面附近的最大应力变化很小，下游面的应力增加较多，当保温层的厚度由 10cm 减为 8cm 时，下游面的应力增加 0.2MPa，当保温层的厚度由 10cm 减为 6cm 时，下游面的应力增加 0.5MPa。

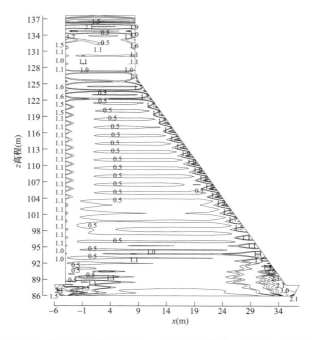

图 2-44　挡水坝段温度应力 σ_1 包络图（单位：MPa）（方案 DS-10）

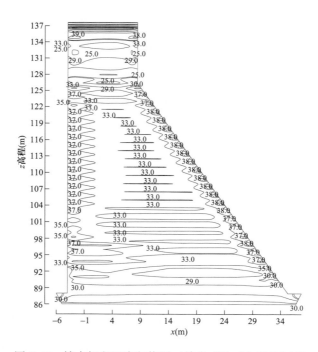

图 2-45　挡水坝段温度包络图（单位：℃）（方案 DS-11）

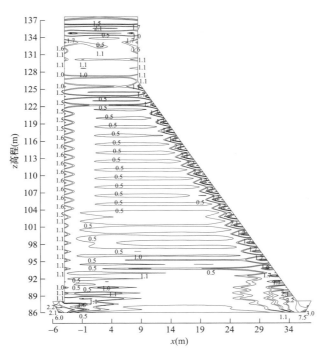

图 2-46 挡水坝段温度应力 σ_1 包络图（单位：MPa）（方案 DS-11）

七、溢流坝段温度和温度应力仿真分析

（一）准稳定温度场

计算了溢流坝段的准稳定温度场，图 2-47 表示了准稳定温度场温度较低的 1 月的温度分布。结合其他月份准稳定温度场计算结果可以看出，坝体中下部区域的温度常年保持不变，温度变化的区域是上下游面附近和溢流面附近。坝段中下部的温度为 11～12℃。

（二）温度和温度应力

由于溢流坝段的坝体形状复杂，既有闸墩，又有溢流面，因此，它的温度应力也很复杂。

按照表 2-36 和表 2-37 的条件和温控措施，计算了溢流坝段多种方案的温度和应力。图 2-48～图 2-65 中给出了Ⅰ-Ⅰ剖面（顺河向，坝段中剖面）、Ⅱ-Ⅱ剖面（顺河向，距坝段中剖面 4m 的剖面）和Ⅲ-Ⅲ剖面（横河向，距上游面 20.6m）上的温度和应力。表 2-38 给出了各部位的温度和应力特征值。

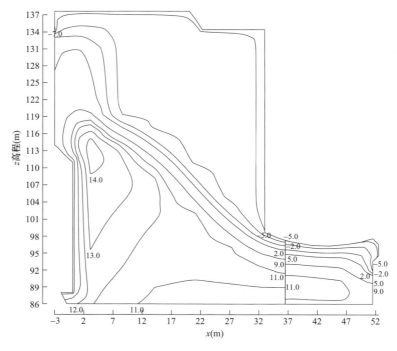

图 2-47　溢流坝段 1 月准稳定温度场（单位：℃）

表 2-36　　　　　　　　　　　　　　　**溢流坝段计算方案**

计算方案	计算条件和温控措施
YL-7	（1）强约束区，混凝土浇筑温度不大于 18℃； （2）弱约束区，混凝土浇筑温度不大于 20℃； （3）非约束区，混凝土浇筑温度不大于 22℃； （4）溢流面 6 月浇筑，混凝土浇筑温度不大于 18℃； （5）基础混凝土水泥品种为浑河牌 PM. H42.5； （6）上游面长期保温，下游面、闸墩、溢流面 11 月开始保温，连续保温 3 个冬季； （7）5～10 月浇筑的混凝土中铺设水管； （8）6～9 月浇筑的混凝土采取表面流水（采用河水，当河水温度超过 20℃ 时，用 20℃ 的制冷水）； （9）4 月开始浇筑混凝土，施工计划见表 2-37； （10）有自生体积变形
YL-8	保温层厚 8cm，其他条件同方案 YL-7
YL-9	保温层厚 6cm，其他条件同方案 YL-7

计算方案	计算条件和温控措施
YL-10	（1）强约束区，混凝土浇筑温度不大于 18℃； （2）弱约束区，混凝土浇筑温度不大于 20℃； （3）非约束区，混凝土浇筑温度不大于 22℃； （4）溢流面 3～4 月浇筑，混凝土浇筑温度不大于 18℃； （5）基础混凝土水泥品种为浑河牌 PM. H42.5； （6）上游面长期保温，下游面、闸墩、溢流面 11 月开始保温，连续保温 3 个冬季； （7）5～10 月浇筑的混凝土中铺设水管； （8）6～9 月浇筑的混凝土采取表面流水（采用河水，当河水温度超过 20℃ 时，用 20℃ 的制冷水）； （9）4 月开始浇筑混凝土，施工计划见表 2-37； （10）有自生体积变形
YL-11	溢流面预留台阶由直角改为 135° 角的斜面，其他条件与方案 YL-10 同

注 在计算中，当河水温度低于设定的水管冷却水温时，用河水冷却。当气温低于表中设定的浇筑温度时，采用自然入仓。

表 2-37   溢流坝段混凝土施工计划

序号	浇筑时间（年.月.日）	浇筑层起止高程（m）	浇筑层厚（m）	间歇时间（d）
1	2014.4.1	▽86.6～▽87.6	1.0	6
2	2014.4.7	▽87.6～▽88.6	1.0	6
3	2014.4.13	▽88.6～▽89.6	1.0	6
4	2014.4.19	▽89.6～▽90.6	1.0	6
5	2014.4.25	▽90.6～▽91.6	1.0	6
6	2014.5.1	▽91.6～▽92.6	1.0	6
7	2014.5.7	▽92.6～▽93.6	1.0	6
8	2014.5.13	▽93.6～▽95.1	1.5	6
9	2014.5.19	▽95.1～▽96.6	1.5	6
10	2014.5.25	▽96.6～▽98.1	1.5	6
11	2014.5.31	▽98.1～▽99.6	1.5	6
12	2014.6.6	▽99.6～▽101.1	1.5	6
13	2014.6.12	▽101.1～▽102.6	1.5	6
14	2014.6.18	▽102.6～▽104.1	1.5	6
15	2014.6.24	▽104.1～▽105.6	1.5	6
16	2014.6.30	▽105.6～▽107.1	1.5	6

序号	浇筑时间（年．月．日）	浇筑层起止高程（m）	浇筑层厚（m）	间歇时间（d）
17	2014.7.6	▽107.1～▽108.6	1.5	6
18	2014.7.12	▽108.6～▽110.1	1.5	6
19	2014.7.18	▽110.1～▽111.6	1.5	6
20	2014.7.24	▽111.6～▽113.1	1.5	6
21	2014.7.30	▽113.1～▽114.6	1.5	33
22	2014.9.1	▽114.6～▽116.1	1.5	2
23	2014.9.3	▽116.1～▽117.6	1.5	2
24	2014.9.5	▽117.6～▽119.1	1.5	2
25	2014.9.7	▽119.1～▽120.6	1.5	2
26	2014.9.9	▽120.6～▽122.1	1.5	2
27	2014.9.11	▽122.1～▽123.6	1.5	2
28	2014.9.13	▽123.6～▽125.1	1.5	2
29	2014.9.15	▽125.1～▽126.6	1.5	2
30	2014.9.17	▽126.6～▽128.1	1.5	2
31	2014.9.19	▽128.1～▽129.6	1.5	2
32	2014.9.21	▽129.6～▽131.1	1.5	2
33	2014.9.23	▽131.1～▽132.6	1.5	2
34	2014.9.25	▽132.6～▽134.1	1.5	2
35	2014.9.27	▽134.1～▽136.2	2.1	2
36	2014.9.29	▽136.2～▽138.2	2.0	172（245）
37	2015.3.20（6.1）	溢流面		10（5）
38	2015.3.30（6.6）	溢流面		10（5）
39	2015.4.9（6.11）	溢流面		10（5）
40	2015.4.19（6.16）	溢流面		

注　表中括号内时间为表 2-36 中方案 YL-7～YL-9 的溢流面浇筑时间。

表 2-38　　　　　　　　　　**溢流坝段温度和应力计算结果**

计算方案		强约束区		弱约束区		非约束区	闸墩	溢流面	上游面
		Ⅲ区	Ⅳ区	Ⅲ区	Ⅴ区				
YL-7	最高温度（℃）	30.1	29.6	37.4	35.3	44.0	46.6	44.0	40.6
	最大拉应力（MPa）	1.3	1.2	0.9	1.7	1.9	2.1	3.4	1.6
YL-8	最高温度（℃）	30.1	29.6	37.4	35.3	44.0	46.6	44.0	40.6
	最大拉应力（MPa）	1.3	1.2	1.0	1.7	1.9	2.1	3.4	1.6
YL-9	最高温度（℃）	30.0	29.6	37.4	35.3	44.0	46.6	44.0	40.5
	最大拉应力（MPa）	1.3	1.2	1.0	1.8	1.9	2.1	3.4	1.5

续表

计算方案		强约束区		弱约束区		非约束区	闸墩	溢流面	上游面
		Ⅲ区	Ⅳ区	Ⅲ区	Ⅴ区				
YL-10	最高温度（℃）	30.1	29.6	37.4	35.3	44.0	46.6	37.0	40.6
	最大拉应力（MPa）	1.2	1.2	1.0	1.7	1.9	2.6	4.9	1.5
YL-11	最大拉应力（MPa）							3.2（与YL-10中4.9相同位置处）	

对于 6 月浇筑溢流面的方案 YL-7，计算结果见图 2-48～图 2-53 和表 2-38。由计算结果得知，坝体强约束区Ⅲ区混凝土中的最高温度为 30.1℃，Ⅳ区混凝土中的最高温度为 29.6℃；弱约束区Ⅲ区的最高温度为 37.4℃，Ⅴ区的最高温度为 35.3℃；非约束区的最高温度为 44℃，闸墩中的最高温度为 46.6℃，溢流面中最高温度为 44℃，上游面外部混凝土的最高温度为 40.6℃。本方案闸墩中的温度最高，原因是混凝土绝热温升高

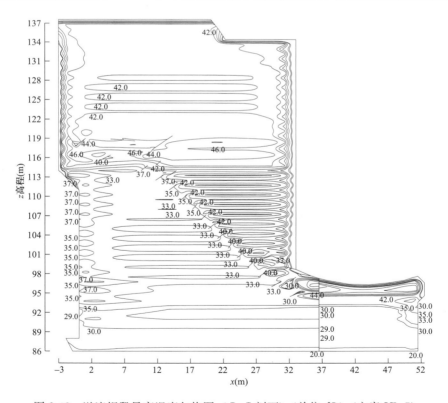

图 2-48　溢流坝段最高温度包络图（Ⅰ-Ⅰ剖面）（单位：℃）（方案 YL-7）

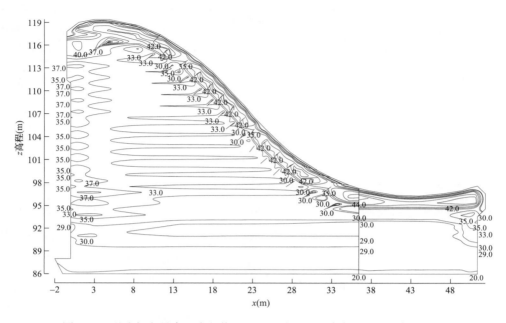

图 2-49　溢流坝段最高温度包络图（Ⅱ-Ⅱ剖面）（单位:℃）（方案 YL-7）

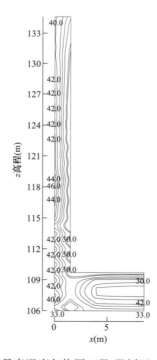

图 2-50　溢流坝段最高温度包络图（Ⅲ-Ⅲ剖面）（单位:℃）（方案 YL-7）

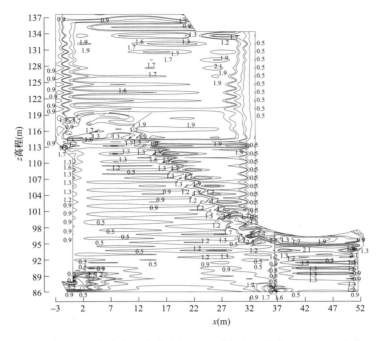

图 2-51 溢流坝段温度应力 σ_1 包络图（Ⅰ-Ⅰ剖面）（单位：MPa）（方案 YL-7）

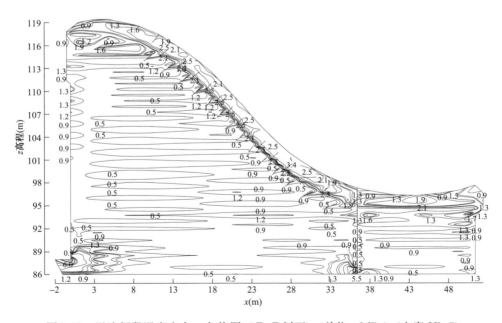

图 2-52 溢流坝段温度应力 σ_1 包络图（Ⅱ-Ⅱ剖面）（单位：MPa）（方案 YL-7）

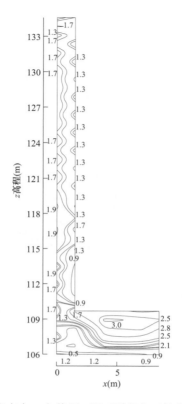

图 2-53　溢流坝段温度应力 σ_1 包络图（Ⅲ-Ⅲ剖面）（单位：MPa）（方案 YL-7）

造成的。从应力计算结果来看，温度应力的分布规律为，坝体强约束区Ⅲ区的最大应力为 1.3MPa，Ⅳ区的最大应力为 1.2MPa；弱约束区Ⅲ区的最大应力为 0.9MPa，Ⅴ区的最大应力为 1.7MPa；非约束区的最大应力为 1.9MPa，上游面外部混凝土的最大应力为 1.6MPa，闸墩中的最大应力为 2.1MPa，溢流面中的最大应力为 3.4MPa，最大应力出现的时间是溢流面保温 3 年后去除之后的冬季。坝体内部的应力不大，闸墩和溢流面中的应力较大，最大的温度应力位于溢流面中。因此，除了坝踵和坝趾的局部应力集中区域外，方案 YL-7 中坝体内部的温度应力满足混凝土的抗裂要求，但是溢流面中的应力不满足混凝土的抗裂要求。

当保温材料的厚度减小为 8cm 和 6cm 时，计算了方案 YL-8 和方案 YL-9，坝体的温度和应力表示在图 2-54～图 2-61 和表 2-38 中。通过与方案 YL-7（保温材料厚度 10cm）比较得知，3 个方案的温度和应力变化很小，最高温度减小的幅度为 0.1℃，应力变化的幅度为 0.1MPa。

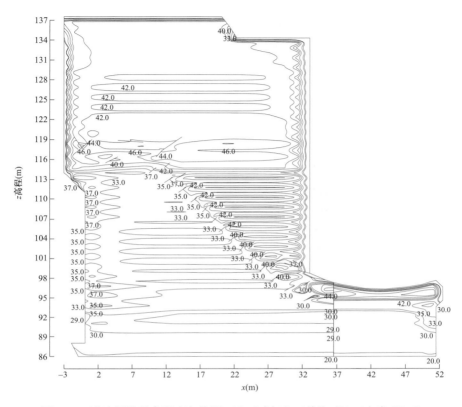

图 2-54 溢流坝段最高温度包络图（Ⅰ-Ⅰ剖面）（单位：℃）（方案 YL-8）

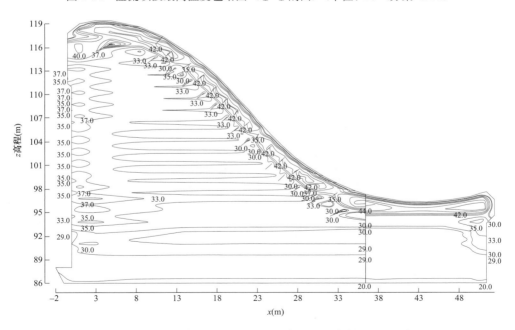

图 2-55 溢流坝段最高温度包络图（Ⅱ-Ⅱ剖面）（单位：℃）（方案 YL-8）

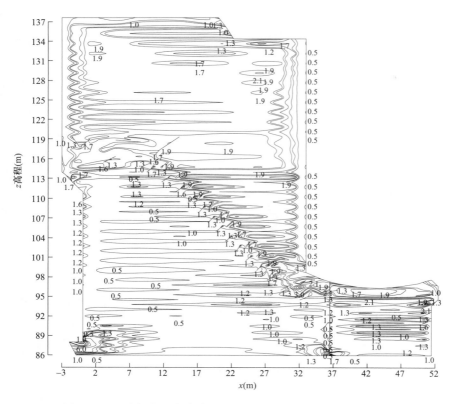

图 2-56　溢流坝段温度应力 σ_1 包络图（Ⅰ-Ⅰ剖面）（单位：MPa）（方案 YL-8）

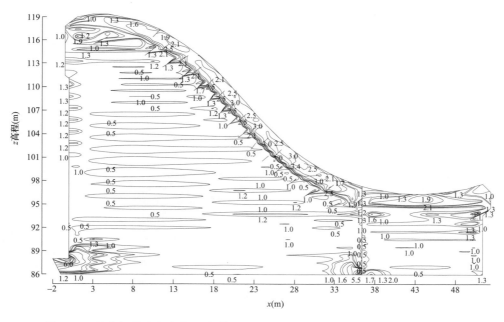

图 2-57　溢流坝段温度应力 σ_1 包络图（Ⅱ-Ⅱ剖面）（单位：MPa）（方案 YL-8）

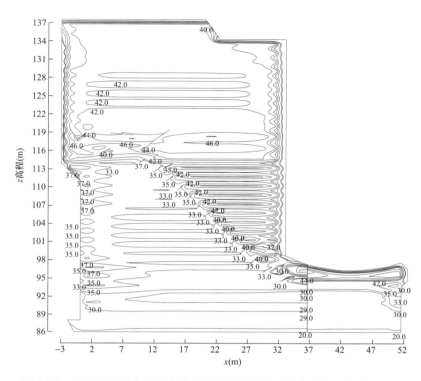

图 2-58　溢流坝段最高温度包络图（Ⅰ-Ⅰ剖面）（单位:℃）（方案 YL-9）

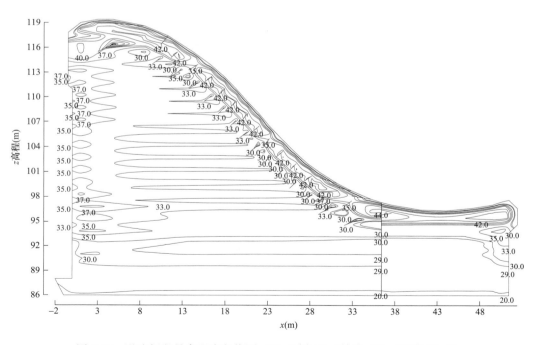

图 2-59　溢流坝段最高温度包络图（Ⅱ-Ⅱ剖面）（单位:℃）（方案 YL-9）

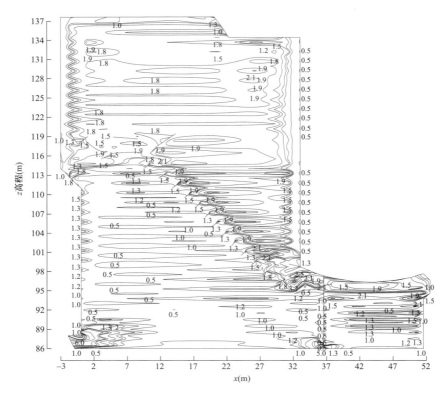

图 2-60　溢流坝段温度应力 σ_1 包络图（Ⅰ-Ⅰ剖面）（单位：MPa）（方案 YL-9）

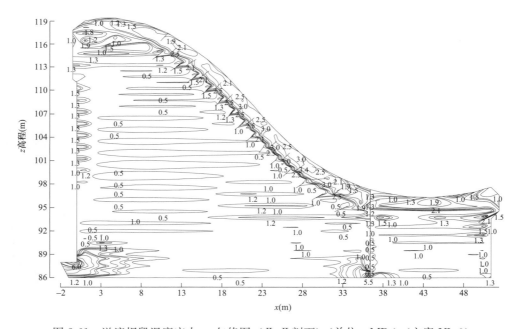

图 2-61　溢流坝段温度应力 σ_1 包络图（Ⅱ-Ⅱ剖面）（单位：MPa）（方案 YL-9）

对于 3 月浇筑溢流面的方案 YL-10，计算结果见图 2-62～图 2-65 和表 2-38。溢流面中最高温度为 37℃，与 6 月浇筑溢流面的方案 YL-7 比较，溢流面中的最高温度降低了 7℃，其他区域的最高温度同方案 YL-7。闸墩中的最大应力为 2.6MPa，溢流面中的最大应力为 4.9MPa，其他部位的最大应力与方案 YL-7 基本相同。溢流面中应力大的原因是 3 月浇筑溢流面混凝土时，其浇筑温度低，而老混凝土由于保温其温度较高，形成了较大的温差，导致预留台阶处出现了很大的应力。因此，除了坝踵和坝趾的局部应力集中区域外，方案 YL-10 中坝体和闸墩的温度应力满足混凝土的抗裂要求，但是溢流面中的应力不满足混凝土的抗裂要求。

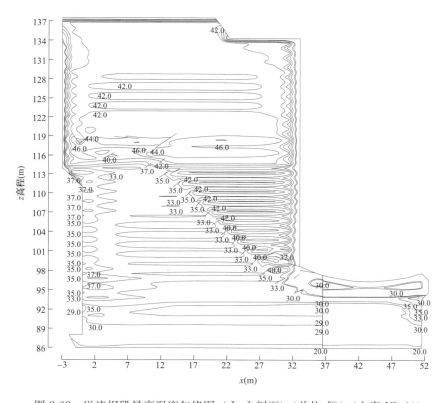

图 2-62　溢流坝段最高温度包络图（Ⅰ-Ⅰ剖面）（单位:℃）（方案 YL-10）

为了减小溢流面中的温度应力，改变预留台阶的结构形式，由直角改为 135°角的斜面，计算了方案 YL-11。该方案的计算条件与方案 YL-10 相同，计算结果见表 2-38。直角形式的预留台阶时（方案 YL-10），溢流面中的最大应力为 4.9MPa，而 135°角的斜面抹角预留台阶时（方案 YL-11），与方案 YL-10 中溢流面最大应力 4.9MPa 对应位置处的最大应力为 3.2MPa，减小了 1.7MPa，结构形式对应力的影响很大。

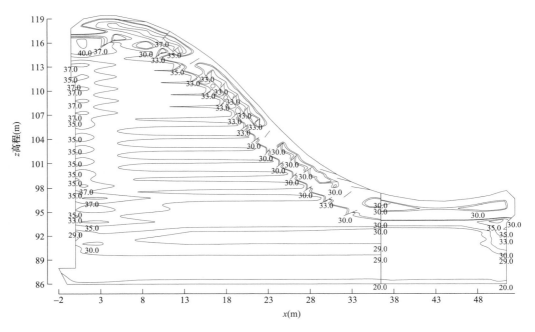

图 2-63 溢流坝段最高温度包络图（Ⅱ-Ⅱ剖面）（单位：℃）（方案 YL-10）

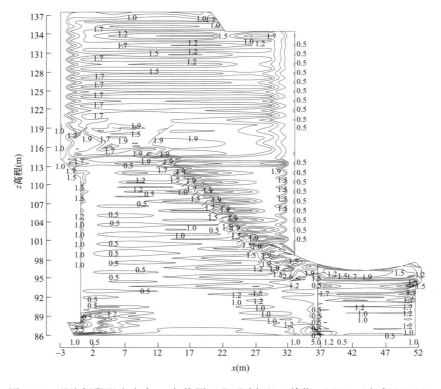

图 2-64 溢流坝段温度应力 σ_1 包络图（Ⅰ-Ⅰ剖面）（单位：MPa）（方案 YL-10）

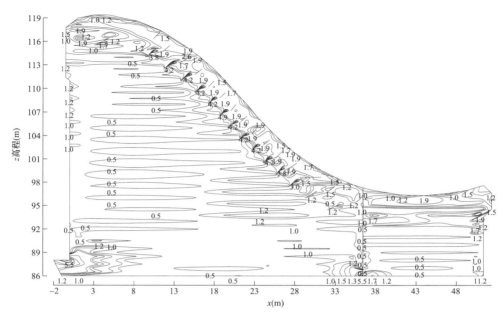

图 2-65 溢流坝段温度应力 σ_1 包络图（Ⅱ-Ⅱ剖面）（单位：MPa）（方案 YL-10）

八、小结

（1）大坝浇筑完成后，经过多年的运行，坝体的温度场将处于以年为变化周期的准稳定温度场，准稳定温度场将随着外界环境温度的变化而变化。挡水坝体中下部区域的温度常年保持不变，温度变化的区域是上下游面附近和坝顶附近，坝内恒温区的温度为 $11\sim12\,^\circ\mathrm{C}$。溢流坝段坝体中下部区域的温度常年保持不变，温度变化的区域是上下游面附近、溢流面附近，坝段中下部的温度为 $11\sim12\,^\circ\mathrm{C}$。

（2）对于按初拟的温控条件，即强约束区的混凝土浇筑温度不大于 $15\,^\circ\mathrm{C}$，弱约束区的混凝土浇筑温度不大于 $18\,^\circ\mathrm{C}$，非约束区的混凝土浇筑温度不大于 $20\,^\circ\mathrm{C}$，由挡水坝段和溢流坝段温度应力的计算结果表明，坝体内部的应力值不大，高应力区位于闸墩和溢流面中，可以考虑提高混凝土的浇筑温度。建议混凝土浇筑温度控制为强约束区的混凝土浇筑温度不大于 $18\,^\circ\mathrm{C}$，弱约束区的混凝土浇筑温度不大于 $20\,^\circ\mathrm{C}$，非约束区的混凝土浇筑温度不大于 $22\,^\circ\mathrm{C}$。

（3）由于浑河牌水泥的绝热温升比渤海牌的低，因此，当基础混凝土采用浑河牌水泥后，坝体下部的温度更低，对温度应力更有利。但是，由于基础混凝土的范围比较小，因此，其影响范围有限。

（4）对于挡水坝段，当下游面保温至竣工后拆除，下游面外部混凝土的应力不满足混凝土的抗裂要求。当下游面长期保温时，坝体的温度应力降低了，下游面附近的应力降低很多，由 4.9MPa 降为 1.7MPa，效果非常明显。坝体的温度应力满足混凝土的抗裂要求。

（5）计算比较了不同保温层厚度下挡水坝段的温度和应力，当保温层厚度减小时，坝体表面附近混凝土的最高温度略有降低，坝体内部和上游面附近的最大应力变化很小，下游面的应力增加较多，当保温层的厚度由 10cm 减为 8cm 时，下游面的应力增加 0.2MPa，当保温层的厚度由 10cm 减为 6cm 时，下游面的应力增加 0.5MPa。考虑到有些计算用的混凝土材料性能参数是类比的，所以不建议减薄保温层的厚度。

（6）水管冷却的降温效果比较明显，各个区域混凝土的降温幅度为 2.1～6.9℃；表面流水对混凝土的降温效果比水管冷却差，各个区域混凝土的降温幅度为 0.1～3.5℃。

（7）左岸坝段从 9 月开始浇筑，计算结果表明，坝体的温度应力大于其他挡水坝段，最大的温度应力位于下游面附近，是由越冬面造成的。除了坝踵和坝趾的局部应力集中区域外，左岸坝体的温度应力满足混凝土的抗裂要求。

（8）对于溢流坝段，高温区位于闸墩和溢流面中，最高温度为 46℃，高应力区也位于闸墩和溢流面中。当溢流面冬季不保温时，溢流面中的温度应力很大，不能满足混凝土的抗裂要求。

（9）对于 3 月浇筑溢流面的方案，当溢流面在冬季（11 月至次年 3 月）保温时，溢流面中的最大应力值 4.9MPa，不能满足混凝土的抗裂要求。改变溢流面预留台阶的结构形式可以有效减小溢流面的温度应力，由直角改为 135°斜面抹角的预留台阶时，应力减小了 1.7MPa。

（10）对于 6 月浇筑溢流面的方案，当溢流面在冬季（11 月至次年 3 月）保温时，坝体各部分的温度应力都满足混凝土的抗裂要求。如果溢流面保温 3 年后去除，溢流面中的温度应力将不能满足混凝土的抗裂要求。

（11）对于溢流坝段，当保温材料的厚度减小为 8cm 或 6cm 时，坝体各部位的温度和应力变化很小，最高温度减小的幅度为 0.1℃，应力变化的幅度为 0.1MPa。

为有利于混凝土浇筑块散热，基础混凝土约束部位浇筑层高为 1.5m，上下层浇筑间歇时间为 6～10 天。

第五节　葠窝混凝土重力坝加固温度应力仿真

一、工程概况

葠窝水库位于辽宁省辽阳市以东约 40km 处的太子河干流上，是一座以防洪为主，兼顾灌溉、工业用水，并结合供水进行发电等综合利用的大（2）型水利枢纽工程。蓑窝水库于1970年10月开始建设，1973年6月底建成并下闸蓄水，由于当时多种因素造成水库建成后一直存在诸多问题，如坝体裂缝、个别坝段坝基扬压力偏高等。

蓑窝水库大坝为混凝土重力坝，由挡水坝段、溢流坝段、电站坝段三部分组成，坝顶长532m，共分31个坝段，最大坝高50.3m。溢流坝段设14个溢流表孔，孔口尺寸为12m×12m，采用弧形闸门。在溢流坝闸墩间隔布置6个底孔，孔口宽3.5m，高8m，进口设工作闸门和检修闸门，闸墩分为宽墩和窄墩，宽墩厚9m，内含底孔闸门井，窄墩厚4m。本次除险加固工程，总体平面布置上没有改变，挡水坝段、溢流坝段、电站坝段仍保持原有布置和功能不变。大坝加高0.75m，非溢流坝段上游面83.25m高程以上新浇筑混凝土2.0m，83.25m高程以下新浇筑混凝土3.0m，下游面新浇筑混凝土0.5m。闸墩四周新浇混凝土1m，溢流单孔宽度从原12m缩至10m，溢流堰堰顶新浇筑混凝土4.2m，堰面其他部位新浇筑混凝土1~4.2m不等。溢流坝段加固布置图如图2-66和图2-67所示；挡水坝段加固布置图如图2-68所示。

二、研究目的

蓑窝水库大坝为混凝土重力坝，本工程所在地区为寒冷地区，多年平均气温仅为8℃左右。大坝、闸墩和溢流面外包混凝土为老混凝土上浇筑的薄层混凝土，老混凝土的约束大，大坝的温度应力问题比较突出，有必要开展温度应力仿真分析和温控方案的深入研究，提出合理的温控标准和有效的温控措施。根据蓑窝水库的基本条件和大坝的结构特征，对大坝的温度场、温度应力以及温控措施进行深入地研究，提出适合本工程的温控方案，为大坝的设计和施工提供参考。

三、主要研究内容

（一）闸墩外包新混凝土厚度的研究

闸墩混凝土外包层厚度选为0.5、1.0、1.5m，计算闸墩外包新混凝土中的温度和温度应力场，研究闸墩外包新混凝土厚度和温度应力的关系，为闸墩外包混凝土厚度的选择提供依据。

（二）窄墩重建温度应力计算

目前，闸墩的加固有两种方案可供选择，一种方案是在老闸墩外面包混凝土，另一种方案是窄墩重建，这两种方案各有利弊。温度裂缝是闸墩加固方案选择的重要影响因

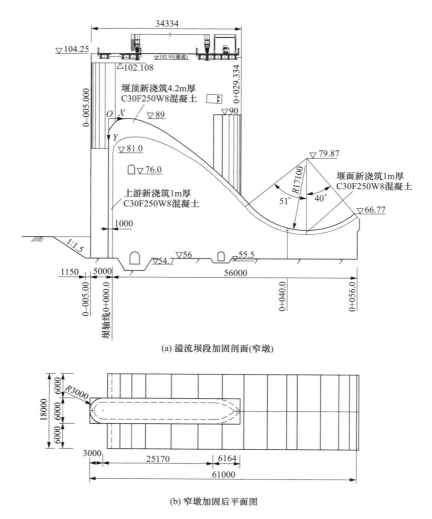

(a) 溢流坝段加固剖面(窄墩)

(b) 窄墩加固后平面图

图 2-66　溢流坝段加固布置图（窄墩）（高程、桩号单位：m；尺寸单位：mm）

素。本项目对于闸墩的温度应力问题进行研究，内容包括：

（1）研究老闸墩外包新混凝土的温度应力问题。

（2）研究窄墩重建的温度应力问题，仿真计算窄墩重建时混凝土的温度应力状态，提出温控措施和温控方案，并比较两种方案的温度应力计算结果。

（3）大坝新增混凝土温度应力仿真分析和温控方案研究

选择典型坝段，全过程模拟大坝加固中新混凝土的施工过程，考虑实际的初始条件和边界条件，对大坝新混凝土施工期及运用期的温度及温度应力情况进行三维有限元仿真计算。提出新混凝土防裂的温控措施、温控标准和温控方案。

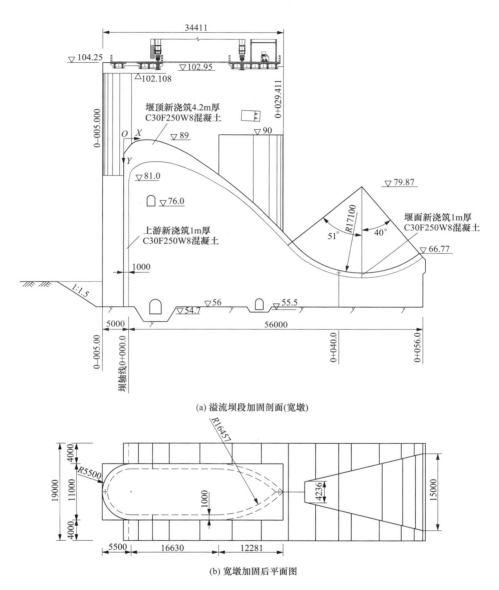

(a) 溢流坝段加固剖面(宽墩)

(b) 宽墩加固后平面图

图 2-67 溢流坝段加固布置图（宽墩）（高程、桩号单位：m；尺寸单位：mm）

四、计算基本资料和参数

（一）自然条件

气象特征表见表 2-39 和表 2-40。

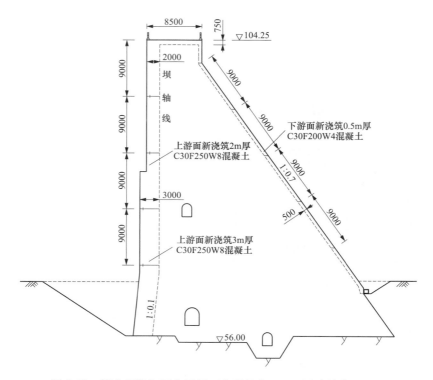

图 2-68 挡水坝段加固布置图（高程单位：m；尺寸单位：mm）

表 2-39 本溪气象站

	项目	月份												全年
		1	2	3	4	5	6	7	8	9	10	11	12	
气温	多年平均（℃）	−11.7	−7.6	0.6	9.8	16.6	21.1	24.1	23.1	16.8	9.3	0.2	−8.1	7.9
	极端最高（℃）	7.6	14.8	20.2	28.4	34.6	37.5	36.9	35.8	31.9	29.4	20.7	12.5	37.5
	极端最低（℃）	−33.6	−29.4	−22.7	−13.2	−0.2	5.9	12.4	8.3	−0.1	−9.4	−22.1	−31.4	−33.6
风	平均风速（m/s）	2.4	2.6	3.0	3.5	3.1	2.7	2.3	2.1	2.3	2.6	2.7	2.5	2.7

表 2-40 辽阳气象站

	项目	月份												全年
		1	2	3	4	5	6	7	8	9	10	11	12	
气温	多年平均（℃）	−10.9	−6.9	1.3	10.5	17.7	22.1	24.7	23.6	17.6	10	0.8	−7.1	8.6
	极端最高（℃）	9.3	18	21.2	31.1	34.5	37	36.2	35.5	32.8	30.5	24.7	13.5	37
	极端最低（℃）	−35.6	−34.9	−26.1	−14.6	−2.1	5.4	12.5	8.6	−0.3	−9.9	−24.7	−29.8	−35.6
风	平均风速（m/s）	2.4	2.7	3.6	4.3	4.1	3.25	2.5	2.1	2.2	2.8	3.0	2.5	3.0

根据 SL 744—2016《水工建筑物荷载设计规范》的水库水温计算方法，上游库水温

度的变化用公式表示

$$T_w(y, \tau) = 13.94e^{-0.005y} + 14.25e^{-0.012y}\cos[\tau - \tau_0 - (0.53 + 0.008y)] \quad (2-27)$$

（二）基岩的性能参数

基岩的热力学参数见表 2-41，弹模取为 12.0GPa，泊松比 0.3。

表 2-41　　　　　　　　　　　基岩的热力学参数

导温系数 a（m^2/h）	导热系数 λ[kJ/(m·h·℃)]	比热容 c[kJ/(kg·℃)]	线膨胀系数 α（$10^{-5}℃^{-1}$）
0.0036	10.0	1.03	0.56

（三）混凝土性能参数

1. 混凝土弹性模量

老混凝土弹性模量 $E_c = 26.7$GPa，泊松比 0.167。

新混凝土的弹性模量用公式表示

$$E(t) = E_0(1 - e^{-at^b}) \quad (2-28)$$

式中的系数见表 2-42。

表 2-42　　　　　　　　　　　弹性模量公式拟合系数

混凝土	公式系数		
	E_0	a	b
新混凝土	39.8	0.4	0.34

2. 徐变

在温度应力分析中采用徐变度计算公式如下

$$C(t, \tau) = (0.23/E_0)(1 + 9.2\tau^{-0.45})[1 - e^{-0.3(t-\tau)}] + (0.52/E_0)$$
$$(1 + 1.7\tau^{-0.45})[1 - e^{-0.005(t-\tau)}] \quad (2-29)$$

式中　E_0——弹性模量的最终值。

3. 混凝土自生体积变形

混凝土的自生体积变形见表 2-43。

4. 混凝土热学性

混凝土热学性能见表 2-44。

5. 混凝土绝热温升

混凝土绝热温升见表 2-45。

表 2-43 混凝土自生体积变形

素混凝土		纤维		3% MgO		3% MgO+纤维	
试验时间（h）	自生体积变形（$\times 10^{-6}$）	试验时间（h）	自生体积变形（$\times 10^{-6}$）	试验时间（h）	自生体积变形（$\times 10^{-6}$）	试验时间（h）	自生体积变形（$\times 10^{-6}$）
2	−96.25	1.5	−84.14	2	−42.92	1.5	−33.81
5.5	−95.84	3.5	−84.48	4	−46.84	3.5	−41.51
12	−65.49	10	−48.87	10.5	−32.11	10	−31.06
24	0.00	24	0.00	24	0.00	24	0.00
32	−0.30	32	−2.38	31	8.83	30	4.43
78	−5.69	78	−6.96	77	20.44	76	17.22
124	−7.71	124	−7.23	123	22.90	173	23.10
220	−10.64	219	−10.69	219	31.03	218	27.66
443	−12.80	442	−12.66	442	37.59	441	35.71
590	−10.13	589	−9.88	589	36.09	588	35.59
816	−13.48	816	−13.04	816	41.58	816	39.64
1128	−14.69	1128	−9.09	1128	51.26	1128	48.62
1704	−15.06	1704	−10.07	1704	62.92	1704	63.70
2088	−15.22	2088	−10.68	2088	71.65	2088	70.94
2592	−20.41	2592	−12.76	2592	76.82	2592	82.15

表 2-44 混凝土热学性能

混凝土	导温系数 a（m²/h）	导热系数 λ [kJ/(m·h·℃)]	比热容 c [kJ/(kg·℃)]	线膨胀系数 α （10^{-6}℃$^{-1}$）
老混凝土	0.0038	8.88	0.98	9.0
新混凝土	0.0038	8.88	0.98	9.0

表 2-45 混凝土绝热温升

混凝土	绝热温升
新混凝土	$T = 39.7[1 - \exp(-0.203t^{1.020})]$

（四）冷却水管参数

冷却水管参数见表 2-46。

表 2-46 冷却水管参数

水管的材料	管材导热系数	水管的外径	水管壁厚
HDPE 管	≥ 1.6kJ/(m·h·℃)	$\phi 32$mm	2mm

每根水管的长度：200m。

挡水坝段上游面 3m 厚混凝土中水平布置一根水管，位于中间位置，垂直间距为 1.5m。溢流坝段上游面 1m 厚混凝土和堰面混凝土中暂不考虑冷却水管。挡水坝段下游面 0.5m 厚混凝土中暂不考虑冷却水管。

冷却水初温：12℃。

流量：1.0m³/h。

开始通水时间：一期冷却在开始浇筑混凝土时立即进行。

每根水管通水天数：14 天。

（五）保温材料

100mm 厚挤塑板或岩棉被，施工拆模后立即保温或入冬前保温。

五、计算模型及计算条件

（一）计算模型

选取一个挡水坝段和 2 个溢流坝段（1 个宽墩坝段和 1 个窄墩坝段）进行分析研究。

用 20 结点等参数单元对坝体和地基进行网格剖分，图 2-69～图 2-71 表示了 3 个坝段的计算网格图。

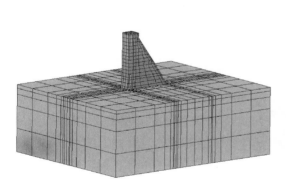

图 2-69　挡水坝段计算网格图

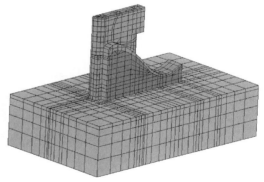

图 2-70　溢流坝段（宽墩）计算网格图

挡水坝段上游面新混凝土厚 3m，下游面新混凝土厚 0.5m。溢流坝段上游面 1m 厚新混凝土，闸墩外包 1m 厚新混凝土。

边界条件：上、下游面无水时为空气，有水时为水温。地基除顶面外的 5 个面为绝热，顶面上、下游区域无水时为空气，有水时为水温。

地基除顶面外的 5 个面为垂直方向约束。

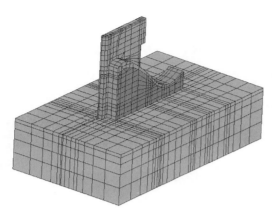

图 2-71　溢流坝段（窄墩）计算网格图

（二）计算荷载

主要荷载有温度荷载和混凝土自重。

（三）计算结果表示

在本章中，应力以拉为正，压为负，σ_1 是指第 1 主应力。

（四）温度应力控制

根据温度应力的特性及 SL 319《混凝土重力坝设计规范》和 SL 282《混凝土拱坝设计规范》的相关规定，对于大体积混凝土结构的温度应力用 $E_c\varepsilon_p$（其中，E_c 为混凝土的弹性模量，ε_p 为混凝土的极限拉伸值）进行控制，安全系数等于 $E_c\varepsilon_p$ 除以应力。在本章中，安全系数按 1.5 控制。

（五）初拟温控措施

初拟温控措施包括：

（1）保温大棚内的环境温度暂按 5℃ 考虑。2 月和 3 月混凝土的浇筑温度暂按 5℃ 考虑。

（2）其余月份浇筑的混凝土浇筑温度，初定混凝土浇筑温度不得大于 18℃。

六、闸墩混凝土外包层不同厚度及窄墩新建温度应力的研究

（一）闸墩混凝土外包层不同厚度温度应力计算结果

分别对 0.5m 厚、1.0m 厚和 1.5m 厚混凝土外包层的温度应力进行了计算，计算结果如图 2-72～图 2-74 所示，表 2-47 给出了不同厚度混凝土外包层的温度应力。图中顶面为闸墩外包新混凝土的表面，底部为新老混凝土结合面。

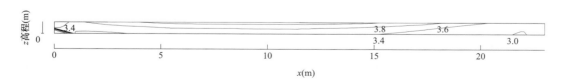

图 2-72　0.5m 厚混凝土外包层温度应力 σ_1 包络图（单位：MPa）

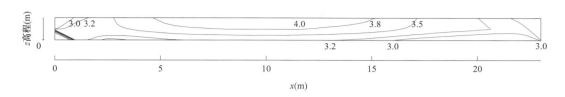

图 2-73　1.0m 厚混凝土外包层温度应力 σ_1 包络图（单位：MPa）

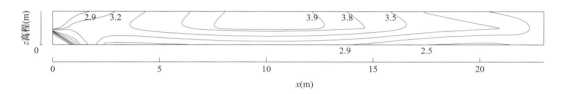

图 2-74　1.5m 厚混凝土外包层温度应力 σ_1 包络图（单位：MPa）

表 2-47　　　　　　　　　不同厚度混凝土外包层的温度应力

	厚度（m）	0.5	1.0	1.5
温度应力 σ_1（MPa）	顶面（新混凝土外表面）	3.896	4.002	3.938
	中部	3.616	3.816	3.984
	底部（新老混凝土结合面附近）	3.494	3.254	2.996

由计算结果表明，3 种厚度外包混凝土层中的温度应力差别不大，量值都比较大，一般为 3～4MPa。因此，建议采取必要的防裂措施。

（二）窄墩重建温度应力计算结果

作为初步分析，在水平老混凝土面上浇筑闸墩，由计算结果可知，在闸墩的下部大约 9m 高度的范围内，由于受老混凝土的约束，温度应力比较大，其值为 2～3.5MPa；其余部位的温度应力小于等于 1.7MPa。

七、第一阶段计算成果

（一）挡水坝段温度和温度应力仿真分析

挡水坝段温度和温度应力计算条件见表 2-48，坝段混凝土施工计划见表 2-49。

表 2-48　　　　　　　　　挡水坝段计算方案

计算方案	计算条件和温控措施
DS-1	（1）保温大棚内的环境温度按 5℃考虑。2 月和 3 月浇筑的混凝土的浇筑温度按 5℃考虑。其余混凝土浇筑温度不大于 18℃。 （2）不保温。 （3）4 月下旬～5 月浇筑的上游面混凝土中铺设水管。 （4）混凝土的自生体积变形见表 2-43 的第 2 列（掺纤维）
DS-2	（1）保温大棚内的环境温度按 5℃考虑。2 月和 3 月浇筑的混凝土的浇筑温度按 5℃考虑。其余混凝土浇筑温度不大于 18℃。 （2）上、下游面 11 月开始长期保温。 （3）4 月下旬～5 月浇筑的上游混凝土中铺设水管。 （4）混凝土的自生体积变形见表 2-43 的第 2 列（掺纤维）
DS-3	（1）保温大棚内的环境温度按 5℃考虑。2 月和 3 月浇筑的混凝土的浇筑温度按 5℃考虑。其余混凝土浇筑温度不大于 18℃。 （2）上、下游面 10 月开始保温 3 年。 （3）4 月下旬～5 月浇筑的上游混凝土中铺设水管。 （4）混凝土的自生体积变形见表 2-43 的第 4 列（3% MgO＋纤维）
DS-4	混凝土的自生体积变形见表 2-43 的第 2 列（掺纤维）。其他条件同方案 DS-3
DS-5	10 月开始保温，上游面保温 3 年，下游面保温 1 年。其他条件同方案 DS-3
DS-6	10 月开始保温，上游面保温 20 年，下游面保温 3 年。其他条件同方案 DS-3

注　在计算中，当河水温度低于设定的水管冷却水温时，用河水冷却。当气温低于表中设定的浇筑温度时，采用自然入仓。

表 2-49　　　　　　　　　挡水坝段混凝土施工计划

高程（m）	72m 高程以下部分 混凝土浇筑时间为第二年 2、3 月（在保温大棚内施工、棚内温度 5℃以上） 12 天一层、每层 3m	高程（m）	72m 高程以上部分 混凝土浇筑时间为第二、三年 4、5 月 6 天一层、每层 3m
72～70	3 月 22 日～3 月 31 日	104.25～98.25	5 月 19 日～5 月 30 日
70～67	3 月 9 日～3 月 21 日	98.25～92.25	5 月 7 日～5 月 18 日
67～64	2 月 25 日～3 月 8 日	92.25～86.25	4 月 25 日～5 月 6 日
64～61	2 月 13 日～2 月 24 日	86.25～80.25	4 月 13 日～4 月 24 日
58～61	2 月 1 日～2 月 12 日	80.25～72.0	4 月 1 日～4 月 12 日

注　大坝下游面混凝土施工在 4、5 月和 6 月浇筑，6 天一层、每层 3m。

按照表 2-48 的计算条件和温控措施，计算了 6 个方案。表 2-50 给出了坝体各部位最高温度和最大应力的特征值。

表 2-50　　　　　　　　　　　挡水坝段温度和应力计算结果

计算方案		上游面	下游面
DS-1	最高温度（℃）	38	24
	最大拉应力（MPa）	4.2	6.2
DS-2	最大拉应力（MPa）	2.6	4.4
DS-3	最大拉应力（MPa）	2.7	5.0
DS-4	最大拉应力（MPa）	3.3	6.2
DS-5	最大拉应力（MPa）	2.7	5.0
DS-6	最大拉应力（MPa）	2.7	5.0

挡水坝段温度和温度应力仿真成果分析：

（1）不保温、不掺加 MgO 膨胀剂的方案 DS-1，上游混凝土的最高温度为 38℃，下游混凝土的最高温度为 24℃；上游混凝土的最大应力为 4.2MPa，下游混凝土的最大应力为 6.2MPa。温度应力很大，不满足混凝土的抗裂要求。

（2）长期保温、不掺加 MgO 膨胀剂的方案 DS-2，上游混凝土的最大应力为 2.6MPa，下游混凝土的最大应力为 4.4MPa，温度应力比方案 DS-1 降低很多，但下游混凝土的温度应力仍然不满足混凝土的抗裂要求。

（3）保温 3 年、掺加 MgO 膨胀剂的方案 DS-3，上游混凝土的最大应力为 2.7MPa，下游混凝土的最大应力为 5.0MPa，温度应力比方案 DS-1 降低很多，但由于 3 年后去除保温，受冬季低温的影响，混凝土的温度应力比方案 DS-2 有所增加。下游混凝土的温度应力大部分区域不满足混凝土的抗裂要求。

（4）保温 3 年、不掺加 MgO 膨胀剂的方案 DS-4，比较自生体积变形的影响，上游混凝土的最大应力为 3.3MPa，下游混凝土的最大应力为 6.2MPa，比较方案 DS-4 和方案 DS-3 的应力值得知，自生体积变形可以有效减小混凝土的应力 0.6～1.2MPa。

（5）上游保温 3 年、下游保温 1 年，掺加 MgO 膨胀剂的方案 DS-5，为了比较保温时间的影响，上游混凝土的最大应力为 2.7MPa，下游混凝土的最大应力为 5.0MPa。

（6）上游保温 20 年、下游保温 3 年，掺加 MgO 膨胀剂的方案 DS-6，为了比较保温时间的影响，上游混凝土的最大应力为 2.7MPa，下游混凝土的最大应力为 5.0MPa。

比较方案 DS-5、方案 DS-6 和方案 DS-3 的应力值得知，3 个方案中的最大应力相同。

（二）溢流坝段温度和温度应力仿真分析

1. 计算条件

按照表 2-51～表 2-53 的条件和温控措施，计算了溢流坝段的温度和应力。计算结果中给出了Ⅰ-Ⅰ剖面（顺河向，距横缝 3m）、Ⅱ-Ⅱ剖面（横河向，0＋012.000m）上的温度和应力。

表 2-51   溢流坝段混凝土施工计划（1）

闸墩浇筑施工时间（高程 72.0～104.25m）		堰面浇筑施工时间	
闸墩高程（m）	闸墩浇筑时间为第二年～第五年的 4、5 月，每年施工 3 或 4 个孔	高程（m）	堰面浇筑时间为第二年～第五年的 5、6 月，每年施工 3 或 4 个孔
	6 天一层、每层 3m		
104.25～98.25	5 月 19 日～5 月 30 日	75～90	6 月
98.25～92.25	5 月 7 日～5 月 18 日	75m 以下	5 月
92.25～86.25	4 月 25 日～5 月 6 日		
86.25～80.25	4 月 13 日～4 月 24 日		
80.25～72.0	4 月 1 日～4 月 12 日		

表 2-52   溢流坝段混凝土施工计划（2）

72m 高程以下部分	
高程（m）	混凝土浇筑时间为第二年 2、3 月（在保温大棚内施工、棚内温度 5℃以上）
	12 天一层、每层 3m
72～70	3.22～3.31
70～67	3.9～3.21
67～64	2.25～3.8
64～61	2.13～2.24
58～61	2.1～2.12

表 2-53   溢流坝段计算方案

计算方案	计算条件和温控措施
YL-1	（1）保温大棚内的环境温度按 5℃考虑。2 月和 3 月浇筑的混凝土的浇筑温度按 5℃考虑。其余混凝土浇筑温度不大于 18℃。 （2）不保温。 （3）溢流面混凝土中铺设水管。 （4）混凝土的自生体积变形见表 2-43 的第 2 列（掺纤维）

续表

计算方案	计算条件和温控措施
YL-2	（1）保温大棚内的环境温度按 5℃考虑。2 月和 3 月浇筑的混凝土的浇筑温度按 5℃考虑。其余混凝土浇筑温度不大于 18℃。 （2）11 月开始长期保温。 （3）溢流面混凝土中铺设水管。 （4）混凝土的自生体积变形见表 2-43 的第 2 列（掺纤维）
YL-3	（1）保温大棚内的环境温度按 5℃考虑。2 月和 3 月浇筑的混凝土的浇筑温度按 5℃考虑。其余混凝土浇筑温度不大于 18℃。 （2）10 月开始保温 3 年。 （3）溢流面混凝土中铺设水管。 （4）混凝土的自生体积变形见表 2-43 的第 4 列（3％ MgO＋纤维）
YL-4	混凝土的自生体积变形见表 2-43 的第 2 列（掺纤维）。其他条件同方案 YL-3

注 在计算中，当河水温度低于设定的水管冷却水温时，用河水冷却。当气温低于表中设定的浇筑温度时，采用自然入仓。

2. 宽墩溢流坝段温度和应力计算结果

宽墩的计算方案、计算条件和温控措施见表 2-51～表 2-53，表 2-54 给出了各部位的温度和应力特征值。

表 2-54　　　　　宽墩溢流坝段温度和应力计算结果

计算方案		闸墩	溢流面	上游面
YL-1（宽）	最高温度（℃）	28.0	42.0	24.0
	最大拉应力（MPa）	5.5	6.0	4.9
YL-2（宽）	最大拉应力（MPa）	3.7	4.0	3.1
YL-3（宽）	最大拉应力（MPa）	4.0	4.3	2.7
YL-4（宽）	最大拉应力（MPa）	5.3	5.3	3.7

由表 2-54 的计算结果得知：

（1）对于不保温的方案 YL-1（宽），闸墩的最大应力为 5.5MPa，溢流面的最大应力达到了 6.0MPa，上游面的最大应力为 4.9MPa。

（2）长期保温时、不掺 MgO 膨胀剂的方案 YL-2（宽），闸墩的最大应力为 3.7MPa，溢流面的最大应力达到了 4.0MPa，上游面的最大应力为 3.1MPa。应力比方案 YL-1（宽）降低许多。

（3）保温 3 年、掺加 MgO 膨胀剂的方案 YL-3（宽），闸墩的最大应力为 4.0MPa，溢流面的最大应力达到了 4.3MPa，上游面的最大应力为 2.7MPa。出现的时间是保温 3 年后去除保温之后的冬季。

（4）保温 3 年、不掺 MgO 膨胀剂的方案 YL-4（宽），闸墩的最大应力为 5.3MPa，溢流面的最大应力达到了 5.3MPa，上游面的最大应力为 3.7MPa。掺加 3% MgO 膨胀剂可以减小温度应力 1.0～1.3MPa。

（5）计算结果表明，各种方案溢流面和闸墩的应力均不能满足混凝土的抗裂要求，长期保温和掺加 MgO 膨胀剂，可以有效减小混凝土的温度拉应力。

3. 窄墩溢流坝段温度和应力计算结果

窄墩的计算方案、计算条件和温控措施见表 2-51～表 2-53，表 2-55 给出了各部位的温度和应力特征值。

表 2-55 　　　　　　　　　窄墩溢流坝段温度和应力计算结果

计算方案		闸墩	溢流面	上游面
YL-1（窄）	最高温度（℃）	28.0	48.0	24.0
	最大拉应力（MPa）	3.5	5.9	5.4
YL-2（窄）	最大拉应力（MPa）	2.5	3.9	3.9
YL-3（窄）	最大拉应力（MPa）	2.6	4.2	2.8

由表 2-55 的计算结果得知：

（1）对于不保温的方案 YL-1（窄），溢流面的最大应力达到了 5.9MPa，闸墩的最大应力为 3.5MPa，上游面的最大应力为 5.4MPa，不能满足混凝土的抗裂要求。

（2）长期保温时、不掺 MgO 膨胀剂的方案 YL-2（窄），闸墩的最大应力为 2.5MPa，溢流面的最大应力达到了 3.9MPa，上游面的最大应力为 3.9MPa。应力比方案 YL-1（窄）降低许多，溢流面和上游面的应力不能满足混凝土的抗裂要求。

（3）保温 3 年、掺加 MgO 膨胀剂的方案 YL-3（窄），闸墩的最大应力为 2.6MPa，溢流面的最大应力达到了 4.2MPa，上游面的最大应力为 2.8MPa。出现的时间是保温 3 年后去除保温之后的冬季。溢流面的应力不能满足混凝土的抗裂要求。

（三）依据上述计算成果建议进一步采取的温控措施

（1）调整溢流面和闸墩混凝土的浇筑时间。

（2）在宽墩应力大的部位预留竖向宽槽后浇带。

（3）在堰面应力大的部位预留水平缝。

（4）在上游面及非溢流坝段下游面预留缝。

八、第二阶段计算成果

在本次计算中，坝体结构有所变化，挡水坝段 83.25m 高程以上上游面加固混凝土厚度由 3m 改为 2m，上、下游面新混凝土设水平缝，上游面高度每 9m 设一道，下游面斜向高度每 9m 设一道。溢流坝段上游面新混凝土在 72、81m 高程设水平缝，墩头和墩尾设非贯通性缝，缝深为新混凝土厚度的一半。比较了掺Ⅱ型抗裂剂与掺 MgO 抗裂剂温度应力效果。

（一）混凝土性能参数

混凝土的自生体积变形见表 2-56 和表 2-57。

表 2-56　　　　　　　　　　掺 10%Ⅱ型抗裂剂混凝土自生体积变形

12 号配合比（C30F250W6 掺 10%Ⅱ型抗裂剂＋纤维）				15 号配合比（C30F200W4 掺 10%Ⅱ型抗裂剂＋纤维）			
试验时间（d）	自生体积变形（×10⁻⁶）	试验时间（d）	自生体积变形（×10⁻⁶）	试验时间（d）	自生体积变形（×10⁻⁶）	试验时间（d）	自生体积变形（×10⁻⁶）
1	0	45	18.15	1	0	45	12.21
2	1.53	52	18.228	2	0.75	52	12.456
5	3.648	59	18.708	5	1.147	59	12.648
10	5.718	66	18.948	10	4.878	66	12.692
15	6.618	80	19.188	15	8.292	80	13.89
20	8.112	87	19.248	20	10.356	87	14.61
25	15.69	94	19.332	25	11.352	94	15.708
30	17.814	101	19.59	30	12.03	101	—
38	18.012	108	19.908	38	12.132	108	—

表 2-57　　　　　　　　混凝土（掺 3% MgO＋纤维）自生体积变形

混凝土（3% MgO＋纤维）			
试验时间（h）	自生体积变形（×10⁻⁶）	试验时间（h）	自生体积变形（×10⁻⁶）
1.5	−33.81	441	35.71
3.5	−41.51	588	35.59
10	−31.06	816	39.64
24	0.00	1128	48.62
30	4.43	1704	63.70
76	17.22	2088	70.94
173	23.10	2592	82.15
218	27.66		

新混凝土的弹性模量用公式表示

$$E(t) = E_0(1 - e^{-at^b})$$ (2-30)

式中的系数见表 2-58。

表 2-58 弹性模量公式拟合系数

混凝土	公式系数		
	E_0	a	b
12 号新混凝土	42.1	0.5	0.29
15 号新混凝土	40.2	0.67	0.22
新混凝土（3% MgO＋纤维）	39.8	0.4	0.34

（二）挡水坝段温度和温度应力仿真分析

挡水坝段温度和温度应力计算方案见表 2-59，坝段混凝土施工计划见表 2-49。

表 2-59 挡水坝段计算方案

DS-17-1	（1）保温大棚内的环境温度按 5℃ 考虑。2 月和 3 月浇筑的混凝土的浇筑温度按 5℃ 考虑。其余混凝土浇筑温度不大于 18℃。 （2）上、下游面 10 月开始保温 3 年。 （3）4 月下旬～5 月浇筑的上游混凝土中铺设水管。 （4）12 号配合比（C30F250W6 掺 10% Ⅱ 型抗裂剂＋纤维）和 15 号配合比（C30F200W4 掺 10% Ⅱ 型抗裂剂＋纤维）。 （5）混凝土的自生体积变形见表 2-56
DS-17-2	（1）保温大棚内的环境温度按 5℃ 考虑。2 月和 3 月浇筑的混凝土的浇筑温度按 5℃ 考虑。其余混凝土浇筑温度不大于 18℃。 （2）上、下游面 10 月开始保温 3 年。 （3）4 月下旬～5 月浇筑的上游混凝土中铺设水管。 （4）新混凝土（掺 3% MgO＋纤维）。 （5）混凝土的自生体积变形见表 2-57（掺 3% MgO＋纤维）

注 在计算中，当河水温度低于设定的水管冷却水温时，用河水冷却。当气温低于表中设定的浇筑温度时，采用自然入仓。掺 10% Ⅱ 型抗裂剂配合比有两个，上游面采用 12 号配合比，下游面采用 15 号配合比。

按照表 2-59 的计算条件和温控措施，计算了挡水坝段的温度和温度应力。计算结果如图 2-75～图 2-77 所示，表 2-60 给出了坝体各部位最高温度和最大应力的特征值。

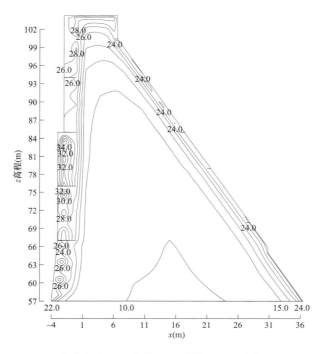

图 2-75 挡水坝段温度包络图（单位：℃）（方案 DS-17-1）

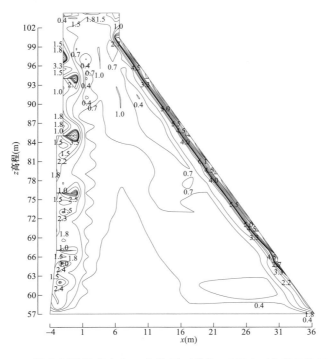

图 2-76 挡水坝段温度应力 σ_1 包络图（单位：MPa）（方案 DS-17-1）

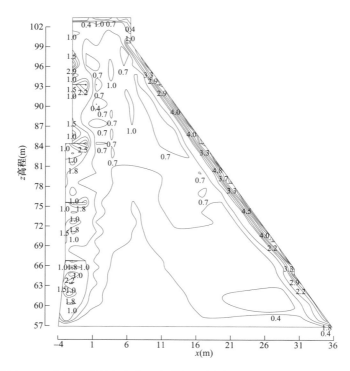

图 2-77　挡水坝段温度应力 σ_1 包络图（单位：MPa）（方案 DS-17-2）

表 2-60　　　　　　　　　　**挡水坝段温度和应力计算结果**

计算方案		上游面	下游面
DS-17-1	最高温度（℃）	34	24
	最大拉应力（MPa）	3.3（上部）	6.1
		2.4（下部）	
DS-17-2	最大拉应力（MPa）	2.9（上部）	4.8
		2.2（下部）	

由计算结果得知，方案 DS-17-1 上游混凝土的最高温度为 34℃，下游混凝土的最高温度为 24℃；上游混凝土的最大应力为 3.3MPa，下游混凝土的最大应力为 6.1MPa。上游混凝土的温度应力在局部区域不能满足混凝土的抗裂要求，下游混凝土的温度应力大部分区域不满足混凝土的抗裂要求。

方案 DS-17-2 上游混凝土的最大应力为 2.9MPa，下游混凝土的最大应力为 4.8MPa。

比较上述两个方案的温度应力，方案 DS-17-2（掺 3% MgO＋纤维）的温度应力明显低于方案 DS-17-1（掺 10% Ⅱ型抗裂剂＋纤维），上游混凝土的最大应力减小

0.4MPa（上部）和 0.2MPa（下部），下游混凝土的最大应力减小 1.3MPa。

比较挡水坝段的温度应力计算结果（上、下游面不预留水平缝方案 DS-3 和上、下游面预留水平缝方案 DS-17-2），上、下游面预留水平缝后，上游面上部局部应力增加了 0.2MPa、下部应力减小了 0.5MPa，下游面的应力减小了 0.2MPa。由于分缝新浇筑薄层混凝土的尺度有所减小，老混凝土的约束作用有所减弱。

（三）溢流坝段温度和温度应力仿真分析

按照表 2-61、表 2-51、表 2-52 的条件和温控措施，计算了溢流坝段的温度和应力。

表 2-61　　　　　　　　　　　　　溢流坝段计算方案

计算方案	计算条件和温控措施
YLK-17-1	（1）保温大棚内的环境温度按 5℃ 考虑。2 月和 3 月浇筑的混凝土的浇筑温度按 5℃ 考虑。其余混凝土浇筑温度不大于 18℃。 （2）10 月开始保温 3 年。 （3）溢流面混凝土中铺设水管。 （4）混凝土的自生体积变形见表 2-56（12 号配合比）

注　在计算中，当河水温度低于设定的水管冷却水温时，用河水冷却。当气温低于表中设定的浇筑温度时，采用自然入仓。

1. 宽墩

宽墩的计算方案、计算条件和温控措施见表 2-61、表 2-51、表 2-52，表 2-62 给出了各部位的温度和应力特征值。

表 2-62　　　　　　　　　宽墩溢流坝段温度和应力计算结果

计算方案		闸墩	溢流面	上游面
YL-17-1（宽）	最高温度（℃）	28.0	42.0	24.0
	最大拉应力（MPa）	4.8	5.2	3.6
YL-3（宽）	最大拉应力（MPa）	4.0	4.3	2.7

注　表中 YL-3（宽）计算结果为第一阶段计算成果。

由图 2-78、图 2-79 和表 2-62 的计算结果得知，方案 YL-17-1（宽）中上游面、闸墩、溢流面最大应力分别为 3.6、4.8、5.2MPa，出现的时间是保温 3 年后去除保温之后的冬季。温度应力超过了混凝土的抗裂能力，不能满足混凝土的抗裂要求。

与前文的 YL-3（宽）方案比较，掺 MgO＋纤维混凝土与掺 10％Ⅱ型抗裂剂＋纤维混凝土在溢流面、闸墩和上游面的温度应力比较，减小 0.8～0.9MPa。

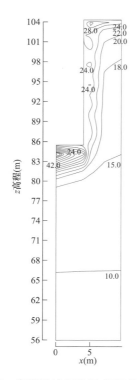

图 2-78　宽墩溢流坝段最高温度包络图
（Ⅱ-Ⅱ剖面）（单位：℃）（方案 YLK-17-1）

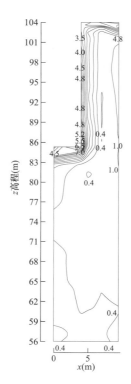

图 2-79　宽墩溢流坝段温度应力 σ_1 包络图
（Ⅱ-Ⅱ剖面）（单位：MPa）（方案 YLK-17-1）

2. 窄墩

窄墩的计算方案、计算条件和温控措施见表 2-61、表 2-51、表 2-52，表 2-64 给出了各部位的温度和应力特征值。

表 2-63　　　　　　　　　窄墩溢流坝段温度和应力计算结果

计算方案		闸墩	溢流面	上游面
YL-17-1（窄）	最高温度（℃）	28.0	48.0	24.0
	最大拉应力（MPa）	3.0	5.2	3.5
YL-3（窄）	最大拉应力（MPa）	2.6	4.2	2.8

注　表中 YL-3（窄）计算结果为第一阶段计算成果。

由图 2-80～图 2-83 和表 2-63 的计算结果得知，方案 YL-17-1（窄）中溢流面的最大应力 5.2MPa，闸墩的最大应力 3.0MPa，上游面的最大应力 3.5MPa，溢流面、闸墩和上游面的应力都不能满足混凝土的抗裂要求。

与前文中的 YL-3（窄）方案比较，掺 MgO＋纤维混凝土与掺 10％Ⅱ型抗裂剂＋纤维混凝土在溢流面、闸墩和上游面的温度应力比较，减小 0.4～1.0MPa。

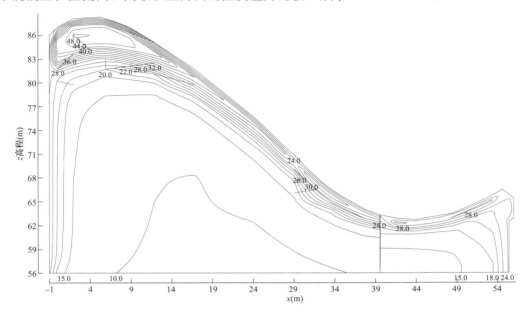

图 2-80　窄墩溢流坝段最高温度包络图（Ⅰ-Ⅰ剖面）（单位:℃）（方案 YLZ-17-1）

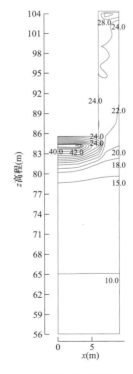

图 2-81　窄墩溢流坝段最高温度包络图（Ⅱ-Ⅱ剖面）（单位:℃）（方案 YLZ-17-1）

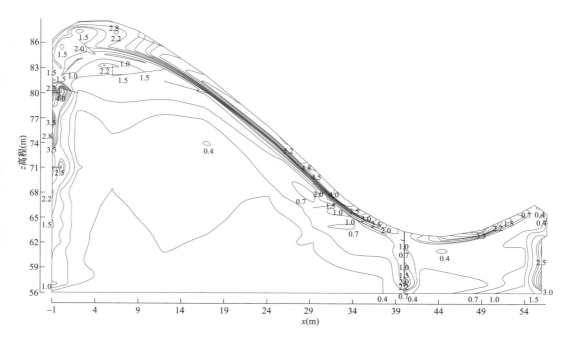

图 2-82　窄墩溢流坝段温度应力 σ_1 包络图（I-I 剖面）（单位：MPa）（方案 YLZ-17-1）

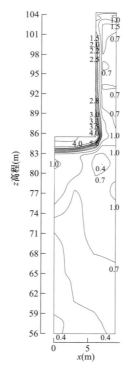

图 2-83　窄墩溢流坝段温度应力 σ_1 包络图（II-II 剖面）（单位：MPa）（方案 YLZ-17-1）

第六节　本　章　小　结

一、新建混凝土坝工程

通过对观音阁碾压混凝土坝、白石碾压混凝土坝、猴山混凝土坝新建工程温度场、温度应力仿真分析，得出以下规律：

（1）大坝完工后近 10 余年，坝内部温度基本稳定，稳定温度接近或略高于坝址区年平均气温 1.0～2.0℃。由于受水温影响，上游面温度变化不大，呈缓慢下降趋势。下游面温度受气温影响显著，呈周期性变化，靠近边界数米范围内的变化较大。夏季平均接近 7 月月平均气温；冬季平均接近 1 月月平均气温。

（2）越冬层面上、下游面附近出现明显应力集中现象。铅直向拉应力 σ_y 长期处于较高水平。随气温呈周期性变化，夏季为压应力，冬季转为拉应力，随时间呈缓慢下降趋势。

（3）坝体内部水平向应力 σ_x，在越冬顶面当年冬季拉应力较大，运行期拉应力较小；坝体内部基础部位水平向应力 σ_x，施工期较小，随时间呈缓慢上升趋势。

（4）在水压、自重、温度、自生体积变形及徐变这些荷载作用中，温度应力是最主要的应力。膨胀型自生体积变形对大坝上、下游面应力影响较小，但对基础部位内部混凝土水平向拉应力有明显影响。

（5）中热硅酸盐水泥绝热温升低于普通硅酸盐水泥，使坝体的温度更低，对减小温度应力更有利。碾压混凝土较常规混凝土水泥用量少，水化热温升低，对减小温度应力更有利。

（6）表面保温对削减大坝上、下游表面温度应力效果明显，越冬顶面保温及下游面保温可在很大程度上减小上、下游的铅直向拉应力。

（7）坝面长期保温对减小坝面温度应力效果明显。

（8）水管冷却对混凝土的降温效果比较明显，优于表面流水对混凝土的降温效果。

（9）对于溢流坝段，高温区位于溢流面和闸墩中，高应力区也位于溢流面和闸墩中。由于溢流面和闸墩仅能够在施工期保温，无法实现长期保温，其温度应力很大，难以满足混凝土的抗裂要求。6 月浇筑溢流面时，温度应力状态优于春秋季节浇筑溢流面混凝土。

（10）改变溢流面预留台阶的结构形式，由直角改为 135°斜面的预留台阶时，可以有效减小溢流面的温度应力，如猴山坝溢流面应力减小了1.7MPa。

二、加固混凝土坝工程（老坝表面新浇筑薄层混凝土）

覆窝水库混凝土坝加固工程，溢流坝段闸墩四周新浇混凝土厚度分别为0.5、1.0和1.5m。非溢流坝段上游面新浇混凝土厚2.0～3.0m，下游面新浇混凝土厚0.5m。

通过对覆窝混凝土坝加固工程温度场、温度应力仿真分析，得出以下规律：

（1）闸墩外包不同厚度混凝土及拆除重建闸墩温度应力。闸墩外包混凝土厚度分别为0.5、1.0和1.5m，未采取特殊防裂措施情况下，3种情况温度应力差别不大，量值都比较大，一般为3.0～4.0MPa。拆除重建闸墩，在闸墩的下部大约9m高度范围内，温度应力2.0～3.5MPa，其余部位的温度应力小于等于1.7MPa。

（2）挡水坝段新浇筑薄层混凝土。

1）不保温、不掺加MgO膨胀剂，上游混凝土最高温度38℃，下游混凝土最高温度24℃；上游混凝土最大应力4.2MPa，下游混凝土最大应力6.2MPa。温度应力很大，不满足混凝土的抗裂要求。

2）长期保温、不掺加MgO膨胀剂，上游混凝土最大应力2.6MPa，下游混凝土最大应力4.4MPa，温度应力比不保温降低1.6～1.8MPa，但下游混凝土的温度应力仍然不满足混凝土的抗裂要求。

3）保温3年、掺加MgO膨胀剂，上游混凝土的最大应力为2.7MPa，下游混凝土的最大应力为5.0MPa，温度应力较不保温降低很多，下游混凝土的温度应力大部分区域不满足混凝土的抗裂要求。

4）保温3年、不掺加MgO膨胀剂，比较自生体积变形的影响，上游混凝土最大应力3.3MPa，下游混凝土最大应力6.2MPa，自生体积膨胀变形可以减小混凝土的应力0.6～1.2MPa。

5）比较保温时间的影响。上游保温3年、下游保温1年，掺加MgO膨胀剂，上游混凝土最大应力2.7MPa，下游混凝土最大应力5.0MPa。上游保温20年、下游保温3年，掺加MgO膨胀剂，上游混凝土最大应力2.7MPa，下游混凝土最大应力5.0MPa。

上游面长期保温、保温20年、保温3年以及下游面长期保温、保温3年、保温1年，上、下游面最大应力相同。这种老坝加固新浇薄层混凝土，保温时间长短对最大温度应力几乎没有影响。

6）上、下游面预留水平缝后，上游面上部局部应力增加了0.2MPa、下部大部应力减小了 0.5MPa，下游面的应力减小了 0.2MPa。由于分缝新浇筑薄层混凝土的尺度有所减小，老混凝土的约束作用有所减弱。

7）挡水坝段掺 3％ MgO 方案温度应力明显低于掺 10％Ⅱ型抗裂剂方案，上游混凝土最大应力减小 0.4MPa（上部）和 0.2MPa（下部），下游混凝土最大应力减小 1.3MPa。掺 MgO 膨胀抗裂剂对减小温度应力效果优于掺Ⅱ型抗裂剂。

三、宽墩溢流坝段新浇筑薄层混凝土

覆窝水库混凝土坝加固工程，溢流坝段闸墩宽墩四周新浇混凝土厚 1m，溢流堰堰顶新浇混凝土厚 4.2m，堰面其他部位新浇混凝土厚 1～4.2m 不等。通过温度场、温度应力仿真分析，得出以下规律：

（1）不保温、不掺加 MgO 膨胀剂，闸墩混凝土最高温度 28℃，溢流面混凝土最高温度 42℃，上游混凝土最高温度 24℃；闸墩最大应力 5.5MPa，溢流面最大应力 6.0MPa，上游面最大应力 4.9MPa。温度应力很大，不满足混凝土的抗裂要求。

（2）长期保温时，不掺 MgO 膨胀剂，闸墩最大应力 3.7MPa，溢流面最大应力 4.0MPa，上游面最大应力 3.1MPa。温度应力较不保温降低很多。

（3）保温 3 年、掺加 MgO 膨胀剂，闸墩最大应力 4.0MPa，溢流面最大应力 4.3MPa，上游面最大应力 2.7MPa。温度应力较不保温降低很多，出现的时间是保温 3 年后去除保温之后的冬季。

（4）保温 3 年、不掺 MgO 膨胀剂，闸墩最大应力 5.3MPa，溢流面最大应力 5.3MPa，上游面最大应力 3.7MPa。掺加 3％ MgO 膨胀剂可以减小温度应力 1.0～1.3MPa。

（5）各种计算方案溢流面和闸墩的应力均不能满足混凝土的抗裂要求，长期保温和掺加 MgO 膨胀剂，可以有效减小混凝土温度应力。

（6）宽墩溢流坝段掺 3％MgO 方案温度应力明显低于掺 10％Ⅱ型抗裂剂，溢流面、闸墩和上游面温度应力减小 0.8～0.9MPa。掺 MgO 膨胀抗裂剂对减小温度应力效果优于掺Ⅱ型抗裂剂。

四、窄墩溢流坝段新浇筑薄层混凝土

覆窝水库混凝土坝加固工程，溢流坝段闸墩窄墩四周新浇混凝土厚 1m，溢流堰堰顶新浇混凝土厚 4.2m，堰面其他部位新浇混凝土厚 1～4.2m 不等。通过温度场、温度

应力仿真分析，得出以下规律：

（1）不保温、不掺加 MgO 膨胀剂，闸墩混凝土最高温度 28℃，溢流面混凝土最高温度 48℃，上游混凝土最高温度 24℃；闸墩最大应力 3.5MPa，溢流面最大应力 5.9MPa，上游面最大应力 5.4MPa。温度应力很大，不满足混凝土的抗裂要求。

（2）长期保温时、不掺 MgO 膨胀剂，闸墩最大应力 2.5MPa，溢流面最大应力 3.9MPa，上游面最大应力 3.9MPa。温度应力较不保温降低很多。

（3）保温 3 年、掺加 MgO 膨胀剂，闸墩最大应力 2.6MPa，溢流面最大应力 4.2MPa，上游面最大应力 2.8MPa。温度应力较不保温降低很多，出现的时间是保温 3 年后去除保温之后的冬季。

（4）各种计算方案溢流面应力不能满足混凝土的抗裂要求，长期保温和掺加 MgO 膨胀剂，可以有效减小混凝土温度应力。

（5）窄墩溢流坝段掺 3‰MgO 方案温度应力明显低于掺 10％Ⅱ型抗裂剂，溢流面、闸墩和上游面温度应力减小 0.4～1.0MPa。掺 MgO 膨胀抗裂剂对减小温度应力效果优于掺Ⅱ型抗裂剂。

参 考 文 献

［1］朱伯芳.大体积混凝土温度应力与温度控制［M］.北京：中国电力出版社，1999.

［2］邹广歧，李贵智，王成山，等.观音阁水库混凝土大坝越冬面水平施工缝的开裂原因及处理措施［J］.水利水电技术，1995（8）：49-53.

第三章
大体积混凝土温度控制标准的制定

本章介绍了混凝土坝等典型大体积混凝土各种温度控制设计标准的含义，工程设计中采用的温度控制标准，以及确定混凝土容许抗拉强度的原则。

第一节　温度控制设计标准

混凝土坝的温度控制设计标准一般包括混凝土的容许浇筑温度、容许基础温差、容许上下层温差、容许内外温差、坝体不同部位的容许最高温度、表面保护标准以及相邻分块高差要求。

常规混凝土浇筑温度是指经过平仓振捣后，在覆盖上层混凝土前，测量在混凝土面下10cm深处的温度。碾压混凝土浇筑温度是指经过摊铺后，碾压前在深度5~10cm处的温度。

基础温差是指建基面 $0.4L$（L 为浇筑块长边尺寸）高度范围内的基础约束区内混凝土的最高温度和该部位稳定温度之差。

上下层温差是指在老混凝土面（混凝土龄期超过28d）上下各 $0.25L$ 高度范围内，上层新浇混凝土的最高平均温度与下层混凝土的平均温度之差。

内外温差是指混凝土内部温度与混凝土表面温度之差。

SL 319—2018《混凝土重力坝设计规范》中，对于基础约束区混凝土28d龄期的极限拉伸值不低于 0.85×10^{-4}，且施工质量均匀、良好，基岩的变形模量与混凝土的弹性模量相近，短间歇均匀上升浇筑的浇筑块，规定了基础容许温差，见表3-1。低坝或前期设计阶段，可以作为参考，高坝和重要工程宜采用有限元法进行温度场、温度应力分析，制定容许浇筑温度、容许最高温度和容许基础温差。

表 3-1　　　　　　　　　　　　　　基础容许温差

距离基础面高度 h	浇筑块长边 L				
	17m 以下	17~20m	20~30m	30~40m	40m 至通仓长块
$(0\sim0.2)L$	26~25	25~22	22~19	19~16	16~14
$(0.2\sim0.4)L$	28~27	27~25	25~22	22~19	19~17

SL 319—2018《混凝土重力坝设计规范》中，对容许上下层温差规定，老混凝土上浇筑上层混凝土时，上下层容许温差宜为 15～20℃。

为防止混凝土表面裂缝，采取混凝土表面保温防护是十分必要的。SL 319—2018《混凝土重力坝设计规范》中规定，不同季节或各月坝体最高温度控制标准应根据当地气候条件确定。未满 28d 龄期的混凝土暴露面遇气温骤降时，应进行表面保温。对基础约束区、上游面等重要部位应进行严格的表面保温，其他部位也应进行一般表面保温。

长期暴露的基础混凝土、上游面及其他重要部位，由于气温年变化等因素的影响，其表面保护时间和材料应根据当地气候条件研究确定，必要时应进行施工期长期保温。严寒地区坝体上下游表面可考虑采取永久保温措施。

坝体内部容许最高温度与坝体保温后混凝土表面温度之差，构成容许内外温差。

SL 319—2018《混凝土重力坝设计规范》同时规定，施工过程中各坝块宜均匀上升，相邻坝块的高差不宜超过 12m。

第二节　典型工程设计中采用的温度控制标准

观音阁碾压混凝土坝（RCD）、白石碾压混凝土坝（RCD）、玉石碾压混凝土坝（RCD）、阎王鼻子混凝土坝、猴山混凝土坝、大雅河混凝土坝及三湾闸坝工程，均在大坝温度场及温度徐变应力有限元仿真计算的基础上，制定了温控标准。

一、观音阁工程设计温度控制标准

观音阁碾压混凝土坝（RCD）位于太子河上游，多年平均气温 6.2℃，最大坝高 82m。是在我国北方严寒地区修建的第一座碾压混凝土高坝，是我国首次引入日本的 RCD 筑坝技术修建的大型水利工程，也是当时世界上规模最大，碾压混凝土方量最多的工程。

初步设计阶段制定温度控制标准：基础强约束区 $0～0.2L$ 范围内容许浇筑温度 13.3℃，容许最高温度 30℃；基础弱约束区 $0.2L～0.4L$ 范围内容许浇筑温度 21.1℃，容许最高温度 35℃。工程实施阶段，考虑到日本玉川坝与观音阁碾压混凝土坝规模和气候条件相近，借鉴玉川坝经验，制定温控及保温标准。合同文件规定坝体混凝土浇筑温度不得超过 22℃，也不得低于 4℃。同时还规定，对坝体混凝土应采取越冬保温措施，使其表面任何一处的温度不低于 0℃。

二、白石工程设计温度控制标准

白石碾压混凝土坝（RCD）位于大凌河上游，多年平均气温 7.9℃，最大坝高 50.3m。

（一）容许浇筑温度标准

首先，采用有限差分法计算坝体混凝土基础浇筑块水化热温升，根据 SL 319—2018《混凝土重力坝设计规范》的有关规定及坝体最大底边长度选取允许基础温差，求出混凝土允许浇筑温度；其次，经有限元验算及经济技术综合比较，确定容许浇筑温度标准，见表 3-2。

表 3-2   允许浇筑温度标准   ℃

月份		4	5	6	7	8	9	10
月平均气温		10.0	17.1	21.2	23.5	23.2	17.4	10.3
挡水坝段	$H \leqslant 8m$	15.0	15.0	15.0	15.0	15.0	15.0	15.0
	$H > 8m$	18.0	18.0	18.0	18.0	18.0	18.0	18.0
溢流坝段	$H \leqslant 12m$	15.0	15.0	15.0	15.0	15.0	15.0	15.0
	$H > 12m$	18.0	18.0	18.0	18.0	18.0	18.0	18.0
底孔坝段	$H \leqslant 20m$	15.0	15.0	15.0	15.0	15.0	15.0	15.0
	$H > 20m$	18.0	18.0	18.0	18.0	18.0	18.0	18.0

（二）混凝土越冬保温防护标准

各部位越冬保温标准及各种保温材料厚度见表 3-3。

表 3-3   越冬保温防护标准及各种保温材料厚度

部位	总放热系数 β_i [kJ/(m²·h·℃)]	聚苯乙烯泡沫塑料板（cm）	草垫子（cm）	干砂（cm）
上游面	2.349	5.7	17.3	51.9
侧立面	1.994	6.7	20.5	61.4
下游面	2.349	5.7	17.3	51.9
顶面	1.994	6.7	20.5	61.4
溢流面	1.032	13.2	40.0	120.1

三、玉石工程设计温度控制标准

玉石碾压混凝土坝（RCD）位于碧流河上游，多年平均气温 9.7℃，最大坝高

50.20m。设计混凝土容许浇筑温度：基础约束区为15℃（高程155～163m，$H \leqslant 8m$），上部为18℃（高程163m以上，$H > 8m$）。

四、阎王鼻子工程设计温度控制标准

阎王鼻子混凝土坝位于大凌河上游，多年平均气温8.4℃，最大坝高34.5m。原设计为碾压混凝土坝，实施过程中改为常规混凝土坝。

（一）混凝土浇筑温度控制标准

由混凝土升程计划、边界条件及混凝土自身热学性能计算出水化热温升，根据重力坝设计规范选定容许基础温差，从而确定出各部位混凝土容许浇筑温度：挡水坝、溢流坝基础部位及冲沙闸坝段容许最高浇筑温度为17℃，挡水坝及溢流坝上部容许最高浇筑温度为19℃。

（二）混凝土保温标准

溢流坝段上游面及冲沙闸上游面越冬保温标准为表面放热系数 $\beta \leqslant 2.359kJ/(m^2 \cdot h \cdot ℃)$（相当于5cm厚苯板或8cm厚岩棉）。其余部位越冬保温标准为表面放热系数 $\beta \leqslant 1.659kJ/(m^2 \cdot h \cdot ℃)$（相当于7cm厚苯板或12cm厚岩棉）。防寒潮及昼夜温差保温防护标准为 $\beta \leqslant 3.59kJ/(m^2 \cdot h \cdot ℃)$（相当于5.6cm厚岩棉或13.4cm厚草垫子）。

五、猴山工程设计温度控制标准

猴山混凝土坝位于狗河上游，多年平均气温9.5℃，最大坝高51.6m。

依据对坝体进行的温度应力仿真分析结果，提出了相应的设计温控标准。

（一）上下层温差要求

坝体混凝土上下层温差不得大于16℃。

（二）相邻坝段高差

混凝土施工中，各分块应均匀上升，相邻分块高差不应大于10～12m。

（三）浇筑层高及间歇时间

为有利于混凝土浇筑块散热，基础混凝土约束部位浇筑层高为1.5m，上下层浇筑间歇时间为6～10天。

（四）设计坝体温度控制标准

设计坝体温度控制标准见表3-4。

表 3-4 设计坝体温度控制标准

部位	温度控制标准
挡水坝段	（1）强约束区（0～0.2L 高程），混凝土浇筑温度不大于 18℃；最高温度不大小 33℃；
	（2）弱约束区（0.2L～0.4L 高程），混凝土浇筑温度不大于 20℃；最高温度不大于 34℃；
	（3）非约束区（0.4L 高程以上），混凝土浇筑温度不大于 22℃；最高温度不大于 35℃
溢流坝段	（1）强约束区（0～0.2L 高程），混凝土浇筑温度不大于 18℃；最高温度不大于 33℃；
	（2）弱约束区（0.2L～0.4L 高程），混凝土浇筑温度不大于 20℃；最高温度不大于 34℃；
	（3）非约束区（0.4L 高程以上），混凝土浇筑温度不大于 22℃；最高温度不大于 35℃；
	（4）闸墩，混凝土浇筑温度不大于 22℃；最高温度不大于 44℃

注　L 为浇筑块长边尺寸。

（五）混凝土保温防护标准

气温骤降期间对混凝土表面进行保温防护。新浇混凝土遇日平均气温在 2～3d 内下降大于 6～8℃时，且基础强约束区和重要部位混凝土龄期 3～5d 以上必须进行表面保温防护。

在气温昼夜温差较大的 10 月开始，为控制混凝土内表温差，减少混凝土表面裂缝，对坝体混凝土采取保温防护措施。

坝体上游面长期保温。上游面经常性水位以上部分采用厚度 100mm 的 GRC 复合挤塑板保温，采用锚栓固定于混凝土表面；坝体下游面及上游经常性水位以下部分采用厚度 100mm 的挤塑板保温，采用锚栓固定于混凝土表面。

六、大雅河工程设计温度控制标准

大雅河混凝土坝位于雅河上游，多年平均气温 6.8℃，最大坝高 45.30m。

（一）容许浇筑温度控制标准

根据坝体实际开始浇注日期及施工进度计划安排，结合温度应力仿真分析和温控研究成果，提出坝体容许浇筑温度标准，见表 3-5。

表 3-5 容许浇筑温度控制标准

部位	温度控制标准
挡水坝段 （4～5、10～11 月 开始浇筑）	（1）强约束区（0～0.2L），混凝土浇筑温度不大于 18℃；
	（2）弱约束区（0.2L～0.4L），混凝土浇筑温度不大于 20℃；
	（3）非约束区（＞0.4L 以上），混凝土浇筑温度不大于 22℃

部位	温度控制标准
挡水坝段 （6～9月 开始浇筑）	（1）强约束区（0～0.2L），混凝土浇筑温度不大于20℃； （2）弱约束区（0.2L～0.4L），混凝土浇筑温度不大于20℃； （3）非约束区（＞0.4L以上），混凝土浇筑温度不大于22℃
溢流坝段 （4～5、10～11月 开始浇筑）	（1）强约束区（0～0.2L），混凝土浇筑温度不大于18℃； （2）弱约束区（0.2L～0.4L），混凝土浇筑温度不大于20℃； （3）非约束区（＞0.4L以上），混凝土浇筑温度不大于22℃； （4）闸墩、导墙，混凝土浇筑温度不大于22℃
溢流坝段 （6～9月开始浇筑）	（1）强约束区（0～0.2L），混凝土浇筑温度不大于20℃； （2）弱约束区（0.2L～0.4L），混凝土浇筑温度不大于20℃； （3）非约束区（＞0.4L以上），混凝土浇筑温度不大于22℃； （4）闸墩、导墙，混凝土浇筑温度不大于22℃； （5）溢流面6月浇筑，混凝土浇筑温度不大于20℃

注 L为浇筑块长边尺寸，0.2L和0.4L取值时采用1.5m的整倍数。

（二）基础混凝土最高容许温度控制标准

参考SL 319—2018《混凝土重力坝设计规范》，确定基础约束区内混凝土的最高容许温度，见表3-6。

表 3-6　　　　　　　　**基础混凝土最高容许温度**　　　　　　　　℃

距离基础面 高度	溢流坝段 （最大浇筑块边长22.0m）	底孔坝段 （最大浇筑块边长22.8m）	取水坝段 （最大浇筑块边长34.8m）
0～0.2L	28.2	28.0	24.4
0.2L～0.4L	31.2	31.0	27.4

（三）上下层温差

根据规范建议及工程经验，结合本工程的具体情况，确定上下层温差不得大于15℃。

（四）坝体保温标准

坝体上、下游面均采用GRC复合（挤塑）外保温墙板永久保温，其中的挤塑板厚度采用100mm，挤塑板用膨胀螺栓锚固于混凝土表面。

相邻坝体面采用苯板保温，苯板位于模板内侧，厚度采用100mm，待浇筑相邻混凝土将苯板刮除。

（五）越冬面混凝土保温标准

设计要求保温材料厚度按 100mm 厚苯板的标准实行。

（六）浇筑层厚及层间间歇

在基础约束区部位控制浇筑层厚不超过 1.5m，夏季应控制在 1.0m。

七、三湾工程 2010 年复工后现场浇筑混凝土温度控制指标

（一）浇筑温度

2010 年复工后，泄洪闸闸墩不同混凝土分区（分区图如图 3-1 所示）浇筑温度见表 3-7。

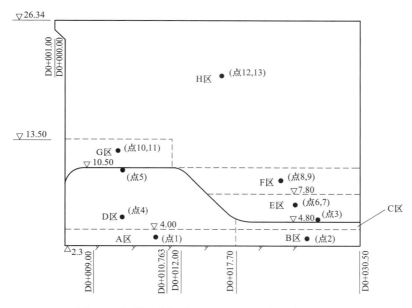

图 3-1　闸墩及底板分区图（桩号、高程单位：m）

表 3-7　　　　　　三湾泄洪闸 2010 年复工后混凝土浇筑温度控制指标表

区域	浇筑温度（℃）	备　　注
E 区	≤7.00	2010 年，应把 E 区、F 区、G 区混凝土尽量安排在 3 月浇筑，以充分利用此时外界气温较低的有利特点
F 区	≤8.00	
G 区	≤8.00	
H 区	≤12.00	

如条件允许，可在低温期浇筑混凝土，但浇筑温度不能低于 5℃。

（二）最高温度

最高温度的控制可按照表 3-8 进行。

表 3-8　　　三湾泄洪闸 2010 年复工后混凝土最高温度控制指标表

区域	最高温度（℃）	备　注
E 区	≤20.0	
F 区	≤20.0	
G 区	≤25.0	
H 区	≤27.0	

（三）上下层温差

上下层温差主要是由于混凝土浇筑温度的季节性变化和较长时间的停歇所引起，对混凝土浇筑块，当混凝土浇筑块的长度小于 25m 时，一般情况下，上下层温差引起的温度拉应力的数值不大。对于三湾泄洪闸，底板浇筑块长度约 30m，应控制上下层温差：$\Delta T \leqslant 19.0℃$。

（四）内外温差

控制内外温差目的主要是防止表面裂缝，可通过施加表面保温来实现。闸墩混凝土的内外温差控制为：在浇筑初期（浇筑以后 5 天内），内表温差 $\Delta T \leqslant 20.0℃$；在冬季，控制其内表温差 $\Delta T \leqslant 5.0℃$。

第三节　确定混凝土容许抗拉强度的原则

一、容许抗拉强度计算

混凝土块体容许抗拉强度计算，采用 SL 319—2018《混凝土重力坝设计规范》中为防止混凝土开裂所要求的抗裂能力计算公式

$$[\sigma] = \frac{\varepsilon E_\mathrm{h}}{K_\mathrm{f}} \tag{3-1}$$

式中　ε——混凝土极限拉伸值；

　　　E_h——混凝土弹性模量；

　　　K_f——安全系数，取 1.5～2.0。

《水工混凝土结构设计规范》（SL 191、DL/T 5057）中建议 28d 龄期混凝土弹性模量及允许拉应变见表 3-9。

表 3-9　　　　　　　　　　　　28d 龄期混凝土弹性模量及允许拉应变

混凝土强度等级	C15	C20	C25	C30
弹性模量（$\times 10^4\,\mathrm{N/mm^2}$）	2.20	2.55	2.80	3.00
允许拉应变（$\times 10^{-4}$）	0.50	0.55	0.60	0.65

当取安全系数 1.5 时，C30 混凝土 28d 容许抗拉强度为 1.3MPa。近似推算 90d 容许抗拉强度为 1.56MPa，180d 容许抗拉强度为 1.69MPa。

根据工程经验，混凝土水平施工层面是混凝土薄弱部位，其抗拉强度低于块体抗拉强度，一般可以考虑 0.75 抗拉强度折减系数。水平越冬层面附近在冬、春季低温季节浇筑的混凝土，其强度明显低于在夏季浇筑的混凝土，对该部位施工层面混凝土可以考虑 0.6 抗拉强度折减系数。

二、白石工程混凝土容许拉应力的确定

取龄期 180d 极限拉伸值及弹性模量，计算混凝土块体允许拉应力。混凝土层面的抗拉强度折减系数取 0.75，越冬层面混凝土抗拉强度折减系数取 0.8。得各部位混凝土容许拉应力见表 3-10。

表 3-10　　　　　　　　白石碾压混凝土坝各部位混凝土容许拉应力　　　　　　　　MPa

	块体	1.99
常规混凝土	越冬层面附近块体	1.59
	越冬层面	1.19
	块体	1.73
碾压混凝土	越冬层面附近块体	1.38
	越冬层面	1.04

三、三湾工程混凝土容许拉应力的确定

本工程安全系数取 1.5，各配比混凝土不同龄期允许抗拉强度见表 3-11。

表 3-11　　　　　　　　　　不同配比混凝土的允许抗拉强度

配合比编号	混凝土分区	强度等级	各龄期混凝土允许抗拉强度（MPa）		
			28d	90d	180d
sw-3	B3	$C_{90}15F50W6$（中热水泥，掺抗裂剂）	1.19	1.53	1.59
sw-6	B4	$C_{90}25F200W6$（普硅水泥，掺抗裂剂）	1.39	1.79	1.86
sw-10	B4	$C_{90}25F200W6$（普硅水泥，不掺抗裂剂）	1.32	1.70	1.76
sw-12	B4	$C_{90}25F200W6$（中热水泥，掺抗裂剂）	1.17	1.52	1.57

第四节 本 章 小 结

混凝土坝的温度控制设计标准一般包括混凝土的容许浇筑温度、容许基础温差、容许上下层温差、容许内外温差、坝体不同部位的容许最高温度、表面保护标准以及相邻分块高差要求。项目建议书和可研阶段，可以依据规范及类似工程经验确定混凝土坝的温度控制设计标准。初步设计阶段，对于重要工程，宜进行有限元温度徐变应力仿真计算，依据计算成果及设计规范合理确定混凝土的各种温度控制设计标准。

采用 SL 319—2018《混凝土重力坝设计规范》中为防止混凝土开裂所要求的抗裂能力计算公式计算混凝土块体容许抗拉强度。混凝土水平施工层面是混凝土薄弱部位，其抗拉强度低于块体抗拉强度，一般可以考虑 0.75 抗拉强度折减系数。水平越冬层面附近在冬、春季低温季节浇筑的混凝土，其强度明显低于在夏季浇筑的混凝土，对该部位施工层面混凝土可以考虑 0.6 抗拉强度折减系数。

参 考 文 献

[1] 中华人民共和国水利部．混凝土重力坝设计规范：SL 319—2018 [S]．北京：中国水利水电出版社，2019.

[2] 中华人民共和国水利部．水工混凝土结构设计规范：SL 191—2008 [S]．北京：中国水利水电出版社，2009.

[3] 中华人民共和国国家能源局．水工混凝土结构设计规范：DL/T 5057—2009 [S]．北京：中国电力出版社，2010.

第四章
大体积混凝土原材料选择与配合比优化防裂措施

本章结合观音阁、白石、玉石、猴山、大雅河混凝土坝工程及蓑窝混凝土坝加固工程，提出了组成混凝土的基本原材料选材要求，优化混凝土配合比。白石碾压混凝土坝采用抚顺大坝 525 号中热水泥，阎王鼻子碾压混凝土坝采用锦西产 425 号普通硅酸盐水泥，对不同 MgO 含量的胶材净浆的压蒸试验，确定了常规混凝土及碾压混凝土 MgO 的合理掺量。阎王鼻子左岸 1~8 号坝段镶嵌岩内常规混凝土及 11~13 号坝段坝基断层基础填塘常规混凝土采用外掺 2.5％MgO。结合猴山混凝土坝对外掺 MgO 膨胀抗裂剂混凝土自生体积变形进行试验研究。对外掺抗裂纤维混凝土进行了试验研究并在工程中应用。

第一节 原材料要求与选择

一、优选水泥品种

大体积混凝土宜尽量选用中热水泥等低发热水泥，以削减其发热量，降低绝热温升，达到简化温控和节省投资的目的。水泥应满足 GB/T 200—2017《中热硅酸盐水泥、低热硅酸盐水泥》。

观音阁水库附近有 3 座年产水泥 40 万 t 以上的大型水泥厂，经比较认为抚顺水泥厂生产的 525 号大坝水泥为纯熟料水泥，标号高、水化热低且有微膨胀性，配置碾压混凝土时，可以适当多掺粉煤灰，有助于降低混凝土的绝热温升，有利于防止和减少坝体混凝土裂缝，故优先选用这种水泥。

白石碾压混凝土坝考虑中热硅酸盐 525 号水泥所具有的低热、低含碱量、微膨胀、高标号的优势，更容易兼顾外表常规混凝土和内部碾压混凝土的需要，所以选择了中热硅酸盐 525 号水泥。

猴山混凝土坝可选水泥有抚顺产浑河水泥股份有限公司生产的 P.MH42.5 级中热硅

酸盐水泥、渤海水泥（葫芦岛）有限公司生产的 P.O42.5 级普通硅酸盐水泥、秦皇岛市蓝图水泥有限公司生产的 P.O42.5 级普通硅酸盐水泥。抚顺产中热硅酸盐水泥水化热温升低、运距远、投资高，渤海（葫芦岛）及秦皇岛普通硅酸盐水泥运距短、投资低，但水化热温升高。通过三维有限元仿真分析，大坝挡水坝段全部采用普通硅酸盐水泥时，坝体温度应力为 1.0～2.1MPa，其中基础约束区温度应力为 1.2MPa；基础约束区采用中热硅酸盐水泥，基础约束区温度应力为 0.9MPa，可减小 0.3MPa。综合考虑水泥品种对基础约束区温度应力的作用以及投资造价因素，确定在大坝基础约束区部位采用中热硅酸盐水泥，其他部位采用普通硅酸盐水泥，即确保基础约束区混凝土抗裂安全，且节省投资。在确保工程质量和安全前提下，充分利用当地水泥材料，优选水泥品种。

大雅河混凝土坝基础部位采用抚顺中热硅酸盐水泥，其他部位采用普通水泥。

蓑窝混凝土坝由于是表面薄层混凝土，约束应力较大，上下游面、堰面和闸墩均采用抚顺中热硅酸盐水泥。

二、优选粉煤灰

粉煤灰应满足 GB/T 1596—2017《用于水泥和混凝土中的粉煤灰》。优先选用粉煤灰作为常规混凝土和碾压混凝土的掺合料，因为粉煤灰具有水化热低、抗硫酸侵蚀性能好、后期强度发展高、保水性能好、干缩率小等优点，尤其对易于就近取材、降低混凝土水化热、改善混凝土工作性、提高混凝土后期强度等均有明显效果。因此，混凝土通用的掺合料为粉煤灰，发电厂采用磨细煤粉经燃烧后在烟道气流中回收的粉粒称为粉煤灰，它不含炉底排出的块状炉渣。粉煤灰的回收方式一般分为两种即干收湿排和湿收湿排。湿收湿排的粉煤灰均不合格。干收湿排又分两种干收方式，即机械收尘及静电收尘。一般说来，利用机械收尘粉煤灰不易合格，只有静电收尘的粉煤灰中，剔除第一静电场回收的粗细混合灰，只取第二静电场及第三静电场回收的极细粉煤灰，才是优质粉煤灰。因此，各地发电厂虽然很多，但不是所有发电厂回收的粉煤灰都能作为掺合料。不合格的粉煤灰，虽然仍有可能使用，但必须作经济与技术的论证。

供应粉煤灰的厂家原则上只宜选用一家。为了确保供应，可另选一家为备用料源。事先作好不同厂家所供粉煤灰取代试验，应急时采用。粉煤灰供应以一家为主，以确保工程质量的均匀性，简化库存及拌和设施。白石工程采用的粉煤灰以元宝山电厂为主，铁岭电厂为辅。在元宝山电厂因发电设备停炉检修和粉煤灰供不应求时启用了铁岭电厂的粉煤灰。取代方法是事先用元宝山和铁岭两电厂的粉煤灰分别作不同粉煤灰掺量与水泥标号关系试验，以等标号方式取代。也就是说，以元宝山电厂粉煤灰掺量所达到的标号，以等标号的不同掺量的铁岭电厂粉煤灰所取代。即采用相同的混凝土配合比和相等的胶凝材料总量和不等的粉煤灰掺量方法相取代。施工时不允许采用粉煤灰混合使用方法，因为混合时不易均匀，掺量不易控制。

施工前确定粉煤灰内掺（即在拌和前，事先在水泥厂或工地专设掺配厂，在厂内向水泥定量掺配粉煤灰，制成粉煤灰水泥），则不论碾压混凝土还是常规混凝土，其粉煤灰掺量是固定的，以便水泥厂内掺。若是各类混凝土采用不等掺量，则只能在施工现场外掺粉煤灰（即在拌和混凝土时，在水泥厂外即拌和楼内将水泥、粉煤灰分别称量拌制混凝土）。

三、骨料、水

骨料和水应满足 SL 677—2014《水工混凝土施工规范》的规定。

四、外加剂

外加剂应满足 DL/T 5100—2014《水工混凝土外加剂技术规程》。一般混凝土通常使用以木质磺酸盐为主要成分的塑化剂。它是一种亲水性表面活性物质，被吸附在水泥颗粒的外表面后，形成胶体的吸附膜，阻碍了水泥颗粒相互黏结，使水泥颗粒在溶液中充分分散，释放出水泥颗粒凝聚结构中的部分水分，降低水泥黏滞性，润滑水泥颗粒，加大流动度起到了塑化作用。同时，水泥颗粒胶体吸附膜阻碍了水分的切入，推迟了混凝土拌和物初凝时间，降低初期水化热，改善混凝土工作性，降低泌水量，可以比较有效的降低单位用水量，若是保持水灰比不变，则可以节约水泥 8%～10%；若是保持水泥用量不变，则可以降低水灰比，从而提高混凝土强度、抗渗性、抗冻性、抗侵蚀性和抗裂性。其最佳掺量随水泥品种、砂石料性质、胶凝材料用量等将有所不同，应当根据施工实际用料，通过试验确定。

一般说来，塑化剂最佳掺量为塑化剂中固形物含量占胶凝材料总量的 0.25% 左右。塑化剂用量不宜过多，超剂量时，则混凝土会发生不凝，甚至遇水崩解。若是低温施工，掺有塑化剂的混凝土会出现早期强度明显下降。因此，在采用蓄热法养生的混凝土冬季施工中，往往停用塑化剂。

为提高混凝土的抗冻性，可以使用引气剂。引气剂是一种疏水性的表面活性物质，能在混凝土拌和物中产生大量性质稳定、分布均匀、互不连通的微气泡，从而增加了水泥浆的体积,增加了混凝土拌和物的流动性,明显改善了混凝土工作性,降低了泌水,减少了混凝土成分离析现象,隔断了各种连通的渗水管路,使外界水不易渗入混凝土内。大量气泡又可以消纳一些冰冻膨胀的危害作用,从而大大提高了混凝土的抗渗性、抗冻性、抗侵蚀性等。由于加入引气剂后,变形能力增大,弹性模数降低,提高了混凝土抗裂性和抗冲击性,不易因温度、湿度等剧烈变化而产生裂纹。

观音阁碾压混凝土坝,考虑到碾压混凝土设计要求,抗冻标号较低,仅用木钙就能满足耐久性要求,而另掺引气剂对碾压混凝土引气效果并不明显,且含气量增大又势必降低混凝土容重及强度,因此决定内部碾压混凝土只掺木钙。常规混凝土中掺加 0.2% 木钙和 0.04%(粉大 350 号)引气剂、0.01%(大坝 525 号)引气剂。

白石碾压混凝土坝,试验室配合比掺加木钙和 AEA202 复合外加剂,经现场碾压试验,对试验室配合比进行修正,最终推荐配合比中,使用 0.25% 木钙、0.059% AEA202、0.081% 保塑剂三复合外加剂。

猴山工程优选复合高效型外加剂,选用 LSYT 引气减水剂,降低混凝土单位水泥用量,以减少混凝土水化热温升和延缓水化热发散速率,提高混凝土抗裂能力。

选用不同型号的外加剂进行优化试验,坝体基础混凝土($C_{90}20F100W6$)及内部混凝土($C_{90}15F50W2$)试验结果见表 4-1。

表 4-1 猴山优化混凝土外加剂对比表

配比	水泥(kg)	骨料(kg)	砂子(kg)	水(kg)	粉煤灰(kg)	外加剂(kg)
原配比 $C_{90}20F100W6$(大洼试验室)	191	1598	477	117	64	7.65(NF-3 型)
新配比 $C_{90}20F100W6$(水科院试验室)	144	1606	479	106	96	2.4(LSYT 型)
原配比 $C_{90}15F50W2$(大洼试验室)	139	1658	497	108	74	6.39(NF-3 型)
新配比 $C_{90}15F50W2$(水科院试验室)	104	1628	486	105	126	1.84(LSYT 型)

通过优化试验,新配合比采用 LSYT 引气减水剂,水泥用量较小、相对水化热绝热温升小,能够更好地控制混凝土内部温度,经批准,工程采用该配合比进行施工。

五、常规混凝土与碾压混凝土的选择

常规混凝土坝的优点:

（1）结构作用清楚，设计、施工简单。

（2）便于施工机械化，对混凝土的强度要求较低。

（3）对外界气候条件适应性较好。

（4）运行维护简单。

常规混凝土坝缺点：

（1）体积较大，耗费材料较多。

（2）大部分材料的强度未被充分利用。

（3）水化热高，需要采用更多的散热降温措施。

（4）大面积裸露体的越冬防裂问题突出。

碾压混凝土在兼有常规混凝土的优点的同时，针对常规混凝土的缺点进行改进创新，有如下特点：

（1）采用碾压混凝土施工技术，突破了传统混凝土大坝柱状浇筑法对大坝浇筑速度的限制，具有施工程序简化、可最大限度地使用机械，提高机械化程度、减轻劳动强度、缩短工期、节省投资等优点。

（2）具有低水泥用量、中胶凝材料、高掺粉煤灰，薄层摊铺，全断面碾压连续上升施工等特点。

（3）不设纵缝。

（4）碾压混凝土发热量低，温控简单，有利于防裂。同等坝高的全断面通仓浇筑混凝土坝，基础温差控制容易得多，即降温措施更加简单。

在有条件时，宜尽可能采用碾压混凝土筑坝。在坝高较小，坝长较短时，采用碾压混凝土筑坝，因工作面狭窄，需要两套施工设备，增加了施工复杂程度，宜采用常规混凝土筑坝。

观音阁、白石、玉石水库工程均采用碾压混凝土坝。阎王鼻子水库工程，原设计为碾压混凝土坝，由于坝高较小、规模不大、施工仓面狭窄，不便于碾压混凝土（RCD）施工作业，实施阶段改为常规混凝土坝。猴山、大雅河水库工程，由于坝长较短，规模不大，均采用了常规混凝土坝。

第二节　优化混凝土配比

为减少混凝土水化热温升，尽可能加大骨料粒径、优选骨料级配、减少水泥用量。

一、观音阁坝体混凝土配合比优化

观音阁碾压混凝土坝（RCD）坝体结构采用"金包银"型式，外部为常规混凝土，内部为内部碾压混凝土。常规混凝土的上游防渗保护层厚 3m，下游常规混凝土保护层厚 2.5m，基础垫层常规混凝土厚 2m。采用最大骨料粒径为 120mm 的 4 级配混凝土，由于采用低热水泥，90d 龄期常规混凝土绝热温升仅 31.23℃。观音阁坝体混凝土分区设计指标见表 4-2，常规混凝土配合比见表 4-3。

表 4-2 观音阁坝体混凝土分区设计指标

分区	部　位	抗压强度	抗渗性	抗冻性
Ⅰ	上下游水上外表常规混凝土（上游厚 3m，下游厚 2.5m）	C20	W6	F150
Ⅱ	上下游水位变化区外表常规混凝土（上游厚 3m，下游厚 2.5m）	C20	W6	F200
Ⅲ	上下游水下外表常规混凝土（上游厚 3m，下游厚 2.5m）	C20	W8	F150
Ⅳ	基础常规混凝土（厚 2m）	C20	W8	F100
Ⅴ	坝体内部碾压混凝土①	C15	W2	F50
Ⅵ	抗冲刷常规混凝土（溢流面、底孔、闸墩等）	C30	W8	F300

① 停浇模板附近和不便于浇筑碾压混凝土改为常规混凝土，其设计指标与内部碾压混凝土相同。

表 4-3 观音阁大坝常规混凝土配合比

使用部位 水泥品种	配合比设计参数			混凝土材料用量（kg/m³）								
	水胶比	砂率（%）	稠度（cm）	水	灰	砂	粗骨料				外加剂	
							G₁120	G₂80	G₃40	G₄20	木钙（%）	引气剂
上下游水下 粉大 350 号	0.45	25	4±1	95	211	522	237	522	394	394	0.2	4/万
上游水上及下游水位变化区 大坝 525 号	0.45	26	4±1	95	211	545	234	547	391	391	0.2	1/万
基础垫层 粉大 350 号	0.52	27	5±1	95	198	566	232	540	386	386	0.2	4/万

注 粉大水泥为低热粉煤灰水泥，粉煤灰含量 30%；引气剂：上海产 AEA202（液态）。

观音阁坝内部碾压混凝土采用最大骨料粒径为 120mm 的 4 级配混凝土，胶凝材料用量 130kg/m³，其中水泥用量 91kg/m³，粉煤灰用量 39kg/m³，粉煤灰掺量 30%。由于水泥用量较少，90d 龄期碾压混凝土绝热温升仅 20.22℃。观音阁大坝历年所使用的碾压混凝土配合比见表 4-4。

表 4-4　　　　　　　　　　　观音阁大坝历年所使用的碾压混凝土配合比

使用年限	配合比设计参数			混凝土材料用量（kg/m³）								
	水胶比	砂率（%）	VC值（s）	水	胶凝材料		砂率（%）	粗骨料				木钙
					水泥	粉煤灰		G₁120	G₂80	G₃40	G₄20	
1990年	0.54	28	15±5	70	91	39	27	329	494	411	411	0.325
1991年	0.58	29	15±5	75	91	39	52	322	483	402	402	0.325
1992年、1994年、1995年	0.58	28	15±5	75	91	39	30	245	571	408	408	0.325
1993年	0.58	28	15±5	75	91	39	30	163	571	490	408	0.325

注　VC值为碾压混凝土工作度。

二、白石坝体碾压混凝土配合比优化

白石碾压混凝土坝（RCD），坝体结构采用"金包银"型式，外部为常规混凝土，内部为内部碾压混凝土。采用抚顺硅酸盐大坝 525 号低发热量水泥，采用高掺粉煤灰，减少水泥熟料使用量，减少混凝土水化热温升；掺加保塑剂延长混凝土初凝时间，适应 RCD 厚层碾压工法。内部碾压混凝土施工配合比水泥用量 66kg/m³，粉煤灰 110kg/m³，最大绝热温升仅 16.36℃。白石坝体混凝土分区设计指标见表 4-5，内部碾压混凝土实施配合比见表 4-6。

表 4-5　　　　　　　　　　　白石坝体混凝土分区设计指标

分区	部　　位	抗压强度	抗渗性	抗冻性
Ⅰ	上下游水上外表常规混凝土（上游厚 3m，下游厚 2.5m）	C20	W2	F150
Ⅱ	上下游水位变化区外表常规混凝土（上游厚 3m，下游厚 2.5m）	C20	W6	F200
Ⅲ	上下游水下外表常规混凝土（上游厚 3m，下游厚 2.5m）	C20	W6	F150
Ⅳ	基础常规混凝土（厚 2m）	C20	W6	F150
Ⅴ	坝体内部碾压混凝土①	C15	W2	F50
Ⅵ	抗冲刷常规混凝土（溢流面、底孔、闸墩等）	C30	W6	F300

① 停浇模板附近和不便于浇筑碾压混凝土改为常规混凝土，其设计指标与内部碾压混凝土相同。

表 4-6　　　　　　　　　　　白石碾压混凝土实施配合比

混凝土材料用量（kg/m³）							外加剂（%）		
水	胶凝材料		骨料				木钙	AEA202	保塑剂
	水泥	粉煤灰	砂	G₂80	G₃40	G₄20			
68	176		605	623	467	467	0.25	0.059	0.081
	66	110							

三、玉石坝体混凝土配合比优化

玉石碾压混凝土坝（RCD），基础垫层采用厚 2m 四级配常规混凝土，分区 B1；大坝上游面设 3.0m 二级配富胶凝材料碾压混凝土作为防渗层，分区 A2；下游面设 2.0m 二级配富胶凝材料碾压混凝土作为保护层，分区 A2；内部三级配碾压混凝土，分区 A1。施工时上、下游面碾压混凝土 A2 改为常规混凝土 B2。采用抚顺大坝 525 号水泥，元宝山粉煤灰。坝体内部 A1 碾压混凝土最大绝热温升 18.99℃，基础 B1 常规混凝土最大绝热温升 23.99℃，上、下游面常规混凝土最大绝热温升 29.99℃。混凝土分区设计技术指标见表 4-7。混凝土配合比见表 4-8。玉石混凝土绝热温升见表 4-9。

表 4-7 玉石大坝混凝土分区设计指标

工程部位	混凝土分区	抗压强度（MPa）	抗渗性	抗冻性	最大骨料粒径（mm）	备注
上、下游面	B2	20	W6	F150	80	混凝土抗压强度的龄期：除 B4、C3 为 28 天龄期外，其余为 90 天
	A2	20	W6	F150	80	
坝体内部	B3	10	W2	—	80	
	A1	10	W2	—	80	
坝基	B1	15	W6	F100	120	
堰面、闸墩	B4	25（28 天）	W6	F200	40	
桥	C3	20（28 天）		F150	20	

表 4-8 玉石混凝土施工配合比（与设计配合比相同）

混凝土类型	砂率（%）	稠度（cm）	水灰比	胶凝材料总量（kg）	粉煤灰掺量（%）	每立方材料用量（kg）								
						水泥	水	外加剂		砂	G1 120~80	G2 80~40	G3 40~20	G4 20~5	粉煤灰
								木钙	AEA202						
B2	30	5±1	0.45	230	20	184	103	0.575	0.0092	607		438	583	438	46
A2	34		0.45	180	20	144	77	0.45	0.018	733			712	712	36
B4	30	6±1	0.39	300	20	240	116	0.75	0.012	576		554	416	416	60
A1	30		0.56	140	50	70	79	0.35	0.014	638		460	614	460	70

表 4-9　　　　　　　　　　　玉石混凝土绝热温升

编号	初始温度（℃）	最终温升（℃）	表达式
A1	19.8	18.99	$T=\dfrac{18.99t}{5.699+t}$
A2	18.9	29.99	$T=\dfrac{29.99t}{3.72+t}$

四、猴山坝体混凝土配合比优化

猴山混凝土坝采用坝址附近天然级配骨料，绥中电厂生产的优质粉煤灰；抚顺水泥厂生产的 P.MH42.5 中热水泥及葫芦岛渤海水泥有限公司生产的 P.O42.5 普通硅酸盐水泥；选用复合高效型外加剂（LSYT 引气减水剂）。坝体基础及内部混凝土采用四级配，最大骨料粒径为 120mm。基础强约束区及堰面采用抚顺水泥厂生产的 P.MH42.5 中热水泥。

混凝土配合比优化原则为：①选用水化热较低的中热水泥（基础及闸墩堰体混凝土采用 P.MH42.5 中热水泥）；②满足抗压、抗渗、抗冻设计指标前提下，尽量减少水泥掺量，掺加适当比例粉煤灰，尽量降低混凝土的水化热温升；③基础及内部混凝土采用四级配，最大骨料粒径为 120mm，减少水泥用量，降低混凝土水化热温升；④优选复合高效型外加剂（选用 LSYT 引气减水剂），降低混凝土单位水泥用量，以减少混凝土水化热温升。

混凝土设计分区技术指标见表 4-10～表 4-12。

表 4-10　　　　　　猴山溢流坝段坝体混凝土设计分区技术指标

序号	分区类别	工程部位	抗压强度（MPa）		抗冻性（次）		抗渗性	配合比设计要求	
			28d	90d	28d	90d	90d	骨料最大粒径（mm）	含气量（%）
1	Ⅰ	上游面混凝土	—	20	—	200	W6	80	5±1
2	Ⅱ	坝体基础混凝土	—	20	—	100	W6	120	5±1
3	Ⅲ	下游及内部混凝土	—	20	—	100	W6	80	5±1
4	Ⅴ	上游面水下混凝土	—	20	—	150	W6	80	5±1

表 4-11　　　　　　　　　　　猴山挡水坝段坝体混凝土设计分区技术指标

序号	分区类别	工程部位	抗压强度（MPa）		抗冻性（次）		抗渗性	配合比设计要求	
			28d	90d	28d	90d	90d	骨料最大粒径（mm）	含气量（％）
1	Ⅰ	上游面混凝土	—	20	—	200	W6	80	5±1
2	Ⅱ	坝体基础混凝土	—	20	—	100	W6	120	5±1
3	Ⅲ	内部混凝土	—	15	—	50	W2	120	5±1
4	Ⅳ	下游面混凝土	—	20	—	150	W6	80	5±1
5	Ⅴ	上游面水下混凝土	—	20	—	150	W6	80	5±1

表 4-12　　　　　　　　　　　猴山溢流坝段坝体混凝土设计分区技术指标

序号	分区类别	工程部位	抗压强度（MPa）		抗冻性（次）		抗渗性	配合比设计要求	
			28d	90d	28d	90d	90d	骨料最大粒径（mm）	含气量（％）
1	Ⅰ	上游面混凝土	—	20	—	200	W6	80	5±1
2	Ⅱ	坝体基础混凝土	—	20	—	100	W6	120	5±1
3	Ⅲ	下游及内部混凝土	—	20	—	100	W6	80	5±1
4	Ⅴ	上游面水下混凝土	—	20	—	150	W6	80	5±1

　　猴山混凝土配合比设计要求见表 4-13。大坝混凝土推荐配合比见表 4-14。各配合比绝热温升历时表达式见表 4-15。

表 4-13　　　　　　　　　　　　猴山混凝土配合比设计要求

序号	混凝土配合比设计强度等级	分区类别	使用部位	粗骨料级配要求	骨料最大粒径（mm）	备注
1	C₉₀20F200W6	Ⅰ	挡水坝和溢流坝上游面混凝土	三	80	
2	C₉₀20F100W6	Ⅱ	挡水坝和溢流坝坝体基础混凝土	四	120	
3	C₉₀15F50W2	Ⅲ	挡水坝内部混凝土	四	120	
4	C₉₀20F150W6	Ⅳ、Ⅴ	挡水坝和溢流坝下游面、上游面水下混凝土	三	80	
5	C₉₀20F100W6	Ⅲ	溢流坝下游及内部混凝土	三	80	

　　注　1. 含气量要求为 5％±1％，坍落度为 50～70mm。

　　　　2. 挡水坝和溢流坝坝体基础，即Ⅱ区混凝土的配合比采用 2 种水泥（中热硅酸盐水泥、普通硅酸水泥）进行配合比试验。

表4-14　猴山大坝混凝土推荐配合比

试验编号	设计等级	分区类别	使用部位	原材料用量（kg/m³）											拌和物性能			抗压强度（MPa）				极限拉伸（MPa）	28d抗冻性		28d抗渗性	水灰比	砂率（%）	减水剂掺量（%）	粉煤灰掺量（%）
				水泥品种	水泥	水	砂	石（mm）				粉煤灰	外加剂		坍落度（mm）	含气量（%）	容重（kg/m³）	3d	7d	28d	90d		相对动弹模量（%）	相对质量损失（%）					
								5~20	20~40	40~80	80~120		膨胀剂	减水剂															
hs-1	C₉₀20 F200W6	I	挡水坝上下游面混凝土	渤海牌 P.O42.5	179	110	508	434	578	434	—	77	—	3.84	50	4.9	2330	13.0	16.7	28.3	32.1	—	63	1.0	W6	0.43	26	1.5	30
hs-4	C₉₀15 F50W2	III	挡水坝内部混凝土	渤海牌 P.O42.5	143	108	497	333	333	500	500	77	—	2.2	60	4.3	2490	9.8	12.6	21.8	26.9	—	70	0.5	W2	0.48	23	1.0	35
hs-7	C₉₀20 F100W6	II	挡水坝和溢流坝基础混凝土	渤海牌 P.O42.5	169	109	451	320	320	479	479	73	—	2.90	70	4.6	2480	11.7	15.6	29.0	33.2	2.4	76	1.4	W6	0.45	22	1.2	30
hs-10	C₉₀20 F100W6	II	挡水坝和溢流坝基础混凝土	浑河牌 P·M·H 42.5	194	109	451	320	320	479	479	48	—	1.69	70	5.2	2430	10.0	16.2	27.2	33.6	2.5	74	0.2	W6	0.45	22	1.0	20
hs-13	C₉₀20 F100W6	II	挡水坝和溢流坝基础混凝土	渤海牌 P.O42.5	156	109	451	320	320	479	479	73	13.5	2.42	65	4.5	2460	12.7	17.7	28.8	32.8	2.6	70	1.1	W6	0.45	22	1.0	30
hs-16	C₉₀20 F100W6	II	挡水坝和溢流坝基础混凝土	浑河牌 P·M·H 42.5	178	109	451	320	320	479	479	48	16.0	1.69	65	4.5	2450	13.5	18.7	28.5	33.9	2.7	80	1.0	W6	0.45	22	0.7	20
hs-19	C₉₀20 F150W6	IV、V	挡水坝上下游溢流面水下混凝土	渤海牌 P.O42.5	179	115	517	442	589	442	—	77	—	3.07	45	5.0	2355	12.4	17.6	27.0	31.6	—	78	0.6	W6	0.45	26	1.2	30
hs-22	C₉₀20 F100W6	III	溢流坝下游及内部混凝土	渤海牌 P.O42.5	177	119	517	441	588	441	—	76	—	2.53	60	4.8	2340	10.2	14.6	28.2	31.0	—	69	1.0	W6	0.47	26	1.0	30

备注：引气减水剂生产厂家为锦州市凌云外加剂厂，膨胀剂生产厂家为潍坊恒泰建材有限公司

表 4-15　　　　　　　　　　猴山混凝土绝热温升历时表达式

试验编号	28d 实测温升（℃）	初始温度（℃）	函数表达式	最终温升（℃）	备注
HS-7	32.4	23.8	$T=\dfrac{35.5t}{1.363+t}$	35.5	配合比选用《水库大坝混凝土配合比试验报告》中试验编号为 HS-7 的配合比。（渤海牌 P.O42.5，不掺膨胀剂）
HS-10	29.9	12.0	$T=31.0$ $[1-\exp(-0.203t^{1.020})]$	31.0	配合比选用《水库大坝混凝土配合比试验报告》中试验编号为 HS-10。（浑河牌 PM.H42.5，不掺膨胀剂）
HS-13	36.8	19.2	$T=\dfrac{37.9t}{2.751+t}$	37.9	配合比选用《水库大坝混凝土配合比试验报告》中试验报告编号为 HS-13。（渤海牌 P.O42.5，掺加膨胀剂）
HS-16	36.9	13.6	$T=\dfrac{39.1t}{3.062+t}$	39.1	配合比选用《水库大坝混凝土配合比试验报告》中试验编号为 HS-16。（浑河牌 PM.H42.5，掺加膨胀剂）

五、大雅河坝体混凝土配合比优化

大雅河混凝土坝上游面水位变化区和水上、挡水坝段下游水位变化区和水下、上游面水下部位采用四级配混凝土，最大骨料粒径 120mm；挡水坝下游面水上、基础及内部采用三级配混凝土，最大骨料粒径 80mm；溢流面、闸墩、底孔周边及泵送混凝土为二级配，最大骨料粒径 40mm。为减少混凝土水化热温升，减小基础约束应力，Ⅳ区基础混凝土使用了抚顺中热硅酸盐水泥。大雅河坝体混凝土分区及配合比设计要求见表 4-16。大雅河混凝土推荐配合比见表 4-17 和表 4-18。

表 4-16　　　　　　　　　大雅河坝体混凝土分区及配合比设计要求

序号	分区类别	使用部位	混凝土配合比设计强度等级	粗骨料级配要求	骨料最大粒径（mm）	备注
1	Ⅰ	挡水坝下游面水上	$R_{90}300F200$	三	80	
2	Ⅱ	上游面水位变化区及水上挡水坝段下游水位变化区及水下	$R_{90}300F200w8$	四	120	
3	Ⅲ	上游面水下	$R_{90}300F100W8$	四	120	
4	Ⅳ	基础混凝土	$C_{28}200F100w8$	三	80	

序号	分区类别	使用部位	混凝土配合比设计强度等级	粗骨料级配要求	骨料最大粒径（mm）	备注
5	V	内部混凝土	$R_{90}150F100$	三	80	
6	VI	溢流面、闸墩、底孔周边	$R_{28}300F200w8$			
7		防浪墙	$R_{90}300F200$			

六、葰窝加固坝体混凝土配合比优化

葰窝坝体加固工程新浇薄层混凝土，挡水坝段上游面 2～3m 厚、溢流坝段上游面 1m 厚、溢流坝段堰面 1～4.2m 厚及闸墩两侧各 1m 厚，设计指标为 C30F250W6；挡水坝段下游面 0.5m 厚设计指标为 C30F200W4。混凝土试验室配合比试验成果见表 4-19。

第三节　大体积混凝土外掺膨胀抗裂剂及抗裂纤维试验研究与应用

一、MgO 膨胀剂研究现状及大体积混凝土外掺 MgO 应用技术进展

水泥中游离 MgO 的膨胀特性首次引起人们的关注是由于水泥中过高含量的 MgO 水化产生过大的膨胀而引起混凝土破坏。1884 年，法国有许多桥梁建筑物因使用了 MgO 含量高达 16%～30%的水泥，在建成后 2 年就出现了破坏。德国 Cassel 市政大楼也因为水泥中 MgO 含量（达 27%）过高而出现了安定性破坏。从此，水泥中 MgO 含量过高导致安定性不良问题引起人们的关注。对此，研究人员对水泥中死烧游离 MgO 的安定性进行了大量的研究，并限制了水泥中 MgO 的含量。实际上，如果能够控制 MgO 产生膨胀，则可利用膨胀补偿水泥基材料的收缩。1980 年，有学者提出了用 MgO 作为膨胀添加剂，掺入大体积混凝土，利用其水化膨胀产生的化学应力补偿大体积混凝土的温降收缩应力，但这一研究只停留在实验室，没有得到应用。

20 世纪 70 年代初，我国专家开始了对 MgO 混凝土筑坝技术的研究。利用高镁水泥中 MgO 水化产生的延迟膨胀，补偿大坝基础混凝土温降收缩，简化温控措施，降低温控费用，节约工程投资，加快施工进程。为解决高镁水泥受料源条件的限制及更好控制 MgO 的质量，研究者通过单独煅烧菱镁矿制备成作为外掺使用的 MgO 膨胀剂，并在此基础上发展了外掺 MgO 混凝土筑坝技术。此外，还研究了煅烧白云石、蛇纹石等含镁

表 4-17　大雅河混凝土推荐配合比（交通水泥）

标段	配合比设计等级	水胶比要求	水胶比	砂率 (%)	水泥	水	砂	石 5~20	石 20~40	石 40~80		粉煤灰	减水剂	坍落度 (cm)	含气量 (%)	容重 (kg/m³)	7d	28d	90d	抗渗性
I	R$_{90}$300F200	<0.5	0.42	28	210	126	553	426	426	568	0.3	90	3.6	7	4	2330	25.3	32.6	42.3	
II	R$_{90}$300F200W8	<0.4	0.39	28	224	125	547	422	422	563	0.3	96	3.84	7	4	2324	28	35.7	45.9	W8
III	R$_{90}$300F100W8	<0.45	0.42	28	210	126	553	426	426	568	0.3	90	3.6	7	4.2	2330	25.3	32.6	42.3	W8
IV	R$_{28}$300F100W8	<0.45	0.38	27	266	128	524	425	425	566	0.2	67	3.996	7	4.5	2314	29.8	38.2	42.8	W8
V	R$_{90}$150F100W8	<0.6	0.50	30	115	115	617	432	432	575	0.5	115	2.76	8.5	4.3	2279	15.3	23		W8
VI	R$_{28}$300F200W8 二	<0.4	0.40	32	360	145	606	515	773				5.4	6.5	5	2271	34.2	42.1		W8
VII	R$_{28}$300F200W8 三	<0.4	0.38	28	340	130	540	417	417	556			5.1	7	4.4	2333	35	40.3		W8
VIII	C30 三		0.45	28	310	140	546	421	421	562			3.72	7	7	2388	37.1	43.3		
IX	C30 二		0.45	32	330	150	614	522	783				3.96	7		2394	30.9	38.3		
X	C30 泵送二		0.44	41	350	153	778	448	672				7	16	3.5	2333	39	42.1		W8

表 4-18　大雅河混凝土推荐配合比（抚顺水泥）

标段	配合比设计等级	水胶比要求	水胶比	砂率 (%)	水泥	水	砂	石 5~20	石 20~40	石 40~80		粉煤灰	减水剂	坍落度 (cm)	含气量 (%)	容重 (kg/m³)	7d	28d	90d	抗渗性
1	R$_{28}$200F100W8 三	<0.45	0.42	28	150	105	573	442	442	589	0.4	100	3	7	3	2290	16	29.9		W8
2	R$_{90}$150F100 三	<0.6	0.50	30	110	110	621	435	435	580	0.5	110	2.64	8	3.2	2309	12.1	22.1		
3	R$_{28}$300F200W8 二	<0.4	0.40	32	350	140	611	520	779				4.2	5.5	3	2360	30.9	39.7		W8
4	R$_{28}$300F200W8 三	<0.4	0.39	28	330	130	543	419	419	559			3.96	7	3.2	2300	33.3	39.8		W8

表4-19

復窝加固混凝土配合比（试验室）

配合比编号	设计强度	水胶比	砂率	水泥(kg)	粉煤灰(kg)	砂子(kg)	石子(kg)	水(kg)	掺合料 防水剂(kg)	掺合料 纤维(kg)	减水剂(1.2%)	实测坍落度(mm)	含气量	抗压强度 7d	抗压强度 28d	抗压强度 90d	抗压强度 180d
1	C30F250W6	0.39	35%	238	42	704	1306	110	—	—	3.36	120	5.5	23.7	35.8	42.4	
2	C30F200W4	0.38	37%	216	54	750	1278	102	—	—	3.24	130	5.5	20.4	32.6	38.8	
3	C30F250W6	0.39	35%	238	42	704	1306	110	—	—	3.36	120	6.5	24.9	37.4	43.1	
4	C30F200W4	0.38	37%	216	54	750	1278	102	—	1	3.24	130	5.5	22.9	30.1	40.6	
5	C30F250W6	0.39	35%	238	42	704	1306	110	22.4	—	3.63	90	4.0	28.2	37.7	43.7	
6	C30F250W6	0.39	35%	238	42	704	1306	110	28.0	—	3.70	85	4.5	30.1	42.3	48.0	
7	C30F250W6	0.39	35%	238	42	704	1306	110	33.6	—	3.763	70	4.8	32.5	48.1	51.2	
8	C30F200W4	0.38	37%	216	54	750	1278	102	21.6	—	3.499	90	4.1	24.8	33.2	42.7	
9	C30F200W4	0.38	37%	216	54	750	1278	102	27.0	—	3.564	80	4.3	26.4	36.3	45.5	
10	C30F200W4	0.38	37%	216	54	750	1278	102	32.4	—	3.63	80	4.3	28.8	39.7	46.8	
11	C30F250W6	0.39	35%	238	42	704	1306	110	22.4	1	3.629	85	4.8	30.3	38.7	45.4	
12	C30F250W6	0.39	35%	238	42	704	1306	110	28.0	1	3.696	80	5.5	32.3	44.8	49.4	
13	C30F250W6	0.39	35%	238	42	704	1306	110	33.6	1	3.763	80	5.9	33.8	49.7	52.0	
14	C30F200W4	0.38	37%	216	54	750	1278	102	21.6	1	3.499	85	5.0	26.1	35.4	43.5	
15	C30F200W4	0.38	37%	216	54	750	1278	102	27.0	1	3.564	80	5.2	28.4	38.8	46.2	
16	C30F200W4	0.38	37%	216	54	750	1278	102	32.4	1	3.629	70	5.4	31.3	41.3	48.8	

注 本配合比砂石均为饱和面干状态。C30F250W6粉煤灰掺量均为15%，C30F200W4粉煤灰掺量均为20%，外加剂掺量为1.2%。含气量设计：4±0.5%。

矿物来制备 MgO 膨胀剂。

1973 年白山重力拱坝施工过程中，年平均气温 4.3℃，60％的基础混凝土温差超过 40℃，据调查并未产生基础贯穿裂缝。大坝于 1982 年蓄水验收，至今没有漏水现象。经分析主要是所用抚顺大坝水泥中含 4.5％左右 MgO，使混凝土水化后具有延迟性微膨胀特性，减弱了部分岩基对混凝土约束应力。

（一）常规 MgO 微膨胀混凝土筑坝的温度应力补偿的研究

MgO 微膨胀混凝土是在混凝土温控设计与实施过程中提出的课题，因此 MgO 型水泥膨胀机理、混凝土变形规律必须满足温控设计要求，MgO 微膨胀混凝土的补偿作用要以混凝土温度应力理论给予解答。传统的混凝土温度控制是通过降低混凝土温度以减少其降温收缩变形，而 MgO 微膨胀混凝土筑坝则是直接控制混凝土体积变形，补偿其收缩变形，因此 MgO 混凝土筑坝又有其特殊问题。譬如坝体上哪些部位需要补偿、哪些部位可以补偿、什么时候发生膨胀有利、多大膨胀量适当，以及预期补偿效果等，为此需要分析补偿应力在坝内的分布和时间过程，解决这些问题和解决温度应力一样，需要慎重对待，否则处置不当甚至会造成相反效果。

通过对白山工程实测资料分析，并在温度应力有限元计算分析基础上，对 MgO 微膨胀混凝土温度应力补偿效果进行了深入分析研究，得出一些重要结论：

（1）混凝土坝温度应力补偿要求"延迟性"膨胀变形，根据大体积混凝土散热缓慢的特点，要求 MgO 膨胀混凝土在龄期 1 个月左右膨胀 $30 \times 10^{-6} \sim 50 \times 10^{-6}$，半年达到 $100 \times 10^{-6} \sim 150 \times 10^{-6}$，并趋于稳定。膨胀不能过早，以便储存较多的变形能。膨胀过早，譬如膨胀发生在龄期 3d 以前，混凝土弹性模量较低，徐变度过大，即使膨胀变形达几百个微应变，补偿应力是不大的，而且很快被松弛殆尽。

（2）MgO 微膨胀混凝土有效补偿部位，在基础约束区，超过此约束区的 MgO 混凝土不起补偿作用。根据温度应力理论，水化热温降收缩产生的拉应力，发生在距基岩面以上 $(1/4 \sim 1/2)L$ 块长之内，混凝土自生体积变形受基础约束，其受力状态和均匀温降受基础约束相似，只是应力为受压，所谓微膨胀混凝土的温度应力补偿实质上就是指补偿这个部位的约束温度应力。老混凝土约束区情况和基础约束区大体一样。

（3）坝块长度对补偿应力的影响。在温控水平较低时，往往要求减小坝块长度，以减小温度应力，高坝则需设纵缝，蓄水前进行二期冷却和灌浆。采用 MgO 混凝土可以加大块长，取消纵缝，由此增加的温度应力可用膨胀变形产生的预压应力予以补偿。在相同的基础约束条件下，补偿应力不随坝块长度而改变，可调整 MgO 混凝土的参数来提高补偿效果。此结论为通仓浇筑提供了理论依据。

（4）浇筑层厚度和间歇时间对补偿应力的影响。薄层长间歇以利顶面散热，是传统温控重要的一项措施，采用 MgO 混凝土可以加大层厚、缩短间歇时间，由此而增大的温度应力，可用 MgO 混凝土予以补偿，此结论提供了连续浇筑的理论依据。

（5）没有必要用 MgO 混凝土防止表面裂缝。MgO 混凝土可以提供均匀的膨胀变形，但在坝体上部超出基础约束区，均匀变形不产生应力。若要防止表面裂缝，则须应用"差膨胀混凝土"，即表面浇 MgO 混凝土，内部浇常规混凝土，利用内部混凝土的约束作用，在表层产生预压应力。但在高温季节将增大内部拉应力，对大坝不利，不如采用表面保温简单合理。当然更不该只在内部浇微膨胀混凝土，以免把坝胀裂。

（二）MgO 膨胀剂的膨胀机理

关于 MgO 膨胀机理主要有两种理论：

（1）晶体生长压理论：MgO 水化过程中首先在 MgO 颗粒表面形成以 Mg^{2+} 和 OH^- 为主要成分的过饱和溶液，并结晶形成细小的 $Mg(OH)_2$ 晶粒，由于具有较大的溶解度，这些细小的 $Mg(OH)_2$ 晶粒会重结晶形成较大的晶粒。随着 MgO 的不断水化和细小晶粒的不断溶解，$Mg(OH)_2$ 晶体不断生长，由于颗粒界面和空隙尺寸的限制，$Mg(OH)_2$ 晶体的生长受到限制并产生结晶压力，成为 MgO 膨胀的主要驱动力，影响结晶生长压的主要因素是 $Mg(OH)_2$ 的位置、溶解度以及 Mg^{2+} 的扩散特性。

（2）吸水肿胀理论：MgO 水化产生的凝胶态 $Mg(OH)_2$ 细小晶粒具有较大的比表面积，能够吸附大量的水分产生体积膨胀。

此外，还有局部化学反应理论，固相反应理论和进入溶液反应理论等。

目前，MgO 膨胀剂的膨胀机理提出，MgO 膨胀剂膨胀是 $Mg(OH)_2$ 晶体的肿胀力和结晶压力共同作用的结果。利用水化热仪、DTA、DSC、XRD 等仪器进行分析，在水化早期，$Mg(OH)_2$ 晶体很细小，浆体膨胀的主要因素是吸水肿胀力，随 $Mg(OH)_2$ 晶体的长大，晶体的结晶生长压力转变为膨胀的主要动力；膨胀量主要取决于生成的 $Mg(OH)_2$ 晶体存在的位置，其次是 $Mg(OH)_2$ 晶体的尺寸。此外，基于孔溶液对 Mg^{2+} 扩散速率影响的 MgO 水泥膨胀模型认为，在高碱环境中，OH^- 浓度高，Mg^{2+} 只需扩散很短距离就达到过饱和度，使 $Mg(OH)_2$ 在 MgO 颗粒表面附近生长，生长相对集中，因此产生较大的膨胀。在低碱环境下，Mg^{2+} 扩散速率大，$Mg(OH)_2$ 晶体生长相对分散，因此产生的膨胀较小。后有研究结果表明，MgO 膨胀剂自身结构（孔结构、晶粒尺寸等）与其水化膨胀特性密切相关，MgO 膨胀剂颗粒自身体积膨胀是其导致水泥浆体体积膨胀的直接原因。在此基础上，提出了考虑 MgO 膨胀剂自身结构特点的水化膨胀模型。

结合 MgO 水泥化学机理展开研究，结果证实，白山重力拱坝所用的抚顺水泥产生膨胀变形确实是 MgO 引起的，在显微镜下可以看到方镁石结晶，并测得其级配，颗粒大多在 5μm 以下。通过测长和差热分析，表明此种水泥在 50℃水中养护，28d 有 50% 方镁石水化，肯定了混凝土自生体积变形大部分发生在龄期半年左右，半年后趋于稳定。通过白山大坝 15、17 号坝段混凝土取样表明，水泥中 MgO 已经水化生成了 $Mg(OH)_2$，进一步肯定抚顺水泥中 MgO 是膨胀的主要原因，并根据反应动力学理论，论证了抚顺水泥能够在龄期半年左右而不是几十年内膨胀，这是由于大坝施工期温度高达 40～50℃，大大加速了水化反应速度的结果。

（三）MgO 微膨胀混凝土的物理、力学性能和长龄期变形的研究

MgO 具有延迟膨胀的特性已被工程界所认识并应用于补偿大体积混凝土的温降收缩。长期研究证明，掺适量的 MgO 能够有效的补偿混凝土因温降、干燥等引起的收缩，其长期的体积变形与力学性能是稳定的，膨胀曲线均匀，且无倒缩现象。掺适量 MgO 的混凝土抗压强度、抗折强度、弹性模量等物理力学性能有所改善（如图 4-1 所示），其抗渗性、抗冻性等耐久性能也有所提高。特别是在约束状态下，膨胀混凝土的力学性能与耐久性能均有不同程度的改善。

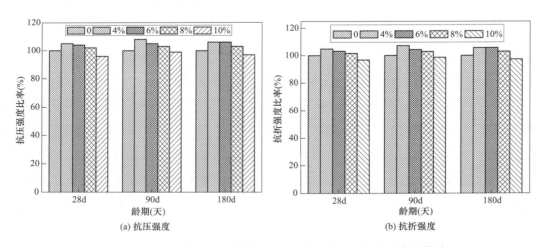

图 4-1　MgO 膨胀剂在不同掺量下对混凝土抗压和抗折强度的影响

所测抚顺水泥自生体积变形 20 余年观测系列以及外掺 MgO 混凝土观测资料，充分表明 MgO 型水泥或膨胀剂有较好的延迟膨胀性能，而且长期稳定。试验研究表明，在常温条件下，外掺 MgO 混凝土的力学变形和耐久性（抗冻、抗渗、抗冲磨、抗侵蚀、

抗碳化等）都比普通混凝土的各项力学性能有所提高，其中约束抗渗性可提高好几倍。MgO 混凝土的徐变和极限拉伸较普通混凝土大 15％以上。早期干缩率比普通混凝土的小，这对大坝混凝土抗裂十分有利。外掺 MgO 对水泥水化热和混凝土的各项热学性能以及热膨胀系数的影响不大。温度对 MgO 混凝土力学性能影响较大。当温度从 20℃升至 40℃时，不掺 MgO 混凝土的拉压强度分别增长 11％和 12％；掺 MgO 混凝土的拉压强度分别增长 15％和 19％；受约束混凝土的拉压强度分别增长 26％和 30％。约束抗压强度增长速率为非约束混凝土的抗压强度的 1.6 倍，约束抗拉强度则为 1.7 倍。该试验反映了工程中受到约束和水化温升共同作用的情况。因此可以判定工程中受约束混凝土的各项力学性能一定会有较大的提高。MgO 混凝土的自生体积膨胀变形是随着 MgO 掺量的增加而增大，随观测龄期的延长而增加。温度对膨胀速率及膨胀量的影响较大，其规律是随着养护温度的增高而变形增大，高温的自生体积变形比常温的要大几倍。在常温下水化越慢的方镁石，温度对其水化速率的影响就越大。外掺 MgO 混凝土的变形稳定时间比内含高镁水泥的要提前得多，一般是在半年至一年之间基本稳定。通过长龄期的自生体积变形观测和混凝土长龄期学与变形试验结果说明：MgO 混凝土的自生体积变形是稳定的，它既不会产生无限膨胀，又不会出现收缩现象，其长期膨胀变形总是趋于稳定的。MgO 混凝土长龄期的力学性质是安定的，膨胀对混凝土的长期力学性能的影响不大。通过长期观测说明：外掺 MgO 混凝土的自生体积膨胀变形是稳定的，不会产生二次膨胀。

（四）机口外掺 MgO 微膨胀混凝土拌和均匀性的研究

将一定细度的 MgO 按一定掺量，在拌和混凝土时与其他材料同时加入拌和机中拌和，简称机口外掺 MgO。机口外掺 MgO 工艺是否可靠，关键在于混凝土混合物中 MgO 微粒的分布是否均匀。如何检验混凝土中 MgO 分布的均匀性，需要有一整套灵敏、准确、稳定、可靠且简单易行的检测方法和指标。为此，研究了物理检验和化学检验两种方法以检测混凝土中 MgO 的含量，通过室内试验和石塘工程现场试验检验，两种方法都取得了满意的结果。结果表明：在不需改变现有混凝土生产工艺流程和不增加混凝土拌和时间的条件下，机口外掺 MgO 工艺完全可以满足混凝土工程的质量要求，而且对膨胀剂的生产、质量、运输、储存、混凝土膨胀量调节以及工程应用均具有较大的灵活性和经济效益。此外，试验研究还得到以下几点结论：①机口外掺 MgO 膨胀剂工艺、工艺简单、均匀性好、能满足大体积混凝土施工要求，机口外掺工艺可以在工程上推广应用；②东北海城轻烧 MgO 可用作机口外掺 MgO 膨胀剂材料；③机口外掺

MgO 膨胀混凝土中 MgO 含量测定，宜采用化学小样品法，建议每个试样不超过 2g，每盘混凝土在不同部位上取样总数应满足数理统计要求。否则不能反映混凝土局部最小质点的 MgO 含量和总体分布情况。

（五）碾压 MgO 微膨胀混凝土筑坝技术的研究进展

结合 132m 高沙牌拱坝碾压混凝土的技术要求，对胶材中内含 MgO 与外掺 MgO 碾压混凝土的力学与变形性能进行研究。在东风水泥生产中提高 MgO 含量，使该水泥具有延迟性膨胀作用，另外，在使用白花水泥时，重点是采用外掺 4%～5%MgO 的办法，以达到增加微膨胀量的目的。沙牌碾压混凝土自生体积变形试验成果见表 4-20。

表 4-20　　　　　　　　　　沙牌碾压混凝土自生体积变形试验成果表

水泥品种	胶材用量 (kg/m³)	粉煤灰掺量 (%)	MgO 掺量 (%)	自生体积变形（$\times 10^{-6}$）					养护温度 (℃)
				7d	28d	60d	90d	180d	
东风中热 425 号	178	50	0	5	7	12	—	—	20
	178	50	2	7	16	24	—	—	20
	178	50	3	13	24	34	—	—	20
	178	50	4	17	30	44	—	—	20
白花中热 425 号	178	50	4	20	40	53			20
	178	40	5	18	36	46	53	70	20
	178	40	5	38	72	92	103	111	40
	178	40	6	25	43	53	60	78	20
	178	50	7	28	51	71	83	96	20

由表 4-20 可知，东风水泥碾压混凝土 20℃养护 60d 膨胀量为 12×10^{-6}，表明该水泥是无收缩性的；碾压混凝土的自身体积变形随 MgO 掺量或含量的增加、养护温度提高及养护龄期的延长，其膨胀量随之增大。在粉煤灰掺量 50% 时，东风水泥掺 3% 及 4%MgO 后 60d 龄期膨胀量分别为 34×10^{-6} 及 44×10^{-6}；白花水泥掺 4%MgO 后 60d 龄期膨胀量达 53×10^{-6}；白花水泥中掺 40% 粉煤灰及 5%MgO，碾压混凝土养护温度 40℃ 与 20℃ 比较，90d 龄期膨胀量增加 94%，180d 膨胀量增加 59%。此外，采用扫描电镜与能谱分析（SEM/EDS）及压汞测孔等现代测试技术，对沙牌碾压混凝土的微观结构进行了测试与分析，得出结论：外掺 MgO 后，碾压混凝土中砂浆体总孔体积降低，平均孔半径减小，表明 MgO 微膨胀剂水化后形成 $Mg(OH)_2$，产生了微膨胀并填充了部分孔隙。东风水泥与白

花水泥比较，没有掺 MgO 时，东风水泥碾压混凝土中砂浆体总孔体积低于白花水泥，但东风水泥外掺 3‰MgO 的碾压混凝土较白花水泥外掺 4‰MgO 的碾压混凝土总孔体积大，这与自生体积变形结果相吻合，即东风水泥因内含部分游离 MgO，故表现为微膨胀性（即无收缩性）。但外掺 3‰MgO 的东风水泥碾压混凝土自身体积变形小于外掺 4‰MgO 的白花水泥碾压混凝土，这是因为前者外掺 MgO 数量低于后者，更主要的是前者胶材中混合材（包括水泥中低碱性钢渣）高于后者，抑制膨胀作用要大些。

结合铜街子和沙牌水电站对长期荷载下的碾压混凝土变形特性进行了研究和探讨。试验材料一部分结合铜街子水电站，所用水泥为峨眉 525 号大坝水泥，粉煤灰为宜宾豆坝电厂灰，砂石骨料为铜街子工地葫芦坝料场所产河砂与砾石，外加剂为吉林开山屯木钙；另一部分结合沙牌水电站，所用水泥为东风 425 号水泥和白花 425 号水泥，华能成都电厂的粉煤灰，砂石骨料为沙牌水电站长河坝花岗岩人工骨料，外加剂为四川复合外加剂 FT。混凝土的配合比见表 4-21。试验所用水泥与粉煤灰的化学成分见表 4-22。碾压混凝土自生体积变形值见表 4-23。

表 4-21　　　　　　　　　混凝土的配合比表

混凝土类别	编号	设计标号	水灰比	配合比	胶凝材料（kg/m³）		外加剂	工作度	说明
					水泥	粉煤灰			
碾压	A1	R_90 100#	0.52	1：4.41：10.8	65	85	MG0.25%	10s	第一次试验
	A2	R_90 150#	0.49	1：3.98：10.23	75	85	MG0.25%	11s	
	A3	R_90 200#	0.46	1：3.59：9.71	85	85	MG0.25%	12s	
	A4	R_90 250#	0.42	1：3.16：8.99	95	90	MG0.25%	11s	
常规	B1	R_90 100#	0.66	1：3.54：10.61	80	80	MG0.25%	5.0cm	
	B2	R_90 150#	0.64	1：3.35：10.59	97	65	MG0.25%	5.5cm	
	B3	R_90 200#	0.61	1：3.03：9.62	125	53	MG0.25%	5.5cm	
	B4	R_90 250#	0.58	1：2.9：9.18	149	37	MG0.25%	6.3cm	
碾压	C1	R_90 200#	0.53	1：4.27：8.29	89	89	FT0.7%	8s	第二次试验
	C2	R_90 200#	0.53	1：4.27：8.29	89	89	FT0.7%	8s	

注　1. 第一次试验为峨眉 525 号大坝水泥，豆坝粉煤灰；第二次试验为东风 425 号水泥（C1）和白花 42 号水泥（C2），成都灰。

　　2. C1 外掺 3%MgO，C2 外掺 4%MgO。

表 4-22　　　　　　　　　　　试验所用水泥与粉煤灰的化学成分表

名称	化学成分（%）						
	SiO_3	Fe_2O_3	Al_2O_3	CaO	MgO	SO_3	fCaO
峨眉	21.82	5.99	4.90	61.08	1.22	2.0	0.66
东风	20.44	5.53	6.05	63.13	3.84	0.3	1.17
白花	22.64	5.69	4.17	63.59	2.13	0.4	0.5
成都灰	53.09	9.14	25.20	2.21	1.38	1.13	—
豆坝灰	48.95	19.60	13.90	6.71	0.70	0.79	—

表 4-23　　　　　　　　　　　碾压混凝土自生体积变形值表

编号	龄期						
	3d	7d	15d	30d	60d	90d	$180d \times 10^{-6}$
A1	0.5×10^{-6}	-0.1×10^{-6}	-1.4×10^{-6}	-3.6×10^{-6}	-5.5×10^{-6}	-6.5×10^{-6}	-9.6×10^{-6}
A2	1.5×10^{-6}	0.2×10^{-6}	-2.5×10^{-6}	-5.5×10^{-6}	-6.8×10^{-6}	-7.3×10^{-6}	-9.8×10^{-6}
A3	3.5×10^{-6}	1.0×10^{-6}	0.0	-3.8×10^{-6}	-8.1×10^{-6}	-9.9×10^{-6}	-11.5×10^{-6}
A4	2.0×10^{-6}	1.5×10^{-6}	-0.8×10^{-6}	-3.6×10^{-6}	-8.3×10^{-6}	-8.7×10^{-6}	-12.7×10^{-6}
B2	-1.4×10^{-6}	-5.0×10^{-6}	-5.2×10^{-6}	-6.7×10^{-6}	-9.0×10^{-6}	-9.7×10^{-6}	-11.7×10^{-6}
B3	1.2×10^{-6}	1.4×10^{-6}	0.5×10^{-6}	-6.3×10^{-6}	-16.6×10^{-6}	-23.5×10^{-6}	-26.6×10^{-6}
B4	-0.5×10^{-6}	-3.2×10^{-6}	-7.0×10^{-6}	-21.0×10^{-6}	-33.0×10^{-6}	-38.6×10^{-6}	-43.4×10^{-6}
C1	4.0×10^{-6}	11.4×10^{-6}	16.0×10^{-6}	24.2×10^{-6}	34.0×10^{-6}		
C2	6.5×10^{-6}	20.0×10^{-6}	27.5×10^{-6}	40.6×10^{-6}	53.0×10^{-6}		

　　试验得出以下主要结论：混凝土的自生体积变形主要是由于胶凝材料和水化反应后，反应物与生成物的密度不同所致。生成物密度小于反应物密度，表现为自生体积膨胀，反之则表现为自生体积收缩。碾压混凝土的自生体积变形多表现为收缩。从第一次试验结果可以看出，碾压混凝土初期有少量膨胀变形，几天后呈收缩变形，100～200d龄期之间，自生体积变形较为平缓，200d后收缩变形有增大趋势。与常规混凝土一样，碾压混凝土自生体积变形也随混凝土胶凝材料用量增加而增大。一般而言，碾压混凝土的自生体积变形明显小于常规混凝土，相同设计强度混凝土，碾压混凝土自生体积变形较常规混凝土小30%～60%，这是因为碾压混凝土胶凝材料用量较少和水胶比较小的缘故。若胶凝材料中含有膨胀成分，碾压混凝土自生体积变形也会表现膨胀。这点可从第二次试验中看出，在粉煤灰掺量为50%时，掺3%MgO的东风水泥60d龄期自生体积变形达34×10^{-6}，掺4%MgO的白花水泥60d龄期的自生体积变形达到53×10^{-6}。这可有效地提供补偿拉应力，有利于提高碾压混凝土的抗裂性。

采用不同品种的水泥拌制的碾压混凝土，具有不同的自生体积变形性质。由于碾压混凝土具有水泥用量少，高掺粉煤灰等特点，因此，胶凝材料的安定性、MgO 的合理掺量、外掺 MgO 微膨胀碾压混凝土的自生体积变形能力以及对大坝基础混凝土温度应力的补偿作用等问题，有着与常规 MgO 微膨胀混凝土不同的规律。

（六）外掺氧化镁微膨胀混凝土的工程应用

MgO 混凝土筑坝技术已在我国广泛应用于填塘堵洞、导流洞封堵、大坝基础处理、重力坝基础约束区、高压管道外围回填、碾压混凝土坝的垫层、垫座及上游防渗体、防渗面板、拱坝全坝外掺 MgO 等数十个大中型水利水电工程的不同部位应用，并且均获得了成功。

从地域看，已在我国广东、四川、贵州等省的不同气候条件下成功使用，有在冬季、夏季施工的，也有跨季节施工的。

工程量从几千立方米到近 30 万 m^3；施工工艺有常规混凝土台阶法和碾压混凝土两种；坝型有重力坝、拱坝、面板堆石坝等；MgO 掺量从 3.5%～6.5%，其膨胀量多在 120×10^{-6}～240×10^{-6} 之间，均取得显著的技术经济和社会效益。

我国全坝外掺 MgO 混凝土快速施工建成拱坝工程成绩显赫。

青溪水电站大坝高 51.5m，坝体混凝土 14 万 m^3，设计浇筑温度 23℃，采用 MgO 混凝土筑坝技术，补偿设计包括两部分：①全坝基础约束区浇筑 MgO 混凝土，防止大坝基础贯穿裂缝，其高度为 7～8m，相当于坝块长度的 1/2 左右，取消加冰拌和等降温措施，浇筑温度放宽到 31℃；②坝面进行全年保温，防止表面裂缝。

MgO 掺量为每方混凝土加 10.75kg 或 8.6kg，相当于胶凝材料重量的 5%。大坝无应力计实测混凝土自生体积变形值多数为 80×10^{-6}～100×10^{-6}，应变计测得基础约束应力 0.8MPa，最终达到 1.4MPa，补偿应力可达到 0.6MPa。青溪水电站共用 MgO500t，MgO 混凝土施工投资为加冰降温投资的 56%。收到了良好的经济效益。

水口水电站大坝高 101m，底宽 72m，原设计设一条纵缝，混凝土允许最高温度 31～33℃，允许入仓温度 11～16℃，降温措施有水管冷却、骨料预冷、加冰拌和。补偿设计原采用通仓浇筑，72m 块长不设纵缝，后由于缆机不能正常投产，又恢复设缝方案，将浇筑温度提高到 19～24℃。

水口大坝共浇筑 MgO 混凝土 7.5 万 m^3，共用 MgO650t，MgO 掺量为每方混凝土加 7.4kg，相当于胶凝材料重量的 4.4%～4.8%。大坝无应力计实测混凝土自生体积变形值一般为 40×10^{-6}～60×10^{-6}，未掺 MgO 的常规混凝土自生体积变形为 20×10^{-6}～

30×10^{-6}，有效膨胀变形可达 $60\times10^{-6}\sim80\times10^{-6}$，提供补偿应力 $0.3\sim0.5$MPa。

（七）采用氧化镁混凝土筑坝的经济效益

（1）摒弃传统需分横缝、长间歇、预埋冷却水管等诸多制约筑坝速度的施工工艺，真正做到快速施工，实现长块、厚层、通仓连续（或短间歇）浇筑。

（2）可简化施工工艺，缩短工期，降低工程造价，加快我国水力资源开发和水电工程建设，有巨大社会效益。

（3）省去温控措施、缩短工期节省工程开支、减少贷款利息。

（4）提前发电，发电站装机容量越大，其经济效益更为显著。

（八）相关规程规范

DL/T 5296—2013《水工混凝土掺用氧化镁技术规范》

CBMF 19—2017《混凝土用氧化镁膨胀剂》

T/CECS 540—2018《混凝土用氧化镁膨胀剂应用技术规程》

DB52/T 720—2011《全坝外掺氧化镁混凝土拱坝技术规范》

DB44/T 703—2009《外掺氧化镁混凝土不分横缝拱坝技术导则》

能源部、水利部、水利水电规划设计总院《水利水电工程轻烧氧化镁材料品质技术要求》

二、白石、阎王鼻子工程外掺 MgO 微膨胀混凝土的试验研究

（一）外掺 MgO 几个具体问题

1. 选材

水工混凝土外掺 MgO 采用水工专用轻烧氧化镁粉，采用回转窑轻烧氧化镁粉，对煅烧温度、细度及 CaO 含量等都有一定要求，使用时测定其活性及其他成分，需满足 DL/T 5296—2013《水工混凝土掺用氧化镁技术规范》及《水利水电工程轻烧氧化镁材料品质技术要求》的要求。

2. MgO 安定掺量的确定

外掺 MgO 水泥的物理、力学性能试验，其 MgO 含量按式（4-1）确定，即

$$MgO \text{ 含量}(\%)=\frac{MgO \text{ 质量}}{\text{水泥质量}+\text{混合材质量}} \tag{4-1}$$

式中：MgO 质量应包括水泥中 MgO 质量和外掺 MgO（水泥中 MgO 含量低于 1.5% 者，MgO 质量不计）。

水泥（包括混合材）安定性试验，按 GB/T 750—1992《水泥压蒸安定性试验方法》

的规定进行。水泥压蒸膨胀率，普通水泥不超过 0.5%、矿碴水泥不超过 0.8% 为合格，但须检验试件有无翘曲、弯曲、微裂缝。

MgO 安定掺量，根据各种 MgO 掺量和压蒸膨胀率的关系曲线确定，当超过某一掺量，试件压蒸膨胀率突然增大时（即曲线上的拐点），应将此掺量乘以 0.8～0.95 的安全系数，作为安定掺量的上限。

（二）大坝混凝土外掺 MgO 水泥压蒸试验及 MgO 掺加量的确定

白石碾压混凝土坝采用抚顺大坝 525 号中热水泥，阎王鼻子碾压混凝土坝采用锦西产 425 号普通硅酸盐水泥；两坝均采用元宝山电厂一级粉煤灰；海城镁矿反射窑轻烧 MgO。

抚顺大坝 525 号中热水泥及锦西产 425 号普通硅酸盐水泥组分材料化学成分及熟料矿物见表 4-24 和表 4-25，元宝山一级粉煤灰品质检测结果见表 4-26。

表 4-24　　　　抚顺大坝 525 号中热水泥组分材料化学成分及熟料矿物组成

成分	SiO_2	Fe_2O_3	Al_2O_3	CaO	MgO	SO_3	fCaO	C_3S	C_2S	C_3A	C_4AF
%					4.5	1.89		55.1	20.8	4.42	15.1

表 4-25　　　　锦西 425 号普通硅酸盐水泥组分材料化学成分及熟料矿物组成

材料	成分										
	SiO_2 (%)	Fe_2O_3 (%)	Al_2O_3 (%)	CaO (%)	MgO (%)	SO_3 (%)	fCaO (%)	C_3S (%)	C_2S (%)	C_3A (%)	C_4AF (%)
熟料	21.1	4.83	5.41	62.8	4.0		0.35	52.2	20.1	6.09	14.7
天然石膏	7.62	0.05	2.10	30.3	3.02	36.2					

表 4-26　　　　元宝山一级粉煤灰品质检测结果

项目		表观密度 (g/cm³)	细度 (45μm 方孔筛)（%）	烧失量 （%）	需水量比 （%）	SO_2 含量 （%）
一级粉煤灰	标准值	—	≤12	≤5	≤95	≤3
	实测值	2.21	8.5	0.22	91	0.76

本次安定性压蒸试验分别进行了纯水泥外掺 MgO 净浆、常规混凝土配比胶凝材料外掺 MgO 净浆以及碾压混凝土配比胶凝材料外掺 MgO 净浆压蒸试验。全部试验按照 GB/T 750—1992《水泥压蒸安定性试验方法》的规定进行。

试验结果如图 4-2 和图 4-3 所示。根据膨胀率试验结果，并观察试件的颜色、声音及有无翘曲情况，确定常规混凝土及碾压混凝土 MgO 合适掺量分别为 2%～3% 及 3%～4%。

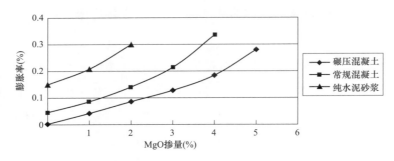

图 4-2　抚顺大坝 525 号水泥压蒸试验结果

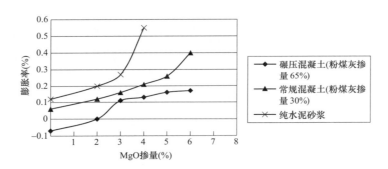

图 4-3　锦西 425 号普通水泥压蒸试验结果

（三）外掺 MgO 微膨胀混凝土自生体积变形试验研究

1. 试验方法

本试验按 SDJ 105—1982《水工混凝土试验规程》及 SL 48—1994《水工碾压混凝土试验规程》进行。用镀锌铁板材料制成试件桶，内衬 1mm 后的胶皮，将应变计垂直固定在试模中心，把拌和物湿筛后分三层装入密封桶，振动密实，加盖密封，并同时测其变形。

2. 原材料与混凝土配比

（1）原材料。

1）水泥：白石碾压混凝土坝采用抚顺大坝 525 号中热水泥，阎王鼻子碾压混凝土坝采用锦西产 425 号普通硅酸盐水泥。

2）粉煤灰：采用元宝山电厂电收尘一级粉煤灰。

3）氧化镁：辽宁海城镁矿反射窑轻烧 MgO。

4）砂：大凌河天然河砂。

5）石子：白石碾压混凝土坝采用天然河卵石和人工破碎玄武质安山岩碎石混合料，阎王鼻子碾压混凝土坝采用天然河卵石。

（2）混凝土配合比。混凝土配合比见表 4-27。

表 4-27　　　　　　　　　　　　　　混凝土配合比表

工程名称/水泥品种	混凝土种类	试验编号	设计强度等级 90d (MPa)	胶凝材料 (kg/m³)		水 (kg/m³)	砂 (kg/m³)	石 (kg/m³)	MgO (%)	外加剂 (%)	
				水泥	粉煤灰						
白石/抚顺大坝 525 号水泥	内部碾压混凝土	A2	15	66	112	71	624	1429		MG0.25	AEA0.08
	内部碾压混凝土（外掺 MgO）	Au	15	66	112	71	624	1429	4	MG0.25	AEA0.08
	基础常规混凝土	B1	20	105	87	90	548	1640		MG0.30	AEA0.015
阎王鼻子/锦西 425 号水泥	基础常规混凝土（外掺 MgO）	YA-6	15	126	54	95	470	1668	4	MJS0.3	
	上游面碾压混凝土	YA-7	20	126	64	80	632	1474		MJS0.6	TMS4
	内部碾压混凝土	YF-7	10	60	110	78	572	1629		MJS0.2	

采用抚顺大坝 525 号中热水泥的白石碾压混凝土坝，混凝土自生体积变形试验结果见表 4-28 及图 4-4。混凝土自生体积变形试验结果表明，内部碾压混凝土 180d 的自生体积变形为 12.6×10^{-6}。内部碾压混凝土外掺 4%MgO 膨胀剂时，自生体积变形早期膨胀量增大，到 180d 时，膨胀变形值为 30×10^{-6}。基础常规混凝土观测 180 天的自生体积变形值为 16×10^{-6}。可见碾压混凝土外掺 MgO 后，180d 龄期膨胀变形增加了 17.4×10^{-6}，外掺 MgO 碾压混凝土膨胀变形效果明显；膨胀变形具有延迟性；再次验证了抚顺大坝水泥的微膨胀性能。

采用锦西 425 号普通硅酸盐水泥的阎王鼻子碾压混凝土坝，混凝土自生体积变形试验结果见表 4-29 及图 4-5。混凝土自生体积变形试验结果表明，碾压混凝土后期有 $20 \times 10^{-6} \sim 30 \times 10^{-6}$ 的收缩量；常规混凝土不掺 MgO 时，后期有 $10 \times 10^{-6} \sim 20 \times 10^{-6}$ 的膨

表 4-28　白石碾压混凝土坝（抚顺大坝 525 号水泥）混凝土自生体积变形试验结果

编号	部位	龄期（d）								
		3	15	30	45	60	90	120	150	180
A2	内部	-0.52×10^{-6}	-0.69×10^{-6}	2.93×10^{-6}	9.13×10^{-6}	9.18×10^{-6}	10.34×10^{-6}	10.63×10^{-6}	11.60×10^{-6}	12.60×10^{-6}
Au	内部+MgO	2.89×10^{-6}	6.13×10^{-6}	13.24×10^{-6}	22.95×10^{-6}	23.07×10^{-6}	26.31×10^{-6}	29.72×10^{-6}	29.90×10^{-6}	30.00×10^{-6}
B1	基础	-0.34×10^{-6}	-0.45×10^{-6}	-0.28×10^{-6}	6.02×10^{-6}	6.19×10^{-6}	9.34×10^{-6}	12.72×10^{-6}	14.40×10^{-6}	16.00×10^{-6}

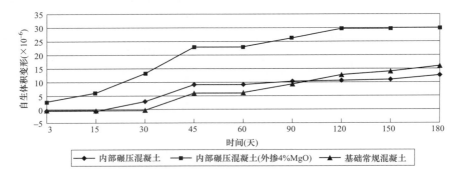

图 4-4　混凝土自生体积变形历时曲线（抚顺大坝 525 号水泥）

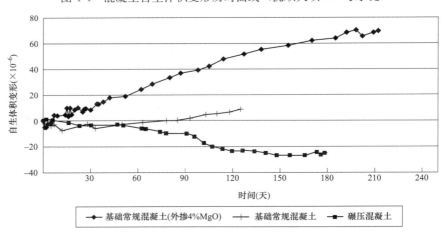

图 4-5　混凝土自生体积变形历时曲线（锦西 425 号水泥）

胀量；当常规混凝土外掺 4‰MgO 时，后期可达到 $60\times10^{-6}\sim70\times10^{-6}$ 的膨胀量。可见由该种水泥配制的碾压混凝土的自生体积变形是收缩的，与基岩约束温度应力叠加后，将使大坝基础约束区运行期的应力状况进一步恶化，对大坝防裂很不利。基础常规混凝土外掺 4‰MgO，后期可增加约 50×10^{-6} 膨胀量，符合外掺 MgO 常规混凝微膨胀性能的规律。

两坝的内部碾压混凝土配比中胶凝材料用量基本相当，而自生体积变形差距较大，采用锦西 425 号普通硅酸盐水泥配制的碾压混凝土的自生体积变形是收缩的，采用抚顺大坝 525 号水泥配制的碾压混凝土的自生体积变形是膨胀的，说明从防裂的角度来说，采用抚顺大坝水泥优于采用锦西普通硅酸盐水泥。

表 4-29　阎王鼻子碾压混凝土坝（锦西 425 号水泥）混凝土自生体积变形试验结果

试验编号	不同历时的自生体积应变							
	历时（d）	自生体积应变（×10⁻⁶）	历时（d）	自生体积应变（×10⁻⁶）	历时（d）	自生体积应变（×10⁻⁶）	历时（d）	自生体积应变（×10⁻⁶）
YA-6 基础常规 混凝土 （外掺 4%MgO）	0	0	17	9.92	38	14.66	127	51.76
	1	−5.18	18	4.74	42	17.89	138	55.42
	2	−5.18	20	8.61	52	18.96	155	58.46
	3	−2.59	22	10.12	62	24.35	170	62.35
	5	−1.73	25	6.89	69	28.45	185	64.09
	7	4.30	26	9.04	80	33.42	192	68.52
	9	3.87	27	9.48	87	36.86	198	70.36
	14	4.52	30	8.40	98	39.23	202	65.62
	15	9.92	34	13.15	105	42.26	209	68.54
	16	3.28	35	12.94	114	47.88	212	68.73
YA-7 基础常 规混凝土	0	0	12	−7.75	78	−0.13	118	6.48
	1	−2.22	28	−2.69	85	0.13	125	8.70
	3	−3.63	33	−6.13	93	1.62		
	5	−4.04	50	−3.03	103	4.55		
	7	−3.03	63	−1.58	110	5.20		
YF-7 内部碾压 混凝土	0	0	47	−2.91	96	−11.97	141	−24.86
	1	0	51	−3.71	102	−17.51	148	−26.78
	2	1.51	62	−6.03	107	−19.73	156	−26.88
	6	0.40	65	−6.43	113	−21.54	166	−26.89
	16	−1.50	74	−8.45	119	−23.35	173	−24.07
	23	−3.92	78	−9.96	126	−22.75	176	−26.79
	30	−3.51	91	−9.85	134	−23.56	180	−24.77

三、外掺 MgO 微膨胀混凝土在阎王鼻子坝体镶嵌部位的应用

（一）工程概况

阎王鼻子水库混凝土重力坝，最大坝高 34.5m，坝顶长 383m，共分 20 个坝段。多

年平均气温 8.4℃，1 月多年平均气温−10.7℃，7 月多年平均气温 24.7℃。主体工程于 1997 年 4 月开始浇筑混凝土，1999 年 9 月下闸蓄水，1999 年年末基本建成。

（二）采用掺加 MgO 微膨胀混凝土的可行性

抚顺大坝 525 号水泥及锦西 425 号普通硅酸盐水泥，均内含 4.5％MgO，其自身具有延迟性微膨胀性能，使用该种水泥拌制的常规混凝土，后期有 $10×10^{-6}$～$20×10^{-6}$ 的膨胀量。掺加一定量的粉煤灰，总胶凝材料有所增加，水泥熟料相对较少，压蒸试验显示，使用各种水泥拌制的混凝土，均可外掺 2％～4％MgO，后期可产生 $60×10^{-6}$～$70×10^{-6}$ 的膨胀量，对混凝土后期因温度下降所引起的收缩起到有效补偿。MgO 外掺技术容易实现，能够保证混凝土的均匀性，加之 MgO 运距近、价格低、投资小。综上，在坝体镶嵌部位使用 MgO 微膨胀混凝土是可行的。

（三）温度应力有限元仿真计算

选择 6 号挡水坝段及 14 号溢流坝段作为典型坝段进行二维有限元温度应力仿真计算，分别考虑了混凝土浇筑温度、边界保温、升程过程、计入水压、坝体自重、水化热温升、自生体积变形及徐变等荷载作用的不同组合情况。计算结果显示，外掺 MgO 将在坝体基础部位产生 0.3～0.5MPa 的补偿应力。

（四）外掺 MgO 的工程应用

采用抚顺 525 号大坝水泥，每方混凝土中水泥 130kg，粉煤灰 83kg，胶凝材料总量 213kg，外掺 5.3kgMgO，占胶材总量的 2.5％。由于抚顺大坝 525 号水泥自身内含 4.5％MgO，外掺后 MgO 含量不超过净水泥含量的 6％。采用拌和楼直接外掺，搅拌时间增加 20～30s。

左岸 1～8 号坝段镶嵌岩内常规混凝土外掺 MgO。左岸 1～2 号坝段，岩石采用预裂爆破陡边坡开挖，整个坝段完全镶嵌在岩石之中；3～8 号坝段坝基 3～5m 深镶嵌在岩石中。11～13 号坝段坝基断层底宽 12m，深 4m，走向顺水流方向。该部位基础填塘采用外掺 MgO 常规混凝土。坝体镶嵌部位采用满槽浇筑混凝土。

四、猴山坝外掺膨胀抗裂剂及抗裂纤维的试验研究与应用

（一）试验研究目的

实践经验表明，大坝混凝土浇筑后 5 天内一般不容易发生裂缝，如果仓面暴露时间过长，在昼夜温差及寒潮作用下，则容易出现早期裂缝，一般 10 天左右最容易产生裂缝。而大坝高部位混凝土浇筑，由于仓面多，层间间隔时间加长，极容易出现早期裂缝。分析早期裂缝产生的原因，一方面是由于混凝土凝结硬化过程中，水泥水化热作用，3～5天内温度达到最高，之后缓慢下降，此时混凝土内外温差较大，同时，混凝土浇筑初期自生体积变形有一定的收缩，在内部约束及下层混凝土对上层混凝土的外部约束作用下，使新浇筑层混凝土产生较大的早期拉应力。另一方面，掺加粉煤灰混凝土早期抗拉强度较低，且增长较缓慢。当混凝土中拉应力大于允许拉应力时，导致混凝土早期裂缝的产生。

猴山混凝土大坝有限元仿真计算结果表明，由于溢流堰面、闸墩部位表面无法进行长期保温防护，在施工期保温层拆除后，将产生 3.4MPa 拉应力，混凝土表面难免出现裂缝。

参考国内外大坝防裂研究成果，可以采取混凝土中掺加纤维，增加其极限拉伸值，提高其抗裂能力；混凝土中掺加膨胀抗裂剂，增加其自生体积变形值，补偿混凝土因温度降低收缩以及堰面下部老混凝土约束而产生的约束应力，减小运行期混凝土表面拉应力，达到减免混凝土早期及运行期裂缝的目的。

（二）抗裂纤维选材

混凝土中掺加的抗裂纤维一般包括钢纤维、聚丙烯纤维（pp 丙纶）和聚丙烯腈纤维（A-acrylic 腈纶）等。

钢纤维混凝土是在普通混凝土中掺入乱向分布的短钢纤维所形成的一种新型的多相复合材料。这些乱向分布的钢纤维能够有效地阻碍混凝土内部微裂缝的扩展及宏观裂缝的形成，显著地改善混凝土的抗拉、抗弯、抗冲击及抗疲劳性能，具有较好的延性。

普通钢纤维混凝土的纤维体积率在 1％～2％ 之间，每立方米混凝土中约 100kg，较之普通混凝土，抗拉强度提高 40％～80％，抗弯强度提高 60％～120％，抗剪强度提高 50％～100％，抗压强度提高幅度较小，一般在 0～25％ 之间，但抗压韧性却大幅度提高。普通钢纤维市场价格约 5000 元/t。

聚丙烯纤维（pp 丙纶）是目前工程上使用最多最普遍的抗裂纤维，聚丙烯腈纤维（A-acrylic 腈纶）使用的相对较少。

聚丙烯纤维属于工程纤维中的微纤维，当量直径一般为 20～50μm，由聚丙烯或聚丙烯腈及多种有机、无机材料，经特殊的复合技术精制而成，产品在混凝土中可形成三维乱向分布的网状承托作用，使混凝土在硬化初期形成的微裂纹在发展过程中受到阻挡，难以进一步发展。从而可提高混凝土的断裂韧性，改善混凝土的抗裂防渗性能，是砂浆、混凝土工程抗裂、防渗、耐磨、保温的新型理想材料。

聚丙烯纤维比重为 0.91，强度高，抗拉强度可达 200～300MPa，弹性模量 3400～3500MPa，完全不吸水，为中性材料，与酸碱不起作用，熔点 160～170℃，燃点 590℃。掺加在混凝土中的聚丙烯纤维长度一般为 12～30mm，直径几十微米。当掺量仅为混凝土体积的 0.1% 时，在 $1m^3$ 混凝土中可以有数百万根至数千万根纤维随机分布，使混凝土性能得到很大改善。根据国内外的试验研究和工程应用经验，与常规混凝土比较，聚丙烯纤维混凝土有以下几方面的特点：

（1）防止或减少混凝土收缩裂缝的产生。

（2）改善混凝土的变形特性和韧性。

（3）对混凝土强度性能的影响。试验证明，加入聚丙烯纤维，并不能提高混凝土的静力强度。但国外的试验表明，由于韧性改善，抗冲击能力可以提高 2 倍以上，抗磨损能力也可提高 20%～105%。

（4）提高了混凝土的耐久性。由于聚丙烯纤维混凝土能大大减少裂缝发生和使裂缝细化，从而使混凝土的抗渗能力得到较大提高。根据国内外试验，掺加纤维后，混凝土渗漏可减少 25%～79%，抗渗标号从 W10 提高到 W14。抗渗性能的改善必然使混凝土的抗冻融能力得到提高。许多文献还介绍了聚丙烯纤维混凝土能显著减少海水等侵蚀性环境对钢筋的锈蚀作用。

关于聚丙烯纤维混凝土在紫外光辐射下的寿命问题，国外一般认为，对混凝土或水泥制品不存在紫外老化问题。加拿大国家科学研究院建筑研究所的詹姆斯·皮奥都恩在《纤维混凝土手册》一书中指出：虽然聚丙烯在紫外线照射下将发生老化，但聚丙烯纤维水泥复合物在受到相当于若干年自然阳光的紫外线照射下，没有强度损失。英国 Surrey 大学研究纤维混凝土的专家汉南博士在他的一项长期研究中，进行了聚丙烯纤维复合水泥薄板人工气候老化试验。采用的复合板材中聚丙烯纤维体积含量达到 4%～8%，该板材放置在室内和露天自然条件下，在龄期分别为 1、6、12 月和 2、3、5、10 年时，测定了材料的弯曲韧度和弯曲应力。结论是：在 10 年时间内，未觉察到材料的老化。应当说，这种复合材料由于聚丙烯含量很高，老化对其性能的影响远比含量仅为 0.1% 的一般纤维混凝土要大得多。因此可以认为气候老化对聚丙烯纤维混凝土性能的影响是很小的。

（5）聚丙烯纤维混凝土的施工性能。国内外大量实践表明，聚丙烯纤维混凝土的施工与常规混凝土没有大的不同，一般的施工方法都适用于聚丙烯纤维混凝土。但聚丙烯纤维混凝土在相同配合比下，坍落度比普通混凝土要降低 30% 左右。有的文献指出，聚丙烯纤维混凝土泌水速度降低，收面作业应比普通混凝土晚一些进行。

　　由于聚丙烯纤维混凝土具有上述良好的技术经济指标，在国内外得到了迅速而广泛的应用。20 世纪 80 年代初，美国出现了第一个用于水泥制品的聚丙烯纤维专利商标 Fibermesh，目前已有美、英、韩等国的产品。工程应用最初是在美国的军事工程，但很快发展到民用工程，主要是在板式结构中采用，如房建中的地坪、地下室底板和墙、路面、桥梁铺装层、机场跑道、停机坪等。在水利工程中，美国已在坝工修补、灌溉渠道衬砌、边坡防护等工程中进行了应用。由于聚丙烯纤维混凝土比普通混凝土有较高的黏稠性，用在喷射混凝土中，不但可以提高性能，还可以减少回弹损失，应用也日益广泛。我国是从 20 世纪 90 年代初开始引进，最初用于公路、桥梁工程，后来在房建中也越来越多的得到应用。目前国内已有多家工厂生产聚丙烯纤维以满足各行业不同混凝土施工需要。白溪水库二期面板全部用国产改性聚丙烯铺装层，获得纤维混凝土的成功经验。二滩水电站将聚丙烯纤维混凝土用于泄洪洞表面，抑制了混凝土龟裂，提高了混凝土的耐磨性能，取得良好效果。三峡大坝 120 栈桥铺垫层用聚丙烯纤维混凝土代替钢纤维混凝土，聚丙烯纤维掺入量为 $0.7kg/m^3$ 混凝土，混凝土标号 C50，水灰比 0.33，坍落度 5～7cm，水泥用量 $485kg/m^3$，用水量 $160kg/m^3$，砂率 45%，外加剂 102%，满足工程要求。

　　聚丙烯纤维掺量范围：$0.6～1.8kg/m^3$，用于混凝土抗裂一般为 $1.0kg/m^3$。聚丙烯纤维价格 50～65 元/kg。

　　由于钢纤维价格昂贵，聚丙烯腈纤维混凝土研究的较少，且价格较聚丙烯纤维略高，从经济、技术、力学性能、施工性能、国内外研究和工程应用各方面分析，抗裂纤维采用聚丙烯纤维较合适。

　　（三）试验研究内容

　　（1）混凝土膨胀抗裂剂采用海城回转窑轻烧氧化镁粉，对煅烧温度、细度及 CaO 含量等都有一定要求，使用时测定其活性及其他成分，满足《水利水电工程轻烧氧化镁材料品质技术要求》的要求。抗裂剂 MgO 掺量 2%～4%、抗裂纤维采用聚丙烯纤维，掺量 $1.0kg/m^3$。

　　（2）不掺加抗裂纤维和抗裂剂混凝土 28、90、180 天龄期的极限拉伸、弹性模量、抗压、抗冻、自生体积变形试验。

　　（3）掺加抗裂纤维混凝土 28、90 及 180 天龄期的极限拉伸、弹性模量、抗压、抗冻试验。

（4）掺加抗裂剂混凝土 28、90、180 天龄期的极限拉伸、弹性模量、抗压、抗冻、自生体积变形试验。

（5）掺加抗裂纤维和抗裂剂混凝土 28、90、180 天龄期的极限拉伸、弹性模量、抗压、抗冻、自生体积变形试验。

（四）试验混凝土配合比

试验采用的混凝土配合比见表 4-30。

表 4-30 混凝土配合比

设计强度			C30W6F200 混凝土
水胶比			0.39
砂率（%）			32
每立方米混凝土材料用量（kg/m³）	水		154
	总胶材		230
	水泥		296
	粉煤灰		99
	砂		564
	5～20mm		479
	20～40mm		718
	减水剂		3.95
实测坍落度（mm）			55
含气量（%）			4.7
7d 抗压强度			28.7
28d 抗压强度			39.8

（五）试验成果

自生体积变形试验结果如图 4-6 和表 4-31 所示。不掺抗裂剂混凝土自生体积变形至 2592h（108d），达到-20.41×10^{-6}收缩变形；掺加 3% 抗裂剂混凝土自生体积变形至 2592h（108d），达到 76.82×10^{-6}膨胀变形。掺加 MgO 膨胀抗裂剂效果显著。

弹性模量、抗压强度、抗冻性能、抗拉强度、极限拉伸试验成果见表 4-32。

掺加纤维使混凝土 90 天龄期抗裂允许拉应力从 2.55MPa 增加到 3.40MPa；掺加 3% MgO＋纤维使混凝土 90 天龄期抗裂允许拉应力从 2.55MPa 增加到 4.23MPa。可见，掺加纤维对提高混凝土抗裂能力效果显著。掺加纤维同时掺加 MgO，将进一步提高混凝土抗裂能力。

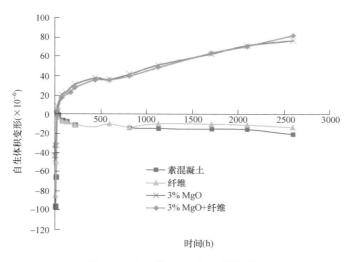

图 4-6　自生体积变形试验结果图

表 **4-31**　自生体积变形试验结果表

素混凝土		纤维		3% MgO		3% MgO+纤维	
试验时间(h)	自生体积变形($\times10^{-6}$)	试验时间(h)	自生体积变形($\times10^{-6}$)	试验时间(h)	自生体积变形($\times10^{-6}$)	试验时间(h)	自生体积变形($\times10^{-6}$)
2	−96.25	1.5	−84.14	2	−42.92	1.5	−33.81
5.5	−95.84	3.5	−84.48	4	−46.84	3.5	−41.51
12	−65.49	10	−48.87	10.5	−32.11	10	−31.06
24	0.00	24	0.00	24	0.00	24	0.00
32	−0.30	32	−2.38	31	8.83	30	4.43
78	−5.69	78	−6.96	77	20.44	76	17.22
124	−7.71	124	−7.23	123	22.90	173	23.10
220	−10.64	219	−10.69	219	31.03	218	27.66
443	−12.80	442	−12.66	442	37.59	441	35.71
590	−10.13	589	−9.88	589	36.09	588	35.59
816	−13.48	816	−13.04	816	41.58	816	39.64
1128	−14.69	1128	−9.09	1128	51.26	1128	48.62
1704	−15.06	1704	−10.07	1704	62.92	1704	63.70
2088	−15.22	2088	−10.68	2088	71.65	2088	70.94
2592	−20.41	2592	−12.76	2592	76.82	2592	82.15

表 4-32　　　　弹性模量、抗压强度、抗冻性能、抗拉强度及极限拉伸试验结果

检测项目	弹性模量 (GPa)			抗压强度 (MPa)		抗冻性能						抗拉强度 (MPa)		极限拉伸值 (×10⁻⁶)		允许抗拉强度 $\sigma \leqslant \varepsilon E/K$	
						28d		90d		180							
	28d	90d	180	28d	90d	相对动弹模量(%)	质量损失率(%)	相对动弹模量(%)	质量损失率(%)	相对动弹模量(%)	质量损失率(%)	28d	90d	28d	90d	28d	90d
未掺纤维和MgO	26.0	33.0	—	37.5	45.3	75.5	2.6					2.10	2.97	82.7	115.9	1.43	2.55
纤维	26.2	33.7	—	38.0	44.7	85.6	1.3					2.58	3.59	96.6	151.3	1.69	3.40
3% MgO	26.1	29.4	—	34.8	41.2							1.69	2.72	77.6	90.1	1.35	1.77
3% MgO+纤维	26.1	31.1	—	36.5	44.5							2.16	3.07	99.6	135.9	1.73	4.23

（六）工程应用

猴山混凝土坝建设过程中，堰面混凝土中掺加了 1.0kg/m³ 聚丙烯纤维。按照允许拉应力公式计算，掺加纤维后混凝土允许拉应力为 3.40MPa，恰好等于有限元计算得出的堰面拉应力，故堰面混凝土中没有掺加氧化镁膨胀抗裂剂。施工期，由于各种因素作用，堰面混凝土仍然出现一些裂缝，后进行了化学灌浆及表面封闭处理。在此高估了堰面混凝土的抗裂能力，留下了遗憾。

第四节　MgO 膨胀剂工业化生产与性能研究

一、MgO 膨胀剂工业化生产

MgO 膨胀剂的反应活性主要决定于其晶体尺寸大小，而 MgO 晶体大小主要取决于其煅烧工艺。一般来说，煅烧温度越低，MgO 晶体尺寸越小，其反应活性越高。目前我国 MgO 膨胀剂的制备主要有立窑、沸腾炉和回转窑。采用立窑烧成，入窑物料块大，煅烧温度难以控制，导致制备的轻烧 MgO 质量不稳定，有的过烧甚至死烧，有的欠烧的问题；沸腾炉主要用于煅烧粒度 5mm 以下的菱镁矿，煅烧效率较低，易产生大量灰尘，且煅烧 MgO 膨胀剂产品比较单一，适合煅烧活性值低的产品；由于回转窑可以根

据工艺控制实现不同活性MgO膨胀剂的生产，其采用天然气为燃料，以CNZ稳压系统和红外比色高温温度监控系统可控制窑内温度精度在$T\pm30℃$，物料受热均匀，MgO膨胀剂质量稳定。优选粒径在3~5cm范围的块料物料，煅烧温度在800~1100℃范围，煅烧时间在0.5~3h范围，经过特殊的粉体冷却系统建立其急冷制度，从而稳定MgO膨胀剂晶体形貌，制备出了具有不同活性的高膨胀能的MgO膨胀剂，活性指数可生产在60~300s范围内，且定制化生产活性精度可达到$\pm20s$。因而，选择回转窑煅烧工艺更能保证产品的质量稳定性。

武汉三源特种建材有限责任公司在营口建设MgO回转窑生产基地，厂区周边原矿资源丰富，菱镁矿的品质高（MgO含量大于45%），储量大，且原矿开采厂家较多，有较大的择优空间，具有稳定的原材料供应保障。MgO生产基地占地50亩，工艺线布局合理。菱镁石矿石在堆场按照进厂标准进行存放，合格的菱镁石矿石经皮带输送机输送并送入预热器顶部料仓。预热器顶部料仓有4个下料管，通过下料管将菱镁石矿石均匀分布到预热器各个室内。菱镁石矿石在预热器被650℃窑烟气加热到500℃左右，约有30%分解率，经液压推杆推入回转窑内，菱镁石矿石在回转窑内在清洁能源天然气精确的温度控制下进行煅烧，分解为MgO和CO_2。分解后生成的MgO熟料进入冷却器，在冷却器内被自然冷却。经热交换的200℃热空气进入窑内。废气经引风机进入袋式除尘器，再经排风机进入烟囱。冷却后的MgO熟料经振动喂料机、链斗输送机、胶带输送机输送进入熟料存储库。化验室检测人员每隔30min对熟料进行取样检测，根据检测情况进行分别存放。煅烧生产使用燃料为清洁能源天然气，通过天然气运输车运送至厂区，通过调压设置和燃烧器阀组控制，为窑体煅烧输送燃料。用天然气燃料大大简化了燃料制成工艺带的工序。相比于传统煤粉燃料，具有能耗小、污染小、工艺简单、利用率高、发热量稳定等优点。

经过大量的试验和工程应用发现，利用回转窑法煅烧MgO膨胀剂，采用天然气作为燃料，煅烧温度均匀，可确保熟料质量的均匀性和稳定性。可根据使用环境（地区、温度、湿度等）和混凝土结构的不同，设计不同掺量和活性，灵活调控混凝土膨胀性能和规律。同时，可差异化定制，实现不同条件下产品膨胀和混凝土收缩协调发展，全周期同步补偿，根据不同的混凝土强度等级、结构尺寸、浇筑温度、服役环境等，设计不同掺量和活性的MgO膨胀剂，可实现不同工况条件下产品膨胀和混凝土收缩全周期的协调补偿。其膨胀水化产物在工程环境中溶解度低（$0.0009g/100gH_2O$），热稳定性好（分解温度不小于350℃），物理化学性质十分稳定。

二、MgO 膨胀剂性能的影响因素

MgO 的膨胀性能主要包括膨胀开始及终止时间、膨胀速率和膨胀量几个方面。煅烧温度与保温时间是影响 MgO 膨胀性能的重要因素。水泥熟料煅烧温度高达 1450℃，其中游离 MgO 处于死烧状态，在常温下水化速度很缓慢，开始引起膨胀往往需要一年或几年时间。而作为膨胀剂用轻烧 MgO 的煅烧温度低于 1200℃，其水化速度快于死烧 MgO，在常温下便会水化产生膨胀。研究发现煅烧菱镁矿的温度越高，方镁石水化速度越慢，产生延迟膨胀，早期产生的膨胀越小，但后期的膨胀量却增大。王侠在研究煅烧温度对 MgO 水化活性时发现，煅烧温度越高，MgO 水化活性越低，认为这是由于在高温下 MgO 结晶越完整，晶格畸变变少的缘故，但没有提供确切的数据。莫立武等的研究发现煅烧温度与保温时间影响 MgO 膨胀剂膨胀性能的本质原因是煅烧温度与时间影响了 MgO 晶体自身结构及单颗 MgO 颗粒中各细小 MgO 颗粒间的黏结结构，进而影响 MgO 晶粒自身水化活性和 MgO 水化反应时的反应界面的面积。

（一）煅烧温度的影响

图 4-7 为掺 800、900、1000、1100℃煅烧菱镁矿 1h 制备的不同活性 MgO 膨胀剂的水泥砂浆试件在不同温度水养护条件下的限制膨胀率。图中 Ref. 代表空白实验组，M 代表掺入氧化镁膨胀剂组，M 后面第一位数字 1、2、3 和 4 分别代表煅烧温度为 800、900、1000℃和 1100℃，第二位代表掺量，第三位代表养护温度（2 代表 20℃，4 代表 40℃，6 代表 60℃），例：M254 代表 900℃煅烧 1h 制备的 MgO 膨胀剂，5wt.％掺量，40℃水养护。由图 4-7 可见，MgO 膨胀剂煅烧温度越高，砂浆限制膨胀率越低。随着 MgO 膨胀剂掺量的增加，限制膨胀率增大。MgO 膨胀剂的煅烧温度越高，在 40℃条件下 30d 前砂浆限制膨胀率越低，30d 后砂浆限制膨胀率越大。在 60℃条件下，掺不同温度煅烧 MgO 膨胀剂的砂浆 7d 前限制膨胀率差别不大，7d 后随煅烧温度升高，限制膨胀率越大。可见，煅烧温度对 MgO 最终膨胀率大小影响较大。此外，养护温度对 MgO 膨胀剂的膨胀也有显著影响，对于相同煅烧温度制备的 MgO 膨胀剂，养护温度越高，膨胀越快。MgO 膨胀剂的煅烧温度越高，养护温度对其限制膨胀率和最终膨胀值影响越大。其煅烧温度对 MgO 膨胀剂膨胀性能有着重要影响。

（二）养护温度的影响

养护温度对 MgO 的水化速度和膨胀有较大的影响。水泥熟料中方镁石在 20℃水中养护 90d 时，其水化程度约为 20％，300d 的水化程度只有 40％左右；而在 50℃养护条件下，28d 的水化程度为 40％，90d 的水化程度高达 70％，300d 时基本水化完全。Gonnerman 等在研究含 9.9％ MgO 水泥时发现，该水泥浆体在常温水中养护 10 年的膨胀率

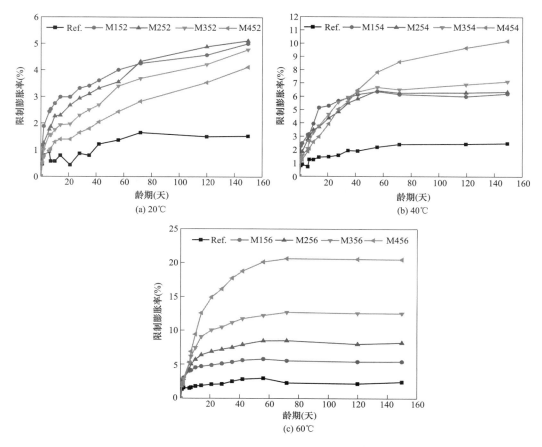

图 4-7　20、40 和 60℃水养护掺 5wt.%不同活性 MgO 膨胀剂的水泥砂浆限制膨胀曲线

为 0.36%，在常温水中养护 5 年后再在 177℃环境中养护 24h 的膨胀率为 0.49%，而在 216℃标准压蒸条件下的膨胀率则大于 10%。可见，养护温度越高，MgO 水化速率越快，其膨胀速率与膨胀量也越大。在高温条件下，MgO 水化速度加快，短时间产生相对较多的 Mg^{2+}，Mg^{2+} 来不及向颗粒周围扩散，而形成更大的过饱和度，产生更大的晶体生长压，从而产生较大的膨胀。

（三）颗粒大小的影响

MgO 颗粒的大小对其膨胀性能有较大的影响。研究发现水泥中方镁石颗粒越大，使浆体产生膨胀所需 MgO 的量越少。当方镁石颗粒尺寸小于 5μm 时，产生膨胀需要 4%～6% 的方镁石，而当方镁石颗粒尺寸为 30～60μm 时，产生膨胀仅需要 1% 的方镁石。对于外掺的 MgO 而言，MgO 颗粒粒径越小，则早期膨胀越大；颗粒粒径越大，则早期膨胀较小，但后期膨胀增大。

（四）矿物掺合料的影响

粉煤灰等矿物掺合料、混凝土配合比等也对膨胀有一定的影响。MgO 掺量相同时，粉煤灰掺量越高，膨胀越小，这可能是由于粉煤灰对 MgO 的膨胀产生了一定的抑制作用。

图 4-8～图 4-10 分别为粉煤灰对掺 R、M 和 S 型 MgO 膨胀剂胶砂限制膨胀率的影响。其中图（a）和图（b）分别为 20℃和 40℃水养条件下的试验结果。由图可知，粉煤灰掺加后均对试件的限制膨胀率起到抑制作用，并且随着粉煤灰掺量的增加，抑制效果更加显著。原因可能是粉煤灰的掺入降低水泥浆体的碱度，影响 MgO 的水化进程和 $Mg(OH)_2$ 的结晶习性，进而影响其膨胀性能。此外，粉煤灰后期的二次火山灰反应也会对 MgO 的膨胀性能造成影响。

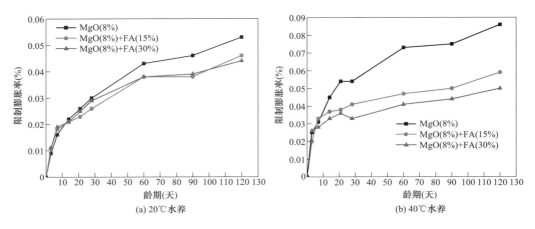

图 4-8 FA 对掺 R 型 MgO 膨胀剂胶砂限制膨胀的影响

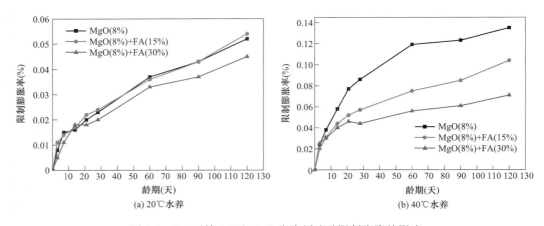

图 4-9 FA 对掺 M 型 MgO 膨胀剂胶砂限制膨胀的影响

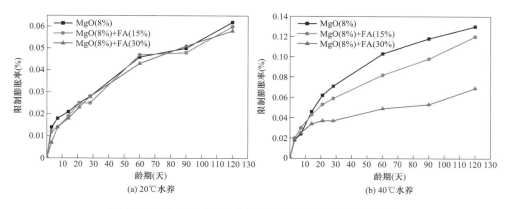

图 4-10　FA 对掺 S 型 MgO 膨胀剂胶砂限制膨胀的影响

三、掺 MgO 膨胀剂混凝土的体积安定性

体积安定性是 MgO 混凝土的一个重要性能。当 MgO 膨胀剂掺量过大时，则可能产生过度膨胀，从而引起混凝土的体积安定性不良。由于 MgO 膨胀剂所产生的膨胀持续时间较长，为快速评估掺 MgO 混凝土体积的安定性，需要采用加速试验使 MgO 在短时间内完全水化。

（一）压蒸法

目前，采用压蒸试验法是对外掺 MgO 膨胀剂进行安定性评估的方法之一，压蒸试验方法是通过高温高压促使 MgO 在较短时间大部分水化完成，与实际工程条件差别较大，但目前而言，仍是在保证 MgO 充分水化前提下，开展快速试验判定的唯一有效方法，因此采用压蒸试验仍是比较合理的方法。试件压蒸膨胀率不大于 0.5%，即为安定性合格，反之不合格。压蒸膨胀率为 0.5% 对应的 MgO 掺量即为 MgO 的极限掺量。

表 4-33 为混凝土压蒸试验结果。从表 4-33 中可以看出，随着 MgO 膨胀剂掺量增加，混凝土膨胀率增大。随着 MgO 活性降低，极限掺量逐渐变小；活性为 80s 的 MgO 膨胀剂极限掺量为 14wt.%；活性为 120s MgO 膨胀剂极限掺量为 7wt.%；活性为 160s 的 MgO 膨胀剂极限掺量为 8wt.%；活性为 210s MgO 膨胀剂极限掺量为 7wt.%；活性为 260s 的 MgO 膨胀剂极限掺量为 5wt.%。通过试验数据可以看出，不同活性的氧化镁膨胀剂所对应的极限掺量并不相同，因此工程应用中，氧化镁膨胀剂的掺量需要根据其实际情况进行相关试验确定，不能一概而论。

（二）高温养护法

高温养护法作为另一种评定氧化镁膨胀剂安定性的方法，主要是采用 80℃水养护掺 MgO 膨胀剂混凝土的方法进行加速试验，综合膨胀、抗压和抗折强度作为评定安定性的指标，与压蒸法相比，其反应温度较低，也需要更长的试验周期。

表 4-33 混凝土压蒸安定性试验结果

MgO		混凝土		
		掺量（wt.%）	膨胀率（%）	安定性
R	80s	13	0.32	合格
		14	0.34	合格
		15	0.55	膨胀率不合格
M	120s	7	0.39	合格
		8	0.79	有裂纹，不合格
	160s	8	0.36	合格
		9	0.58	有裂纹，不合格
S	210s	7	0.20	合格
		8	0.41	有裂纹，不合格
	260s	4	0.10	合格
		5	0.38	合格
		6	0.99	有裂纹，不合格

图 4-11 为不同掺量 R 型（80s）、M 型（160s）、S 型（260s）MgO 膨胀剂混凝土在

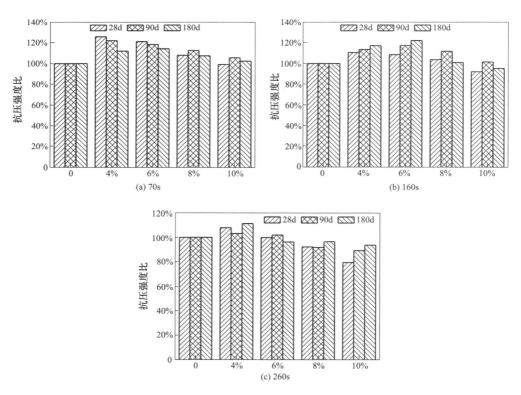

图 4-11 C30 混凝土不同掺量 MgO 在 80℃水养条件下强度

80℃高温水养条件下不同龄期的抗压强度比。由图 4-11 分析可知，在 80℃水养条件下，随着 MgO 膨胀剂掺量增大，混凝土抗压强度比减小。在 MgO 膨胀剂掺量小于 8wt.％时，对混凝土强度无不利影响，甚至有所提高；当掺量达到 10wt.％时，其强度相对于空白组有所降低，但是均没有超过 10％。

第五节　本　章　小　结

大体积混凝土宜尽量选用低发热水泥，以削减其发热量，降低绝热温升，达到简化温控和节省投资的目的。混凝土中掺加一定量的粉煤灰，可以降低水泥用量，减少发热量，降低绝热温升。优先选用满足规范要求的电吸尘粉煤灰作为混凝土的掺合料。满足规范要求的外加剂通常使用以木质磺酸盐为主要成分的塑化剂，使用引气剂以提高混凝土的抗冻性。常规混凝土与碾压混凝土坝型比较时，坝高和坝长较大的混凝土坝，优先采用碾压混凝土坝。碾压混凝土单方水泥用量不足 100kg，水化热绝热温升仅 16～20℃，有利于大体积混凝土防裂。

试验表明掺加纤维使 C30W6F200 混凝土 90 天龄期抗裂允许拉应力从 2.55MPa 增加到 3.40MPa，对提高混凝土抗裂能力效果显著。

通过在生产混凝土时加入适量的、特制的轻烧 MgO，制成具有延迟性微膨胀特性水工微膨胀混凝土，延迟性的微膨胀变形可补偿大体积混凝土的自生体积收缩变形、温度收缩变形，对于大体积混凝土防裂具有较好的作用。MgO 掺量需满足压蒸安定性合格标准，尽可能达到温控设计的膨胀量。通过外掺 MgO 和优选水泥品种，可以得到比较理想的自生体积膨胀变形过程线。研究证明外掺氧化镁混凝土的力学、热学、变形、耐久性等性能都优于普通混凝土，且具有长期稳定性，自生体积变形长期稳定，不会发生无限膨胀。

抚顺大坝 525 号水泥及锦西 425 号普通硅酸盐水泥，均内含 4％～5％MgO，其自身具有延迟性微膨胀性能，混凝土自生体积变形试验结果表明，使用该两种水泥拌制的常规混凝土，后期有 10×10^{-6}～20×10^{-6} 膨胀变形。采用抚顺大坝 525 号中热水泥拌制的碾压混凝土，不掺 MgO 膨胀剂时，内部碾压混凝土 180d 的自生体积变形为 12.6×10^{-6}。内部碾压混凝土外掺 4％MgO 膨胀剂时，到 180d 膨胀变形值为 30×10^{-6}。可见碾压混凝土外掺 MgO 后，180d 龄期膨胀变形增加了 17.4×10^{-6}。采用锦西 425 号普通硅酸盐水泥拌制的碾压混凝土，混凝土自生体积变形试验结果表明，碾压混凝土后期有

$20 \times 10^{-6} \sim 30 \times 10^{-6}$ 的收缩变形。通过水泥压蒸试验证明，使用各种水泥拌制的混凝土，均可适量外掺 MgO，常规混凝土 MgO 合适掺量为 $2\% \sim 3\%$，碾压混凝土 MgO 合适掺量为 $3\% \sim 4\%$。阎王鼻子典型坝段二维有限元温度应力仿真计算结果显示，外掺 MgO 将在坝体基础部位可产生 $0.3 \sim 0.5MPa$ 的补偿应力。阎王鼻子左岸 $1 \sim 8$ 号坝段镶嵌岩内常规混凝土及 $11 \sim 13$ 号坝段坝基断层基础填塘常规混凝土采用外掺 $2.5\%MgO$。

我国外掺 MgO 微膨胀混凝土技术具有自主知识产权，MgO 产自辽宁海城、营口和大石桥一带，东北有着得天独厚的资源优势。北方地区气候条件比南方更恶劣，是大体积混凝土裂缝重灾区。因此，对外掺 MgO 微膨胀混凝土技术的研究与应用具有重要意义。

有约束条件的工程部位均可使用该技术。目前外掺 MgO 微膨胀混凝土多用于填塘堵洞、大坝基础处理、重力坝基础约束区、高压管道外围回填等；碾压混凝土坝的垫层、垫座、上游防渗体、防渗面板等；拱坝全坝外掺 MgO。此外，溢流坝闸墩、堰面薄层二期混凝土，混凝土坝除险加固中老混凝土外包薄层混凝土，隧洞钢筋混凝土衬砌，这些部位温度约束应力大，是防裂的重点和难点，是外掺 MgO 微膨胀混凝土技术研究和应用的方向。其他如工民建、市政、道桥、电力工程等领域，有约束的部位均有使用外掺 MgO 微膨胀混凝土防裂抗裂的可能性，这些领域的应用有待于将来的科研与实践。

参 考 文 献

[1] F M Lea. The chemistry of cement and concrete [M]. New York：Chemical Publishing Company，1971.

[2] P K Mehta. History and status of performance tests for evaluation of soundness of cements [R]. Cement standards-Evolution and Trends，ASTM STP 663，American Society for Testing and Materials，1978.

[3] P K Mehta. Magnesium oxide additive for producing self stress in mass concrete [J]. Proceedings of the 7th International Congress on the Chemistry of Cement，Paris，1980，1（3）：6-9.

[4] 曹泽生，徐锦华. 氧化镁混凝土筑坝技术 [M]. 北京：中国电力出版社，2003.

[5] 陈昌礼，李承木. 氧化镁混凝土的研究与应用 [J]. 混凝土，2006（5）：45-47.

[6] 王侠. 氧化镁的水化膨胀特性及新型镁质膨胀剂的制备与性能 [D]. 南京：南京工业大学，2002.

[7] P. Gao，X. Lu，et al. Production of MgO-type expansive agent in dam concrete by use of industrial

by-products [J]. Building and Environment，2008，43（4）：453-457.

[8] L. Xu, M. Deng. Dolomite used as raw material to produce MgO-based expansive agent [J]. Cement and Concrete Research，2005，35：1480-1485.

[9] 欧阳幼玲. 镁质复合膨胀剂的制备与性能 [D]. 南京：南京化工大学，1999.

[10] 赵霞. 龙滩水电站碾压混凝土用特种 MgO 膨胀材料的性能 [D]. 南京：南京工业大学，2004.

[11] S. Chatterji. Mechanism of expansion of concrete due to the presence of dead-burnt Cao and MgO [J]. Cenment and Concrete Research，1995，25（1）：51-56.

[12] P K Metha. Mechanism of expansion associated with ettringite formation [J]. Cement and Concrete Research，1973，3（1）：1-6.

[13] M. Chen. Theories of expansion in sulfoaluminate-type expansion cements：Schools of thought [J]. Cement and Concrete Research，1983，13（6）：809-818.

[14] P K Metha. Expansion of ettringite by water adsorption [J]. Cement and Concrete Research，1982，12（1）：121-122.

[15] 李洋. 骨料种类对 MgO 混凝土膨胀性能的影响研究 [D]. 武汉：长江科学院，2012.

[16] S. Chatterji. Mechanism of expansion of concrete due to the presence of dead-burnt Cao and MgO [J]. Cenment and Concrete Research，1995，25（1）：51-56.

[17] L. Mo，M. Deng，M. Tang. Effects of calcination condition on expansion property of MgO-type expansive agent used in cement-based materials. Cement and Concrete Research，2010，40：437-446.

[18] 莫立武. MgO 膨胀剂的微观结构与性能 [D]. 南京：南京工业大学，2008.

[19] 王永鹏. 严寒地区（RCD）碾压混凝土坝设计与施工 [M]. 北京：中国水利电力出版社，2002.

[20] 中华人民共和国水利部. 水工混凝土施工规范：SL 677—2014 [S]. 北京：中国水利水电出版社，2014.

[21] 中华人民共和国国家能源局. 水工混凝土施工规范：DL/T 5144—2015 [S]. 北京：中国电力出版社，2015.

[22] 中华人民共和国国家能源局. 水工混凝土外加剂技术规程：DL/T 5100—2014 [S]. 北京：中国电力出版社，2014.

[23] 刘永浩. 观音阁水库大坝碾压混凝土配合比设计 [J]. 水利水电技术，1995（8）：29-33.

[24] 马岚，潘玉志. 观音阁水库碾压混凝坝的施工 [J]. 水利水电技术，1995（8）：34-38.

[25] 王金宽，梁维仁，耿作阳. 观音阁水库碾压混凝质量管理 [J]. 水利水电技术，1995（8）：39-44.

[26] 关贵珍，武永存，王金宽，等. RCD 筑坝技术在白石水库的应用与发展 [J]. 水利水电技术，1998（9）：40-43.

［27］褚贵发，张连俊．玉石水库碾压混凝土拌和物 Vc 值得控制与分析［J］．农业与技术，2006（8）：109-111．

［28］中华人民共和国水利部．混凝土重力坝设计规范：SL 319—2018［S］．北京：中国水利水电出版社，2019．

［29］中华人民共和国国家能源局．水工混凝土结构设计规范：DL/T 5057—2009［S］．北京：中国电力出版社，2009．

［30］中华人民共和国国家能源局．水工混凝土掺用氧化镁技术规范：DL/T 5296—2013［S］．北京：中国电力出版社，2014．

［31］杨忠义，黄绪通．提高碾压混凝土抗裂性研究［J］．水利发电，1997（4）：18-20．

［32］李光伟．长期荷载下的碾压混凝土变形特性［J］．水电站设计，1997（12）：72-78．

［33］余文成，牛永田，王成山．碾压混凝土坝外掺 MgO 微膨胀混凝土的试验研究［J］．东北水利水电，2003，21（10）：46-48．

［34］王成山，曹继文，李千，等．坝体镶嵌部位采用 MgO 微膨胀混凝土的研究与应用［J］．水利水电技术，1999（8）：14-15．

第五章
大体积混凝土降温防裂措施

本章总结了观音阁、白石、猴山混凝土坝工程采取的混凝土降温措施。观音阁工程采取4℃冷水拌和混凝土、骨料喷淋、仓面喷淋等降温措施；白石工程采取4℃冷水拌和混凝土及风冷粗骨料等降温措施；猴山工程采用深井水加块冰形成4℃冷水及埋设冷却水管等降温措施。基本满足了设计允许浇筑温度和最高温度的要求。

第一节　一般性降温措施

混凝土降温措施一般包括降低混凝土浇筑温度、降低混凝土水化热温升以及控制坝体混凝土内部最高温度。

（1）降低混凝土浇筑温度，包括降低混凝土出机口温度，如在粗骨料上洒水喷雾、堆高骨料、地垄取料、运输皮带及骨料料堆顶部搭棚以避免阳光直晒骨料、混凝土拌和加冰、冷水拌和、预冷骨料、预冷混凝土保温等；严格控制混凝土运输时间，加快混凝土的入仓浇筑速度，缩短仓面混凝土覆盖前暴露时间，减少混凝土运输和浇筑过程中的温度回升。

（2）降低混凝土水化热温升，包括采取坝体内埋设冷却水管通水冷却措施、表面流水养生，仓面喷雾降低仓面周围气温等措施，控制坝体混凝土内部温度。

（3）浇筑时间尽量安排在早、晚或夜间。气温超过25℃时，停止浇筑混凝土。

降低混凝土出机温度和浇筑温度，作为预先冷却的方法，最简单的是冷水拌和混凝土。由于碾压混凝土用水量较少，冷水拌和混凝土降低温度有限，加冰拌和不易拌熟，因此一般不采用加冰拌和冷却。冷水喷淋或浸泡骨料，脱水不易控制，直接影响混凝土的均匀性。降低混凝土出机口温度最有效的方法是在拌和楼贮料仓内风冷粗骨料。

碾压混凝土施工升层厚度较常规方法薄，表面喷水养生冷却效果明显，尤其是高温季节通过喷水控制温升是有效的。

第二节 工程中采取的降温措施

一、观音阁工程采取的降温措施及其效果

(一)4℃冷水拌和混凝土

拌和楼配备一套适合于观音阁生产条件的盐水制冷系统,制冷能力 1960MJ/h,可以满足 400m³/h 混凝土拌和用水要求。这套冷水系统,以 35m 深井地下水为水源,设计进水温度为 14℃,出水温度为 4℃,作为拌和用水。

(二)骨料喷淋

在调节料仓顶部设置供水管路和喷头,采用地下水喷淋 40~80mm、80~120mm、120~150mm 三级骨料,喷淋水在流经骨料空隙后,由调节料仓底部排水孔排出。喷淋后的骨料经振动脱水筛脱水后,由皮带机送入拌和楼顶部料仓。

地下水水温在 12℃ 以内,喷淋时间规定大于 8h,以保证这三级骨料脱水后温度不高于 17℃。在实际操作过程中,地下水供应不足,喷淋时间有时小于 8h,所以往往达不到预期效果。为此,1991 年安装了一套制冷能力为 8374MJ/h 的冷水厂,制备 4℃ 冷水,用于喷淋骨料。这套新增系统 1992 年正式启用后,收到了良好的效果。

(三)仓面喷淋

每层混凝土浇筑完毕,在仓面设置可移动的旋转喷头,抽取河道水进行自动旋转喷淋。旋转喷头是农业喷灌用的喷头。这种方法先把水喷到空中再回落到混凝土面上,可以调节仓面局部气候,增加空气湿度,降低局部气温,在仓面形成薄层流动的水膜,有利于层间散热,养护效果好。

(四)其他降温措施

除上述三项主要温控措施外,还要合理组织施工,加快仓面浇筑速度,缩短混凝土拌和至碾压的时间,以及减少温度倒灌等。同时还规定,气温高于 25℃,白天停工,只安排夜间浇筑。

其他措施还有:成品料堆采用地垄深层取料方式;砂堆、调节料仓及输送皮带上部均设置遮阳棚,以减少日照影响;在调节料仓到拌和楼的上扬皮带钢圆筒外壳顶部设置喷淋水管,与调节料仓同时进行喷淋;拌和楼外壳安装 5cm 厚聚苯乙烯泡沫隔热层,料仓室、称量室各设置两套空气冷却机,总制冷能力 115MJ/h,可使这两个密封仓室保持

16℃恒温，以减少骨料喷淋后的温度回升。

（五）降温效果分析

施工过程中较好地实施了各项降温措施，实测出机口温度和浇筑温度见表5-1。实测碾压混凝土内部最高温度35.4℃。

表5-1　　　　　　　　　　　混凝土出机口温度和浇筑温度统计表

年份		1990 年	1991 年	1992 年	1993 年	1994 年
出机口温度（℃）	最大值	22.4	26.1	23.0	25.0	29.9
	最小值	2.8	0.4	0.0	1.0	1.0
	合格率（%）	83.50	91.50	85.10	70.20	76.10
浇筑温度（℃）	最大值	24.0	29.5	23.5	24.0	24.0
	最小值	7.3	0.0	2.0	3.0	5.0
	合格率（%）	96.30	98.00	99.30	92.20	95.40

二、白石工程采取的降温措施及其效果

（一）白石工程采取的降温措施

白石水库大坝混凝土总量57.5万 m³，其中碾压混凝土19.4万 m³，年最大浇筑量20万 m³，月最大浇筑量4.75万 m³。

混凝土拌和系统距坝址0.5km，安装2座拌和楼，其中A楼由2×2.5m³双轴强制式搅拌机组成，B楼由1×2.5m³双轴强制式搅拌机组成。搅拌时间为75s时的最高生产量为：A楼150m³/h，B楼80m³/h。

为确保工程质量，减少裂缝，降低坝体温升，要求严格控制混凝土出机温度，其标准与施工季节和坝高有关（见表5-2）。为满足温控标准要求，除采取常规降温措施，在5月上旬到10月上旬高温期，采取了以风冷粗骨料为主，4℃冷水拌和为辅的制冷措施。

表5-2　　　　　　　　　　　混凝土允许出机温度

部位	坝高（m）	混凝土允许出机温度（℃）		
		1～4 月	5～10 月	11～12 月
溢流坝段	≤12	≥5	≤15	≥5
	>12		≤18	
底孔坝段	≤20	≥5	≤15	≥5
	>20		≤18	

部位	坝高（m）	混凝土允许出机温度（℃）		
		1～4 月	5～10 月	11～12 月
挡水坝段	≤8	≥5	≤15	≥5
	>8		≤18	

根据混凝土配合比、原材料温度、出机温度的要求，通过热工计算，最后选定机制冷却水的设备为大连冷冻机厂生产的 LSKF 12.5 型冷水机组，额定生产 4℃冷水 15t/h，装机容量 $4.6×10^5$ kJ/h，风冷骨料系统在标准工况下，装机容量 $3.14×10^5$ kJ/h。

制冷系统生产工艺。制冷车间距 A 楼 20m，距 B 楼 35m。厂房内设 JZKA16 型螺杆式制冷机组、$LSKF_2$12.5 型冷水机组，以及冷凝器、高压贮液器、低压循环贮液器、氨泵、水泵等辅助设备，冷却水塔设在厂房外侧。

制冷风机组以氨（R717）为工质，制冷水机组以氟（R22）为工质。制出的低温氨液由栈桥管道与拌和楼两侧的空气冷却器形成循环回路。4℃冷却水通过管道直接送入拌和楼贮水箱内，由限位器自动控制水量。

风冷骨料地点设在拌和楼储料仓，G_1、G_2、G_3、G_4 四种骨料料仓总容积为 212m³，按设计生产能力可连续生产 2.7h 混凝土。4 种粗骨料仓各配 1 台附壁式高效空气冷却器和 2 台轴流式鼓风机，各料仓均形成"下进上出"式冷风循环回路，骨料与冷风呈逆向流动，配风均匀，效果理想。供给空气冷却器的低温氨液，由制冷车间的氨泵强制循环，氨液流向则为"上进下出"式。为了保证骨料的冷却效果，高温期骨料受冷时间不宜少于 2h。根据实际生产能力要求拌和楼储料仓存料必须大于其容积的 2/3 以上。实践证明，拌和楼料仓风冷粗骨料效果显著，基本满足了设计允许浇筑温度的要求。

（二）效果分析

1. 降温效果分析

白石水库工程一般是 5 月上旬和 10 月上旬只采用冷却水拌和混凝土；5～9 月同时采用冷水和风冷骨料生产混凝土，1997 年因冷却水系统未形成，因此本章所述制冷效果仅为风冷骨料降温结果，实现冷水拌和，尚可降低出机温度 1～2℃。

根据 1997 年夏季实测，风冷骨料混凝土出机温度：未风冷时为 18℃，风冷 2h 为 14.3℃，风冷 3h 为 12℃，相应搅拌强度 54m³/h，制冷效果基本上是理想的。1997 年 5 月中旬～10 月上旬采用风冷骨料生产混凝土 12 万 m³，月平均出机温度如图 5-1 所示，从图中看出，自然骨料与风冷骨料生产的混凝土温降是很显著的，最大温降达 7.8℃。

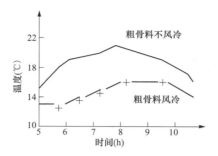

图 5-1　混凝土月平均出机温度曲线

2. 观测仪器布置及内部温度观测成果

选择 27 号挡水坝段及 11 号溢流坝段作为观测仪器布置断面。其中 27 号坝段布置温度计 28 支，11 号坝段布置温度计 27 支，各仪器埋设位置如图 5-2 和图 5-3 所示。温度观测结果如图 5-4～图 5-6 所示。

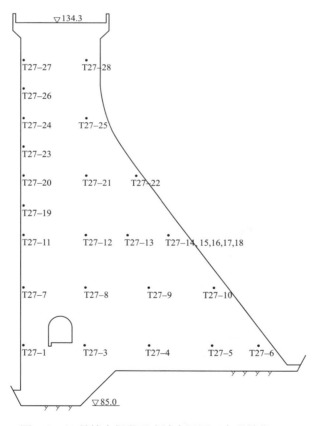

图 5-2　27 号挡水坝段温度计布置图（高程单位：m）

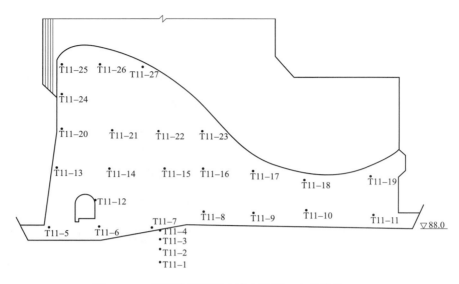

图 5-3　11 号溢流坝段温度计布置图（高程单位：m）

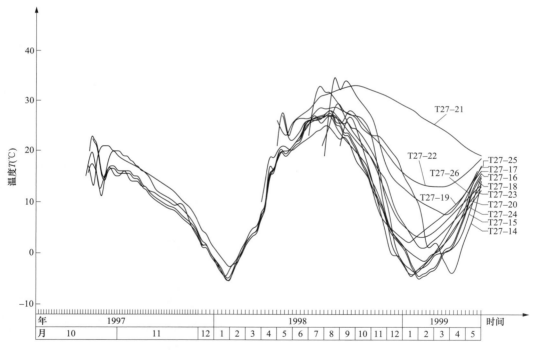

图 5-4　27 号挡水坝段 T27-14～T27-26 温度过程线

3. 观测结果分析

11 号溢流坝段实测坝内最高温度 29.6℃，有限元计算坝内最高温度 28℃，实测与计算结果基本吻合。27 号挡水坝段实测最高温度 34.1℃，有限元计算最高温度 26℃，

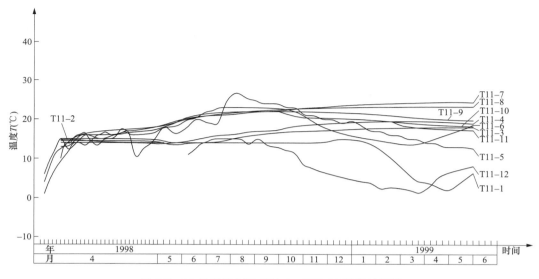

图 5-5　11 号溢流坝段 T11-1～T11-12 温度过程线

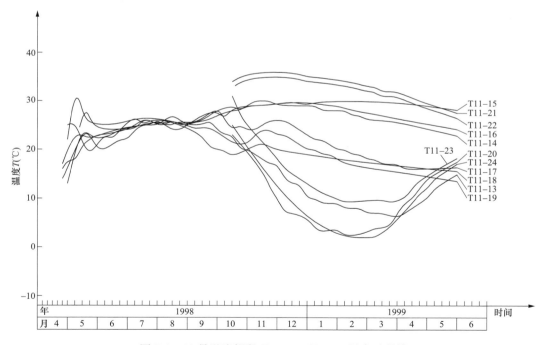

图 5-6　11 号溢流坝段 T11-13～T11-24 温度过程线

实测温度高于计算温度。

4. 27 号坝段坝体实测温度高于原设计计算温度的原因分析

（1）27 号坝段施工期混凝土分区的调整。原设计 91.25～116m 高程内部为碾压混凝土。工程施工过程中，将混凝土分区调整为 96m 高程以下为常规混凝土，96～100.25m 高程内部为碾压混凝土，100.25～110m 高程为常规混凝土，110～116m 高程为碾压混凝土，116m 高程以上为常规混凝土。将原设计 24.75m 范围碾压混凝土中的 14.5m 改为常规混凝土，这是坝体实测温度高于设计计算坝体温度的原因之一。调整后混凝土分区如图 5-7 所示。

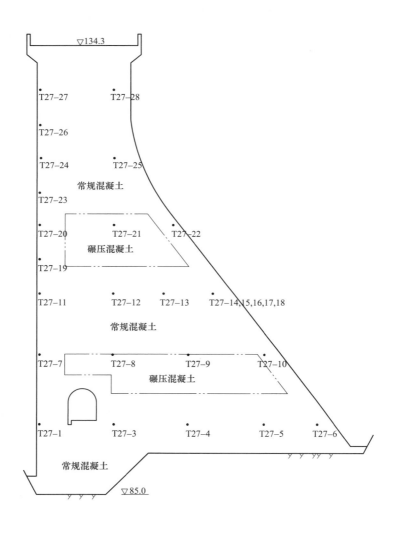

图 5-7　调整后混凝土分区（高程单位：m）

　　（2）混凝土绝热温升室内试验值偏低。几座碾压混凝土坝混凝土中水泥、粉煤灰用量及最大绝热温升统计见表 5-3。27 号坝段内温度计测温统计见表 5-4。

表 5-3　　　　　　　　几座混凝土坝胶材用量及最大绝热温升统计

混凝土类型	参数	观音阁（1）	观音阁（2）	阎王鼻子（1）	阎王鼻子（2）	白石
常规混凝土	水泥（kg/m³）	215（矿大425号）	170（矿大425号）	126（大坝525号）		105（大坝525号）
	粉煤灰（kg/m³）			54		87
	最大绝热温升（℃）	32.9	27.2	24.99		20.2
碾压混凝土	水泥（kg/m³）	91（大坝525号）		126（大坝525号）	60（大坝525号）	72（大坝525号）
	粉煤灰（kg/m³）	39		64	110	104
	最大绝热温升（℃）	21.3		24.11	16.89	16.36

表 5-4　　　　　　　　27 号坝段内温度计测温统计

项目	T27-1	T27-3	T27-4	T27-5	T27-6	T27-7	T27-8	T27-9	T27-10	T27-11	T27-12	T27-13	T27-14
浇筑温度（℃）	15.35	13.05	18.15	14.95	16.15	18.45	18.35	14.95	14.50	16.1	15.85	16.3	17.45
最高温度（℃）	33	37.30	36.15	36.0	30.65	30.5	35.4	34.4	31.75	26.6	34.1	32.4	24.4
水化热温升（℃）	17.65	24.25	18	21.05	14.5	12.05	17.05	19.45	17.25	10.5	18.25	16.1	6.95
混凝土类型	常规	常规	常规	常规	常规	分界	分界	分界	分界	常规	常规	常规	常规
埋设高程（m）	92.75	92.75	92.75	92.75	92.75	100.25	100.25	100.25	100.25	107.0	107.0	107.0	107.0
埋设时间（年.月.日）	1997.6.9	1997.6.9	1997.6.9	1997.6.9	1997.6.9	1997.9.3	1997.9.3	1997.9.3	1997.9.3	1997.10.20	1997.10.20	1997.10.20	1997.10.20

从表 5-3 中所列的几个工程混凝土绝热温升室内试验结果可以看出，白石水库常规混凝土中水泥、粉煤灰掺量均高于观音阁碾压混凝土中水泥、粉煤灰掺量，但其绝热温升却低于观音阁碾压混凝土，白石常规混凝土水化热绝热温升室内试验值明显偏低。

从表 5-4 中温度计测温统计结果可以看出，T27-3、T27-5 两支温度计测出的水化热温升值已超过常规混凝土的绝热温升值。其中 T27-3、T27-4、T27-5、T27-8、T27-9、T27-12、T27-13 7 支内部温度计测值代表了内部混凝土温度状况，其平均水化热温升值为 19.16℃，仅低于常规混凝土绝热温升 1.04℃，不符合水化热温升一般规律，也说明了白石常规混凝土水化热绝热温升室内试验值偏低。

三、猴山工程采取的降温措施

依据混凝土允许浇筑温度及允许最高度温控制标准，研究控制混凝土浇筑温度和最高温度的降温措施。

为达到规定的混凝土允许浇筑温度及允许最高温度控制标准，高温季节需要对混凝土采取降温措施，根据混凝土施工流程，从混凝土拌和前的原材料、混凝土的拌和及运输、混凝土的浇筑以及浇筑完成后的养护等方面进行温度控制。

（一）原材料及中间产品温度控制

对混凝土内部温升的高低起决定性作用的是水泥用量的多少，而其他材料如水、砂子、粗骨料等的温度仅对混凝土拌和温度、入仓温度和浇筑温度有影响，各材料温度同水泥水化热温度不是简单的直接累计叠加的过程，而是相互平衡后，影响坝体混凝土内部最高温升，同时也影响混凝土内部温度趋于稳定的时间。

外界气温对混凝土各材料温度影响很大，对混凝土运输和浇筑仓面温度均有影响，直接影响了混凝土的拌和温度及浇筑温度，因此必须采取有效措施控制各种原材料的温度，使其尽量降低。

1. 温度计算

以坝体基础约束区混凝土（$C_{90}20F100W6$）为例进行各温度计算。

（1）出机口温度。出机口温度主要是指混凝土在拌和站完成拌和后混凝土的实际温度，主要取决于拌和前各种原材料的温度，而拌和时原材料和机械产生的摩擦温度，不予考虑。

工地 7 月多年平均温度为 24.1℃，为全年最高气温，以 7 月为例，各材料热量计算成果见表 5-5。

表 5-5 材料热量计算表（一）

材料名称	重量 m (kg)	比热容 c [kJ/(kg·℃)]	热当量 W_c (kJ/℃)	温度 T_i (℃)	热量 T_{imc} (kJ)
	(1)	(2)	(3) = (1) × (2)	(4)	(5) = (3) × (4)
水泥	144	0.52	74.88	45	3369.6
粉煤灰	96	0.364	37.94	45	1572.48
砂子	479	0.84	402.36	26	40461.36
粗骨料	1608	0.84	1350.72	26	35118.72
水	106	4.2	445.2	10	4452
合计			2308.1		54974.2

表 5-5 取值说明：①根据《建筑施工计算手册》及《水利水电工程施工手册》大体积混凝土热工计算；②混凝土各材料重量根据采用的混凝土配合比取值；③各材料比热

容参照规范查询；④水温取地下深井水温度，按 10℃考虑；骨料及砂子温度通过堆料、遮阳棚及喷雾等方法，一般较平均气温高 2～3℃，本次计算取 26℃；水泥及粉煤灰的温度经过长距离运输及储罐储存，温度按 45℃考虑。

经计算，7 月出机口温度 T_0 为 23.82℃。通过以上计算，混凝土出机口温度过高，不满足施工需要，为了降低出机口温度，需采取冷水喷淋混凝土骨料进行降温、4℃冷水拌和等措施，再行计算，成果见表 5-6。

表 5-6　　　　　　　　　　　材料热量计算表（二）

材料名称	重量 m (kg)	比热容 c [kJ/(kg·℃)]	热当量 W_c (kJ/℃)	温度 T_i (℃)	热量 T_{imc} (kJ)
	(1)	(2)	(3)=(1)×(2)	(4)	(5)=(3)×(4)
水泥	144	0.52	74.88	45	3369.6
粉煤灰	96	0.364	37.94	45	1572.48
砂子	479	0.84	402.36	26	40461.36
粗骨料	1608	0.84	1350.72	21	28365.12
水	106	4.2	445.2	4	1780.8
合计			2308.1		45549.36

经计算，出机口温度 T_0 为 19.73℃，基本满足设计温控要求。为满足出机口温度不大于 18℃的要求，采用冰屑代替部分拌和用水，冰屑在拌和过程中融化，将吸收 335kJ/kg 的热量，从而进一步降低混凝土出机口温度，加冰量依气温情况进行调整，通常采取加冰量 20kg/m³，消减热量为 20×335×0.8＝5360kJ，其中 0.8 为加冰有效系数，加冰后拌和时间应适当延长 15～30s。利用 4℃冷水加冰屑拌制的混凝土出机口温度 T_0 为 17.41℃，完全满足设计温控要求。

（2）浇筑温度。混凝土的浇筑温度是指混凝土经过平仓振捣后，覆盖上层混凝土前，在 5～10cm 深处的温度。混凝土浇筑温度由混凝土出机口温度和混凝土运输、浇筑过程中的温度回升两部分组成，温度回升主要受气温影响。

混凝土拌和系统位于主坝下游 150m 处，距离最远浇筑仓面约 300m，混凝土水平运输采用 20t 自卸汽车（6m³），在运输过程中对自卸汽车搭设遮阳网及车四周采用保温材料保温；垂直运输采用门机吊 6m³ 卧罐入仓。

根据规范，装、卸和转运温度损失系数均为 0.032，门机吊罐运输混凝土过程中温度回升系数为 0.0013，自卸车运输温度回升系数为 0.002，平仓振捣混凝土温度系数为 0.003。

混凝土浇筑温度取决于混凝土出机口温度、运输工具类型、运输时间和装运次数。

$$\begin{cases} T_{\text{Bp}} = T_0 + (T_A - T_0)(\theta_1 + \theta_2 + \theta_3 + \theta_4) \\ \theta = At \end{cases}$$ (5-1)

式中　T_{Bp}——混凝土浇筑温度,℃;

T_A——气温,取 7 月平均气温,24.1℃;

T_0——出机口温度,℃;

A——系数;

t——时间,min;

θ_1——装、卸和转运,$\theta_1 = At_1 0.032 \times 2 = 0.064$;

θ_2——自卸车水平运输,$\theta_2 = At_2 = 0.002 \times 3 = 0.006$;

θ_3——门机吊罐入仓,$\theta_3 = At_3 = 0.0013 \times 8 = 0.0104$;

θ_4——平仓振捣,$\theta_4 = At_4 = 0.003 \times 10 = 0.03$。

经计算,浇筑温度 $T_{\text{Bp}} = 18.15$℃。

(3) 混凝土水化热绝热温升值。

$$T_t = m_c Q / c\rho (1 - e^{-mt})$$ (5-2)

式中　T_t——浇筑 t 段时间后的混凝土绝热温升值℃,t 取 3 天;

m_c——每方混凝土的水泥用量,根据坝体内部配合比取值为 144kg;

Q——每千克水泥的水化热量,取值 3 天为 253J/kg;

c——混凝土比热值,取 0.96kJ/(kg·℃);

ρ——混凝土的密度,根据配合比取值 2430kg/m³;

$1 - e^{-mt}$——常数,根据规范,浇筑温度为 18℃左右时,取值 0.653。

经计算,混凝土水化热绝热温升值 $T_t = 23.92$℃。

(4) 混凝土内部最高温度。

$$T_{\max} = T_{\text{Bp}} + T_t \times \xi$$ (5-3)

式中　$T_{\max}$——混凝土内部最高温度,℃;

T_{Bp}——混凝土浇筑温度,℃;

T_t——浇筑 t 段时间后的混凝土绝热温升值℃;

ξ——不同浇筑块厚度的温降系数,工程每仓混凝土厚度均为 1.5m,根据规范可知,系数为 0.49。

内部最高温度值 $T_{\max} = T_{\text{Bp}} + T_t \times \xi = 18.15 + 23.92 \times 0.49 \approx 29.87$（℃）

(5) 不同配合比下各月份浇筑温度。同上述计算过程,计算出闸墩部混凝土

$(C_{90}30F200W6)$在7月的出机口、浇筑温度，3d 水化热温升及混凝土内部最高温度，见表5-7。

表5-7　　　　　　　　　　　　　　　闸墩混凝土温度表　　　　　　　　　　　　　　℃

月份	平均气温	出机口温度	浇筑温度	3d 水化热温升值	内部最高温度
7月	24.1	16.93	17.66	51.8	42.99

（6）各材料冷却值对混凝土降温效果的影响。以坝体基础约束区混凝土$(C_{90}20F100W6)$为例，各种材料冷却1℃对混凝土的降温效果见表5-8。

表5-8　　　　　　　　　　　　　　　　各材料降温效果表

材料	每方混凝土用量 (kg)	比热容 [kJ/(kg·℃)]	降温1℃所需的冷量（kJ）	混凝土可降低的温度（℃）
水泥	144	0.52	74.88	0.032
粉煤灰	96	0.36	34.56	0.0152
砂子	479	0.84	402.36	0.174
粗骨料	1608	0.84	1350.72	0.585
水	106	4.2	445.2	0.192
合计	2433	0.98	2384.34	1.0

通过表5-8可知，各种材料对混凝土降温效果的影响，其粗骨料影响最大达58.5%，冷却粗骨料产生的效果最显著，其次是水的影响达19.2%，在拌和机中加冰，也可起到较明显的降温效果，从技术和经济效果综合考虑，一般宜以冷却拌和水、加冰拌和、冷却骨料作为混凝土材料的主要冷却措施。

2. 控制原材料及中间产品温度

在混凝土各组成原材料中，对混凝土温度影响最大的是骨料温度，其次是砂子和水的温度，水泥等胶凝材料的影响最小。因此，要降低混凝土拌和物的温度，首先应降低原材料的温度，特别是降低比热最大的水和用量最多的骨料的温度。

（1）粗骨料的温度控制。骨料仓顶部采用钢骨架搭设遮阳棚（如图5-8所示），料仓四周全部进行遮阳，降低外界环境温度对料仓内骨料温度的影响。料仓顶部安装喷淋及喷洒水雾装置，通过安装的喷淋设备，采用4℃冰水对骨料进行喷淋降温（如图5-9所示），同时采用喷洒水雾设备喷洒水雾，避免外界高温倒灌骨料仓内部。

在各料仓隔离墙顶面2m高处共装置10个旋转喷头，各喷头均可旋转360°。两道喷洒水雾装置及10个旋转喷头喷洒装置各自成体系，采用2台2英寸水泵进行供水，水源为地下蓄水池中4℃冰水，每日开仓前5h安排专人负责骨料喷洒水雾降温，降低各骨料温度。

图 5-8   料仓遮阳棚   图 5-9   骨料储存期间喷淋降温

骨料筛分场冬季储备的毛料堆高达 10 余米，料堆内的毛料温度很低，筛分后的成品料短时间内受外界气温影响回灌小，此时骨料温度在 10℃左右，筛分后的成品料及时用于混凝土的拌制，也能够很好的控制混凝土的拌和温度。冬季储备的毛料堆如图 5-10 所示。

（2）拌和用水的温度控制。拌和用水采用地下 150m 深井水，同时修建地下蓄水池，采取加块冰的方式对水温进行冷却至 4℃。

（3）水泥、粉煤灰等胶凝材料的温度控制。对水泥、粉煤灰等胶凝材料，提前进行储料，物资部门及时和供货商进行沟通，避免在出厂高温状态时直接使用。

（4）外加剂的温度控制。外加剂储存位置搭设遮阳棚，避免阳光直射。

（二）混凝土的拌和及运输过程温度控制

1. 拌和系统进行控制

（1）对拌和系统进行重点控制，对送料皮带机及上料斗位置采用钢骨架搭设防晒网，避免阳光直射。皮带机防晒及水池保温如图 5-11 所示。

图 5-10   冬季储备的毛料堆   图 5-11   皮带机防晒及水池保温

图 5-12　地下蓄水池

（2）对蓄水池进行保温，四周粘贴保温板，并用防晒网进行缠绕固定，顶部采用彩钢瓦及保温板进行覆盖。地下蓄水池如图 5-12 所示。

（3）加强机械设备的管理，每次上料的方量能够保证在 15min 用完，减少骨料在料斗中的温度升高。

（4）经常对蓄水池中的拌和用水进行测温，采取加冰措施使水温满足设计温控标准。

（5）当气温在 22℃ 左右，采取加 4℃ 冷水后，仍达不到设计要求温控指标时，采取加碎冰进行拌和，加冰量依据气温及混凝土入仓温度进行适时调整，气温在 18～25℃ 时每立方米混凝土加冰量控制在 10～30kg。

2. 混凝土运输过程进行控制

（1）对混凝土运输设备，采取隔热遮阳措施，对运输车辆用水冲洗降温。

（2）混凝土吊罐设置隔热遮阳措施，以防在运输过程中受日光直射，减少温度回升，降低混凝土运输过程中的温度回升率。

（三）混凝土的浇筑及养护过程降温措施

1. 混凝土浇筑工艺

根据坝体基础约束区混凝土结构特点，混凝土入仓大部分采用自卸汽车配合反铲直接入仓，局部采用门机吊吊罐入仓的方式；混凝土浇筑方式采用台阶法自上游向下游推进浇筑，台阶铺料厚度为 50cm，台阶宽度为 2.5m，基础约束区混凝土浇筑层厚度为 1.5m。

混凝土台阶法浇筑示意图如图 5-13 所示。

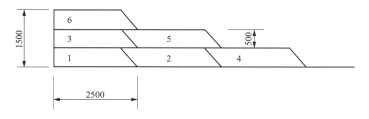

图 5-13　混凝土台阶法浇筑示意图（单位：mm）

2. 浇筑过程中的温度控制

（1）增加机械设备以加快入仓速度，入仓速度是保证混凝土入仓温度的最有效措施，工程配备 HZS180 及 HZS50 型共两套拌和系统，完全满足高峰期混凝土浇筑强度，增加水平及垂直运输设备，确保仓面浇筑层能够及时覆盖。

（2）实行现场交接班，加强设备和人员的调度管理，提高作业效率，强调现场交接班制度，确保浇筑的连续性，避免停料停浇现象。

（3）加强管理，强化调度权威性，坚决避免混凝土运输过程中有自卸车等待卸料现象。

（4）统筹安排、综合考虑仓面施工，根据仓号及浇筑强度，充分利用有利浇筑时段，避开中午最热时段，抓住早、晚和夜间温度相对较低的时段进行施工；随时了解和跟踪天气预报，掌握天气变化的趋势，在阴天及低温天气增加运输设备及施工人员以加快施工进度。

（5）混凝土平仓振捣后，采用彩条布及时覆盖，以防环境温度影响使表面混凝土温度升高。

（6）按照混凝土浇筑层厚 1.5m 进行施工，上、下层混凝土间歇时间满足 6 天（依据实际情况以设计要求时间为准），混凝土采用台阶法进行浇筑，控制台阶厚度不超过 0.5m。

图 5-14　混凝土养护

3. 混凝土流水养护

混凝土浇筑完毕后，及时进行养护。已浇混凝土表面进行流水养护，降低混凝土表面温度，防止气温回灌混凝土表面温度升高，保持仓面湿润。上、下游表面悬挂塑料管穿孔，孔间距 40cm、孔径 4mm，进行流水养护。混凝土养护如图 5-14 所示。

4. 冷却水管降温措施

（1）基本要求。高温季节施工时，在混凝土内部埋设冷却水管，进行通低温水冷却。冷却水管采用壁厚 2mm 的 ϕ32mm HDPE 管，每浇筑层 1.5m 厚布置一层，水平间距 1.5m。后改用导热性能更好的 ϕ40mm 铁管进行通水冷却降温。铺设冷却水管如图 5-15 和图 5-16 所示。

（2）冷却水管埋设。

1）冷却水管埋设位置、走向等严格按照设计图纸要求进行。

2）混凝土浇筑前和在浇筑过程中对已安装好的冷却水管各进行一次通水检查，如

图 5-15　铺设冷却水管 1　　　　　　　　图 5-16　铺设冷却水管 2

发现堵塞及漏水现象立即处理。在混凝土浇筑过程中，避免水管受损或堵塞。

3）供水管布置自成系统，冷却水供水管的布置利用现有的廊道布置形式避免相互干扰，通水单根水管长度不大于 250m。

4）在有帷幕、固结灌浆孔的仓面，采用锚筋固定水管，测量出水管布置图和灌浆孔位进行对比，将灌浆孔位与冷却水管错位布置，防止冷却水管被钻孔打断。

5）冷却水管在仓内铺设成蛇形管圈。埋设的冷却水管严禁堵塞，并固定和清除表面的油渍等物，水管连接牢固、不漏水。

（3）通水。

1）初期通水采用河水，当河水满足不了降温要求时，采用深井水，通水时间 14 天，冷却水初温为 12℃。混凝土温度与水温之差不超过 20℃，冷却时混凝土日降温幅度不超过 1℃，管中流量为 $1.0m^3/h$，水流方向每天改变一次，使坝体均匀冷却。

2）冷却水管使用完后，进行灌浆回填。露出混凝土表面的水管接头割去，留下的孔立即用砂浆回填。

（四）降温效果分析

1. 观测仪器布置

根据坝高、工程布置及地质情况，在门库坝段、溢流坝段及挡水坝段（8、12、17 号）选择 3 个典型观测断面，作为典型观测基面。在各典型观测基面，沿着坝高方向，在上游面内侧、下游面内侧及坝体内部均匀布置永久温度计，在坝体与基岩接触面均匀布置温度计，进行水库水温、坝体表面温度、坝体温度及坝基温度的观测，温度计布置如图 5-17～图 5-19 所示。

在 7、8 月的高温季节，临时在每仓混凝土内部埋设温度计，用温度测定记录仪进行施工全过程的跟踪监测，同时安排专人每 4h 测量一次原材料的温度、出机口混凝土温度、混凝土内部温度及冷却水的进出口温度和气温，并做好记录来掌握混凝土温度变化情况，绘制混凝土时间-温度变化曲线。用来分析冷却方案的合理性和效果，并进行优化。

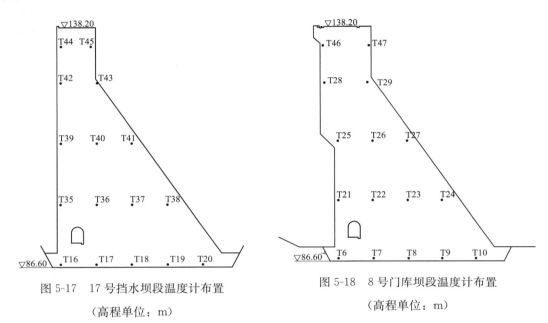

图 5-17　17 号挡水坝段温度计布置

（高程单位：m）

图 5-18　8 号门库坝段温度计布置

（高程单位：m）

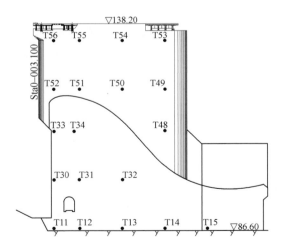

图 5-19　12 号溢流坝段温度计布置（高程单位：m）

2. 观测技术要求

按技术要求及规范相关规定，在混凝土施工过程中，安排专人每 4h 测量一次原材料的温度、出机口混凝土温度、混凝土内部温度及冷却水的进出口温度和气温，并做好记录。记录数据用来分析冷却方案的合理性和效果，并进行优化。

混凝土内部温度采用设计图纸设置的永久观测温度计进行观测，根据工程需要，依据监理人及业主的指示，增设临时温度计进行观测。

3. 观测资料分析

（1）原材料检测温度及浇筑温度分析。现场检测人员在施工中落实各项温控措施的基础上，每天对浇筑气温、拌和水温、砂石骨料温度、出机口温度及浇筑温度跟踪检测，6月及7～8月的检测结果见表5-9和表5-10。

表5-9　　　　　　　　　　　6月坝体混凝土施工各温度检测成果表

序号	项目	检测频次	加权平均值	最高值	最低值	备注
1	浇筑气温（℃）	284	21	27	15	
2	拌和水温（℃）	298	4.2	6.0	3.5	加冰冷却
3	砂子温度（℃）	298	20	24	17	
4	骨料温度（℃）	298	18.5	23.5	16	地下水冲洗
5	加冰量（kg/m³）	84	16	32	10	拌和加冰
6	出机口温度（℃）	312	17.4	19.5	16	
7	浇筑温度（℃）	300	17.8	20	16.5	

注　表中浇筑气温并非每日天气气温，而是除却每日高温时段的混凝土浇筑时的气温。

从表5-9可以看出，6月浇筑气温在15～27℃时，采取加冰冷却拌和水、低温水冲洗骨料及拌和加冰等综合措施，浇筑温度可以满足设计要求，但至6月底随着气温的逐渐升高，混凝土浇筑温度超温率也呈上升趋势，控制难度加大。

7～8月施工中，重点对骨料进行降温处理，将骨料仓旁蓄水池的水，通过加冰使水温降至5～9℃，利用料仓顶部的喷淋装置对骨料降温。

表5-10　　　　　　　　　　7～8月坝体混凝土施工各温度检测成果表

序号	项目	检测频次	加权平均值	最高值	最低值	备注
1	浇筑气温（℃）	525	22	31	19	
2	拌和水温（℃）	525	4.5	6.5	3.0	加冰冷却
3	砂子温度（℃）	511	22	25	19	
4	骨料温度（℃）	511	19.7	24.5	17.5	冰水喷淋

序号	项目	检测频次	加权平均值	最高值	最低值	备注
5	加冰量（kg/m³）	192	25	35	15	拌和加冰
6	出机口温度（℃）	467	19.6	22.5	18	
7	浇筑温度（℃）	485	19.8	23	18.5	

从表 5-9 和表 5-10 可以看出，混凝土浇筑过程中，基本满足设计温控要求。偶尔也出现过超温现象，主要发生在高温时段及交接班时段，时间很短，不构成对坝体内部最高温度的影响。

（2）冷却水管温度记录与分析。通过在混凝土内部埋设冷却水管、通低温水冷却来降低混凝土内部的温度，冷却水管通水温度检测记录见表 5-11。

表 5-11 冷却水管通水温度检测记录表

序号	项目	检测频次	加权平均值	最高值	最低值
1	进水温度（℃）	2118	17.8	21.4	11.4
2	回水温度（℃）	2118	23.5	28.3	16.8
3	温升值（℃）	2118	5.4	7.6	2.4

从表 5-11 可以看出，经过 14 天的通水降温过程，坝体混凝土温度可以消减 5.4℃的温升，如果通水降温时间延长，坝体混凝土内部温度降低幅度会更大。因此混凝土浇筑后，采用坝体内埋设铁管通水降温，是比较有效的降低坝体混凝土内部温度的措施，有效的使坝体混凝土内部温度尽快趋于稳定温度，降温效果明显。

（3）大坝内部温度观测资料分析。选择 8 号门库坝段、12 号溢流坝段及 17 号挡水坝段 3 个典型观测断面，统计 T6～T43 永久温度计测温资料，监测成果过程线如图 5-20～图 5-26 所示。

坝内温度计测温资料显示出，绝大部分坝内最高温度满足允许最高温度控制标准要求，其中 6 只温度计测温值超过设计允许最高温度控制标准规定，其中 8 号坝段 3 只温度计最高温度超过允许最高温度平均 1.4℃，最大 1.4℃。17 号坝段 3 只温度计最高温度超过允许最高温度平均 1.6℃，最大 3.5℃。分析坝体温度永久观测并结合临时观测可知，至 2015 年 4 月，6 号坝体内部混凝土，经过一年时间，温度在 15.0～22.0℃之间；10 号坝段内部混凝土，经过 10 个月时间，温度在 18.0～22.0℃之间；3 号坝体内部混凝土，经过半年时间，温度在 18.0～25.0℃之间。通过一系列综合温控措施，混凝土内部温度基本满足设计温控要求，其最高温升一般出现在浇筑后 3～4d，其后呈下降趋势并逐步趋于稳定。

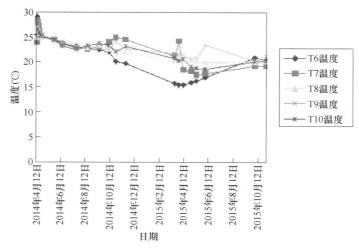

图 5-20　8 号门库坝段 T6～T10 温度观测资料

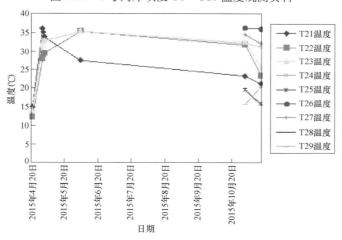

图 5-21　8 号门库坝段 T21～T29 温度观测资料

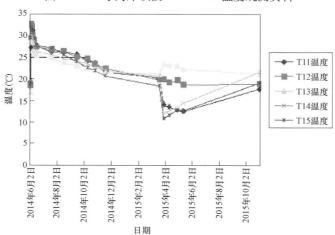

图 5-22　12 号溢流坝段 T11～T15 温度观测资料

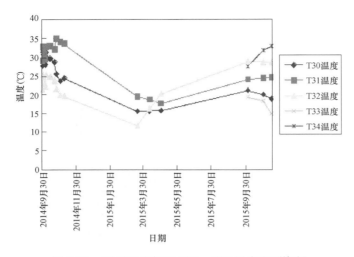

图 5-23   12 号溢流坝段 T30～T34 温度观测资料

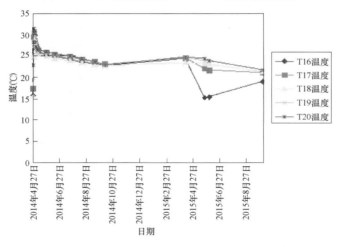

图 5-24   17 号挡水坝段 T16～T20 温度观测资料

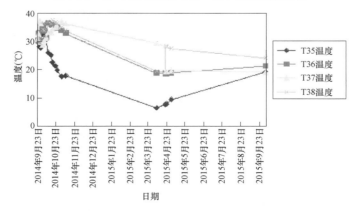

图 5-25   17 号挡水坝段 T35～T38 温度观测资料

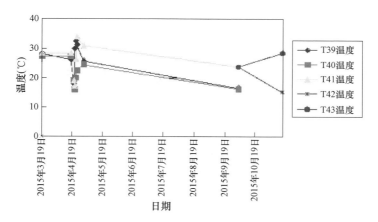

图 5-26 17 号挡水坝段 T39～T43 温度观测资料

参 考 文 献

［1］王永鹏. 严寒地区（RCD）碾压混凝土坝设计与施工［M］. 北京：中国水利电力出版社，2002.

［2］杜志达，关佳茹. 观音阁水库大坝施工中的温控措施及裂缝处理［J］. 水利水电技术，1995（9）：46-50.

［3］陆殿阁，王金宽，蒋化忠，等. 白石水库工程混凝土拌和制冷措施［J］. 水利水电技术，1998（9）：31-32.

第六章
大体积混凝土保温与养护防裂措施

本章总结了观音阁、白石、猴山混凝土坝工程采取的混凝土表面保温措施及其效果。对目前常用保温材料进行了调查与比较，分析了大体积混凝土表面保温及长期保温的必要性。

第一节　一般性保温与养护措施要求

SL 319—2018《混凝土重力坝设计规范》中规定，混凝土的表面保温措施应达到当地气候条件确定的等效放热系数，廊道、输水洞、竖井等孔洞进出口在低温季节及气温骤降期间应进行遮闭或封堵。

SL 677—2014《水工混凝土施工规范》中规定了混凝土施工保温措施。28d 龄期内的混凝土，应在气温骤降前进行表面保温，必要时应进行施工期长期保温。浇筑块顶面保温至气温骤降结束或上层混凝土开始浇筑前。在气温变幅较大的季节，长期暴露的基础混凝土及其他重要部位混凝土，应妥加保温。寒冷地区的老混凝土，在冬季停工前，宜使各坝块浇筑齐平，其表面保温措施和时间可根据具体情况确定。模板拆除时间应根据混凝土强度及混凝土的内外温差确定，并应避免在夜间或气温骤降时拆模。在气温较低季节，当预计拆模后有气温骤降，应推迟拆模时间；如确需拆模，应在拆模后及时采取保温措施。混凝土侧面保温，应结合模板类型、材料性能等综合考虑，可在拆模后适时贴保温材料，必要时应采用模板内贴保温材料。混凝土表面保温材料及其厚度，应根据不同部位、结构要求并结合混凝土内外温差和气候条件，经计算、试验确定。保温时间和保温后的等效放热系数应符合设计要求。已浇好的底板、护坦、面板、闸墩等薄板（壁）建筑物，其顶（侧）面宜保温至过水前。对于宽缝重力坝、支墩坝、空腹坝的空腔，在进入低温或气温骤降频繁的季节前，宜将空腔封闭并进行表面保温。隧洞、竖井、调压井、廊道、尾水管、泄水孔及其他孔洞的进出口在进入低温季节前应封闭。浇筑块的棱角和突出部位应加强保温。

另外，规定了低温季节混凝土施工保温措施。混凝土浇筑完毕后，外露表面应及时保温。新老混凝土的接合处和易受冻的边角部分应加强保温。温和地区和寒冷地区采用蓄热法施工时应遵守下列规定：①保温模板应严密，保温层应搭接到位，尤其在接头处，应搭接牢固；②有孔洞和迎风面的部位，增设挡风保温设施；③浇筑完毕后及时覆盖保温材料；④使用不易吸潮的保温材料。低温季节施工的保温模板，除应符合一般模板要求外，还应满足保温要求，所有孔洞缝隙应填塞封堵，保温模板的衔接应严密可靠。外挂保温层应牢固地固定于模板上。内贴保温层的表面应平整，且保温材料的强度应满足混凝土表面不变形的要求，并有可靠措施保证其固定在混凝土表面，不因拆模而脱落，必要时应进行混凝土表面等效放热系数的验算。在低温季节施工的模板，在整个低温期间不宜拆除，如需拆除模板应遵守下列规定：①混凝土强度应大于允许受冻的临界强度；②不宜在夜间和气温骤降期间拆模，具体拆模时间应满足温控防裂要求，内外温差不大于 20℃或 2～3d 内混凝土表面温降不超过 6℃，如确需要拆模，应及时采取保护措施；③承重模板的拆除时间应经计算确定；④在风沙大的地区拆模后应采取混凝土表面保湿措施。

SL 677—2014《水工混凝土施工规范》中规定了混凝土施工养护措施。混凝土表面养护应遵守下列规定：①混凝土浇筑完毕初凝前，应避免仓面积水、阳光暴晒；②混凝土初凝后可采用洒水或流水等方式养护；③混凝土养护应连续进行，养护期间混凝土表面及所有侧面始终保持湿润；④特种混凝土的养护，按有关规定执行。混凝土养护时间按设计要求执行，不宜少于 28d，对重要部位和利用后期强度的混凝土以及其他有特殊要求的部位应延长养护时间。混凝土采用养护剂养护应遵守下列规定：①养护剂性能应符合 JC/T 901—2002《水泥混凝土养护剂》的有关规定；②养护剂在混凝土表面湿润且无水迹时开始喷涂，夏季使用应避免阳光直射。

DL/T 5144—2015《水工混凝土施工规范》中对混凝土表面保温养护也有类似的规定。施工期遇气温骤降时，应采取混凝土表面保温措施，防止寒潮袭击。混凝土表面保温材料及其厚度，应根据不同部位、结构混凝土内外温差和气候条件，经计算和试验确定。浇筑的混凝土顶面应覆盖保护至气温骤降结束或上层混凝土开始浇筑前。混凝土侧面可结合模板类型、材料性能等采用模板内贴或外贴保温材料或混凝土预制模板进行保护。模板拆除时间应根据混凝土强度及混凝土的内外温差确定，并应避免气温骤降时拆模。气温变幅较大时，长期暴露的大坝基础混凝土及其他重要部位混凝土，应加强表面保护。底板、护坦、闸墩等薄板（壁）建筑物的顶（侧）面宜保护至过水前。在进入低温、气温骤降频繁季节前，宽缝重力坝、支墩坝、空腹坝的空腔以及隧洞、竖井、廊道及其他孔洞的进出口宜进行封闭和表面保温。

混凝土应在初凝3h后潮湿养护，低流动性混凝土宜在浇筑完毕后立即喷雾养护，并尽早开始保湿养护。有抹面要求的混凝土，不得过早在表面洒水，抹面后应及时进行保湿养护。混凝土养护应连续，养护期内混凝土表面应保持湿润。可采用喷雾、洒水、流水、蓄水或保温、保湿的养护方式，也可采用养护剂等。养护期不宜少于28d，对重要部位和利用后期强度混凝土，以及其他有特殊要求的部位，应适当延长养护时间。对建筑物棱角、过流面等重要部位，应加强混凝土表面保护。

第二节　大体积混凝土表面保温及长期保温的必要性

温度应力有限元仿真计算分析表明，大体积混凝土表面保温对于削减混凝土表面温度应力效果显著。实践表明保温是削减混凝土表面温度应力最有效措施。长期保温可有效减少运行期混凝土裂缝数量。

猴山混凝土坝有限元仿真计算表明，对于挡水坝段，当坝面保温至竣工后拆除，外部混凝土的应力不满足混凝土的抗裂要求。当坝面长期保温时，坝体的温度应力降低了，坝面附近的应力降低很多，由4.9MPa降为1.7MPa，效果非常明显。坝体的温度应力满足混凝土的抗裂要求。对于6月浇筑溢流面的方案，当溢流面在冬季（11月至次年3月）保温时，坝体各部分的温度应力都满足混凝土的抗裂要求。如果溢流面保温3年后去除，溢流面中的温度应力将不能满足混凝土的抗裂要求。

工程实践表明，大坝裂缝逐年增加，且裂缝长度、宽度、渗水等问题也趋于严重。覆窝水库混凝土重力坝，坝高50.3m。大坝在施工期的1971年8月首次发现坝体裂缝，当年即查出210条裂缝。1971～2012年共进行了11次裂缝普查，从1971年的210条增加至2012年的1156条。观音阁水库碾压混凝土（RCD）重力坝，坝高82m。施工期大坝混凝土共发生裂缝402条，其中上游面106条，下游面153条，孔洞表面15条，坝体内部128条。工程现已运行20余年，运行期部分坝面出现新的裂缝，2015年2月进行观音阁水库大坝裂缝检测工作，上游面水位在242.6m以上共检测出裂缝380条，下游面共检测裂缝587条，溢流坝面共检测裂缝127条，闸墩共检测裂缝3条，大坝运行期新增大量裂缝。

理论分析与实践经验证明大坝表面实现长期保温是减少运行期裂缝的有效措施。有条件时，对坝面进行长期保温是十分必要的。

第三节　常用保温材料调查与比较

目前常用保温材料包括 EPS 板（苯板）、XPS 保温板（挤塑板）、PU 聚氨酯泡沫板、PUR 现场喷涂硬泡聚氨酯、GRC 复合保温板、GRC 复合保温永久性模板等保温材料。针对上述保温材料的强度、保温性、憎水性、阻燃性、耐久性、外观美观效果以及施工工艺等方面进行经济技术综合比较。

（1）EPS 板（苯板）。EPS 板是可发性聚苯乙烯板的简称。是由原料经过预发、熟化、成型、烘干和切割等制成。它既可制成不同密度、不同形状的泡沫制品，又可以生产出各种不同厚度的泡沫板材。广泛用于建筑、保温、包装、冷冻、日用品、工业铸造等领域。也可用于展示会场、商品橱窗、广告招牌及玩具的制造。目前为适应国家建筑节能要求主要应用于墙体外墙外保温、外墙内保温、地暖。

EPS 板保温体系是由特种聚合胶泥、EPS 板、耐碱玻璃纤维网格布和饰面材料组成的，集保温、防水、防火、装饰功能为一体的新型建筑构造体系。该技术将保温材料置于建筑物外墙外侧，不占用室内空间，保温效果明显，便于设计建筑外形。

EPS 泡沫是一种热塑性材料，经过加热发泡以后，每立方米体积含有 300 万～600 万个独立密闭气泡，内含空气体积为 98% 以上，由于空气的热传导性很小，且又被封闭于泡沫塑料中而不能对流，所以 EPS 是一种隔热保温性能非常优良的材料。密度 15～30kg/m³，导热系数 0.0025kJ/(m·h·℃)，抗拉强度 2.5～3.5kg/m²，尺寸稳定性使用温度 70℃。

（2）XPS 保温板（挤塑板）。XPS 保温板（挤塑板）是挤塑式聚苯乙烯隔热保温板。它是以聚苯乙烯树脂为原料加上其他辅料与聚合物，通过加热混合同时注入催化剂，然后挤塑压出成型而制造的硬质泡沫塑料板。它的学名为绝热用挤塑聚苯乙烯泡沫塑料，简称 XPS。具有完美的闭孔蜂窝结构，这种结构使 XPS 板具有极低的吸水性（几乎不吸水）、低热导系数、高抗压性、抗老化性（正常使用几乎无老化分解现象）。

XPS 保温板（挤塑板）具有以下优良性能特点：

1）优良的保温隔热性。具有高热阻、膨胀比低的特点，其结构的闭孔率达到了99% 以上，形成真空层，避免空气流动散热，确保其保温性能的持久和稳定，相对于发泡聚氨酯 80% 的闭孔率，领先优势不言而喻。实践证明 20mm 厚的 XPS 挤塑保温板，其保温效果相当于 50mm 厚发泡聚苯乙烯，120mm 厚水泥珍珠岩。因此本材料是目前建筑保温的最佳之选。

2）卓越的高强度抗压性。由于 XPS 板的特殊结构，其抗压强度极高、抗冲击性极强，根据 XPS 的不同型号及厚度其抗压强度达到 150～500kPa 以上，能承受各系统地面荷载，广泛应用于地热工程、高速公路、机场跑道、广场地面、大型冷库及车内装饰保温等领域。

3）优质的憎水、防潮性。吸水率是衡量保温材料的一个重要参数。保温材料吸水后保温性能随之下降，在低温情况下，吸入的水极易结冰，破坏了保温材料的结构，从而使板材的抗压及保温性能下降。由于聚苯乙烯分子结构本身不吸水，板材分子结构稳定，无间隙，解决了其他材料漏水、渗透、结霜、冷凝等问题。

4）质地轻、使用方便。XPS 板的完全闭孔式发泡化学结构与其蜂窝状物理结构，使其具有轻质、高强度的特性，便于切割、运输，且不易破损、安装方便。

5）稳定性、防腐性好。长时间的使用中，不老化、不分解、不产生有害物质，其化学性能极其稳定，不会因吸水和腐蚀等导致降解，使其性能下降，在高温环境下仍能保持其优越的性能，根据有关资料介绍，XPS 挤塑保温板即使使用 30～40 年，仍能保持优异的性能，且不会发生分解或霉变，没有有毒物质的挥发。

6）产品环保性能。XPS 板经国家有关部门检测其化学性能稳定，不挥发有害物质，对人体无害，生产原料采用环保型材料，不产生任何工业污染。该产品属环保型建材。

（3）PU 聚氨酯泡沫。PU 聚氨酯泡沫是一类含有重复的氨基甲酸酯链的高分子化合物，是聚氨酯大类中最为重要的子项之一，一般在建筑保温方面主要指的是硬泡。

1）从材料基本物性比较来看，PU 在导热系数、耐温方面有优势。XPS 在抗压强度、耐湿方面有优势。EPS 在各方面均无优势，只是在价格上略有优势。

2）从保温性能比较来看，PU 略好、XPS 其次、EPS 居后。

3）从整体黏结强度比较来看，XPS 最好、PU 其次、EPS 最差。

4）从施工整体造价来看，节能 50％的标准，建筑外墙用 PU 价格较高，PU 较 XPS 高 50％，XPS 较 EPS 高 30％左右。如果节能标准 65％，EPS 则可能因厚度过大影响其他性能而不被选用（至少在北方地区、高层建筑、沿海风大地区如此）。

5）PU、XPS、EPS 都是高分子有机材料，均属于 B 级可燃材料。

综上所述，EPS 保温系统适合节能标准较低，抗风压小的低层建筑外墙外保温，该系统施工效率较低，工人技术要求不高，工程造价为最低。PU 系统适合节能标准较高、结构较为复杂的多层和高楼层，其综合造价为最高。其工装投入较大。由于具有对工人技术要求较高且外墙强度较差不可受撞击等特点，仍需在大规模工程应用和检验，目前使用率仅占我国的外保温市场的 5%。XPS 板材具有优越的保温隔热性能、良好的抗湿防潮性能，同时由于其特殊的分子结构，具有很高的抗压性能。该系统广泛应用于节能标准较高的多层及高楼层，其综合性价比最好，施工效率高，施工方法简便，对工人技术要求不高。

PU 板材、XPS 板材、EPS 板材性能比较见表 6-1。

表 6-1   PU 板材、XPS 板材、EPS 板材性能比较

项目	单位	PU 板材	XPS 板材	EPS 板材
导热系数	kJ/（m·h·℃）	≤0.792	≤0.1044	≤0.1512
抗压强度	KPA	≥150	≥200	≥69
吸水率	%	<3.0	<1.0	<2.0
耐温（max）	℃	120	95	70
燃烧级别		B	B	B
密度	kg/m²	30～40	40	18～20
对流传热		有	有	有
黏结强度	MPA	>0.15	>0.25	>0.1

（4）PUR 现场喷涂硬泡聚氨酯。采用异氰酸酯、多元醇两组份液体原料组成，采用无氟发泡技术，在一定状态下发生热反应，产生闭孔率不小于 95%（或≥92%）的硬泡体化合物——聚氨酯硬泡体防水保温一体化材料（PUR）。

传统的保温和防水是两个独立体系，当将建筑物屋面保温和防水作为系统来研究的时候，结合绿色环保、发展节能建筑的需要，聚氨酯硬泡体（PUR）及其施工技术便使防水保温一体化成为可能。现喷硬泡聚氨酯屋面保温防水技术因其集保温、隔热、防水等多种功能于一体，具有显著的节能、节材效果。GB 50404—2007《硬泡聚氨酯保温防水工程技术规范》中，按用途和物理性能分为Ⅰ、Ⅱ、Ⅲ三种类型。其中：

1）Ⅰ型：适用于屋面作保温层，密度应不小于 35kg/m³。

2）Ⅱ型：适用于屋面作复合保温防水层，密度应不小于 45kg/m³。

3）Ⅲ型：适用于屋面作保温防水层，密度应不小于 55kg/m³。

PUR 现场喷涂硬泡聚氨酯保温板最大缺点是造价较高。

（5）GRC 复合保温板。GRC（glass fiber reinforced cement）复合保温板是以低碱度水泥砂浆为基材，耐碱玻璃纤维做增强材料，制成板材面层，内置钢筋混凝土肋，并填充 EPS、XPS 或岩棉绝热材料内芯，以台座法一次复合生产出来的新型轻质外保温

墙板。

由于采用了 GRC 面层和高热阻芯材的复合结构，因此 GRC 复合墙板具有高强度、高韧性、高抗渗性、高防火与高耐候性，并具有良好的绝热和隔声性能。

（6）GRC 复合外保温装饰一体化墙板。GRC 复合外保温装饰一体化墙板是采用 GRC 水泥层复合 EPS、XPS、岩棉、酚醛板等保温材料，通过自动化的生产设备一次性复合出来，并且在外饰面用真石漆、水性金属漆、浮雕漆、岩片漆等，在工厂内完成装饰，也可现场做漆面装饰。

GRC 复合外保温装饰一体化墙板，是在现代化工厂中以自动化的作业流程通过精密而科学的生产工艺加工而成。是安全耐久且安装简易的一体化成品板材。节省了现场作业的多道工序以及作业环境影响，大大降低了各种白色污染和建筑垃圾，并能够显著提升建筑物的外观效果。

（7）GRC 复合保温永久性模板。GRC 复合保温永久性模板是采用 GRC 水泥层复合 XPS 板，在工厂中通过机械自动化生产设备一次性复合生产出来的免拆模永久性模板。它与建筑物同时浇筑而成，使主体建成后直接具备外保温功能。节省了现场作业的多道工序以及作业环境影响，大大降低了各种白色污染和建筑垃圾。

GRC 复合保温永久性模板的性能指标：表观密度为 $15\sim20kg/m^2$；导热系数不大于 $0.1008kJ/(m\cdot h\cdot ℃)$；吸水率不大于 6%；收缩率不大于 0.06%；抗压强度（kPa）不小于自重的 1.5 倍；50 次冻融：强度损失率不大于 20%，质量损失率不大于 5%。

产品优势：耐久性好；直接形成保温墙体、缩短工期、安全可靠；外表面装饰性好、可粘瓷砖或刷漆料；防火性能好、保护层 $6\sim10mm$ 自带防火隔离带。

（8）岩棉保温被。岩棉是以玄武岩及其他天然矿石等为主要原料，经融化后，采用四辊离心制棉工序，将玄武岩高温熔体甩拉成 $4\sim7\mu m$ 的非连续性纤维，再在岩棉纤维中加入一定量的黏结剂、防尘油、憎水剂，经过沉降、固化、切割等工艺，根据不同用途制成不同密度的系列产品。以岩棉作被里，防水布料做被面，制成岩棉被，具有优良的防火、保温性能。

第四节　工程中采用的保温措施

一、观音阁工程采取的保温措施及其效果

冬季保温标准是表面温度不低于 0℃。1990 年冬，坝体混凝土尚在基坑内，顶面高

程低于河道水位，采用了蓄水保温，以后各年冬季，均通过覆盖保温材料进行保温。1994 年冬季为了防止年度结合面水平施工缝开裂，又对原来 0℃标准下的部位措施进一步加强。

（一）0℃标准下的保温措施

上游面使用的保温材料是聚苯乙烯泡沫塑料板（EPS 板、苯板），使用范围是 195.00m 高程以上全部上游面。泡沫板平面尺寸 1.5m×0.75m，1991 年厚度 3cm，放热系数为 0.066kJ/(m²·h·℃)；从 1992 年起改为 5cm，放热系数为 0.041kJ/(m²·h·℃)。泡沫板在浇筑时衬于上游模板内侧，拆模后可与混凝土牢固地黏结在一起。

顶面用三层错缝排列的稻草垫外覆一层塑料防水苦布保温，下游面保温范围为当年浇筑的混凝土，保温层为以 10 号铝丝串联错缝排列的两层稻草垫，延至前一年混凝土 3m。长期暴露的横缝侧面，1991 年用木模板外衬两层稻草垫保温，1992、1993 年改用 5cm 厚泡沫板。

（二）加强保温措施

为进一步削减内外温差，防止上游面年度结合部水平施工缝开裂，1994 年冬季，在 0℃标准保温措施基础上，加强了对上游面 1993、1994 年度结合面部位和整个下游面的保温。具体措施是，8～28 号坝段上游面 1993～1994 年度结合面上下 5.25m 范围内，在已有的 5cm 泡沫板上再粘一层 7cm 厚泡沫板。3～7 号坝段和 29～48 号坝段上游面则在年度结合面上下 8.25m 范围内再粘 7～12cm 厚度的泡沫板。粘贴施工在钢制吊篮内进行，自行配制黏结剂主要成分是 107 胶、水泥和膨润土。黏结性能良好，经过 1994 年一冬没有发生脱落现象。

下游面采用 3 层稻草垫和一层塑料防水苦布，其中防水苦布压在最上一层草垫子下面。

（三）冬季保温措施效果分析

观音阁坝体冬季保温，以上游面和顶面质量最好，下游面由于部位和使用材料的限制，不如上游面和顶面。上游面保温层可以在整个施工期内长期连续保温，实测使用了 3cm 泡沫板的部位混凝土表面冬季最低温度－2.5℃，使用 5cm 泡沫板的部位，温度计均埋在泡沫板接缝处，实测接缝处最低温度－2℃，根据实测外温及混凝土温度推算，接缝处放热系数为 0.09kJ/(m²·h·℃)，比 5cm 泡沫板本身的放热系数高出一倍多。这种保温方式冬季保温效果很好，只是不利于混凝土浇筑后散热。

顶层稻草垫由于铺设时施工用水及雨水侵袭，入冬前基本上已被水浸湿，使保温效果大大降低，但实测顶面冬季均处于正温状态。根据实测数据计算，顶面放热系数平均达 $0.044kJ/(m^2 \cdot h \cdot ℃)$，实际上三层干燥的稻草垫放热系数也只有 $0.042kJ/(m^2 \cdot h \cdot ℃)$，这主要是因草垫子外有一层防水苫布，形成了密闭保温层的缘故。

下游面两层稻草垫子理论上放热系数为 $0.056kJ/(m^2 \cdot h \cdot ℃)$，但根据实测数据推算却为 $0.081kJ/(m^2 \cdot h \cdot ℃)$，主要原因是斜面稻草垫子铺设困难，不宜排列紧密，而且没有苫布，不能形成密闭的保温结构。

1994 年冬季加强的保温措施并未取得预期的效果，仍产生了许多水平裂缝，但裂缝宽度明显减小。加强保温的部位泡沫板厚度至少为 12cm，最厚达到 17cm，保温效果不容怀疑。可见，对水平裂缝来讲，用单纯的保温的办法是不能从根本上解决问题的。

（四）春秋季保温措施

春秋季是寒潮多发期，昼夜温差大。一般是临时覆盖苫布、草袋子进行防护。此外，还限定 9、10 月层间暴露日数上限为 7d，若超过 7d 必须覆盖草垫子等防护材料。由于坝体施工过程比较复杂，战线较长，春秋季保护做得差些。

（五）冬季蓄水保温措施

观音阁大坝混凝土自 1990 年 6 月开始浇筑，到 10 月底共浇筑基础常规混凝土 15 万 m^3，厚度 2.0～4.0m，混凝土暴露面积约 2.5 万 m^2。混凝土的越冬面位于河水位以下 4.0～5.0m，这部分混凝土都处于基础强约束区，必须采取有效的保温措施，以便安全越冬。常规保温方法排水量大，难以达到预期效果。决定采取基坑蓄水越冬保温。

1990 年 11 月 8 日坝体混凝土停浇，实测水温 3.5℃，混凝土表面温度 8～10℃。11 月 10 日开始向基坑充水，12h 后水位达到混凝土顶面以上 1.0m。由于左岸隧洞施工要求，水位经常控制在混凝土面以上 2.0～3.0m。温度观测结果显示，冬季冰层厚度约 0.3～0.5m，气温两周内下降 14℃，而混凝土表面温度仅降低 1.3℃，整个越冬期，混凝土表面最低温度为 4.8℃，远超过规定的 0℃标准。实践证明，混凝土越冬面低于河水一定深度，采用蓄水保温是可行的，蓄水深度宜在 2.0m 以上，不宜小于 1.0m。

二、白石工程采取的保温措施及其效果

白石坝体上游面采用 6cm 厚聚苯乙烯泡沫塑料板保温，放热系数 $2.0390kJ/(h \cdot m^2 \cdot ℃)$，浇筑混凝土时，泡沫板直接贴在模板内侧，拆模后泡沫板留在混凝土表面，可以保留多年，实现长期保温。顶面及下游面采用 24cm 稻草垫，对当年浇筑的混凝土进行越冬保温。

三、猴山工程采取的保温措施及其效果

（一）猴山工程采取的保温措施

通过对各种保温材料的强度、保温性、憎水性、阻燃性、耐久性、外观效果、施工工艺以及造价等方面进行经济技术综合比较，猴山工程选定 GRC 复合 XPS 挤塑保温板作为大坝上游面保温材料。GRC 复合保温板兼具 GRC 的高强度、高韧性、高抗渗性、高防火与高耐候性和 XPS 挤塑板良好的绝热保温性能，基于特殊的产品结构形式，使用寿命可达 50 年，实现上游面长期保温目标。

GRC 复合保温板一般采用反打成型工艺，成型时外饰面朝下与模板表面接触，故外饰面质量高效果好。GRC 面层一般用直接喷射法制作。内置的钢筋混凝土肋由焊好的钢筋骨架与用硫铝酸盐早强水泥配制的 C30 豆石混凝土制成。

GRC 复合保温板与坝面通过锚栓牢固连接，接缝处由专用防水、防火柔性胶处理，并用抹面胶浆和增强用玻璃网布复合而成抹面层，构成了 A 级不燃型保温系统。解决了抗风、脱落等安全问题。

施工工艺：基层验收、弹线、安装保温板、固定、验证平整、不合格调整、板缝处理、抹第一遍抹面胶浆、粘贴玻纤网格布、抹面层胶浆、特殊细部处理、修补、嵌密封膏、养护、验收评定。

GRC 复合保温板的性能、特点：

（1）燃烧等级：A 级（不燃烧）、B 级（难燃烧）；

（2）表观密度：$15\sim20$kg/m^2；

（3）导热系数不大于 0.0024kJ/(m·h·℃)；

（4）抗压强度（kPa）不小于自重的 1.5 倍。

坝体上游面长期保温，采用厚度 100mm 的 GRC 复合挤塑板保温，采用锚栓固定于混凝土表面；坝体下游面采用厚度 100mm 的挤塑板保温，采用锚栓固定于混凝土表面。溢流面、闸墩等曲面部位采用 100mm 厚岩棉被越冬保温。坝体上游面长期保温如图 6-1 所示，坝体下游及越冬面临时保温如图 6-2 所示。

气温骤降期间对混凝土表面进行保护是防止混凝土表面裂缝的有效措施。新浇混凝土遇日平均气温在 $2\sim3$d 内下降大于 $6\sim8$℃时，且基础强约束区和重要部位混凝土龄期 $3\sim5$d 以上必须进行表面保护。

在气温昼夜温差较大的 10 月开始，为控制混凝土内表温差，减少混凝土表面裂缝，

对坝体混凝土采取保温措施。

图 6-1 坝体上游面长期保温

图 6-2 坝体下游及越冬面临时保温

（二）大坝越冬保温效果分析

进入 10 月，随着外界气温的降低，采用 GRC 复合挤塑板对坝体上游面进行了长期保温，对坝体下游面、越冬层面及相邻坝段侧面采用挤塑板及岩棉被做了临时保温，混凝土表面温度量测记录如图 6-3 和图 6-4 所示。

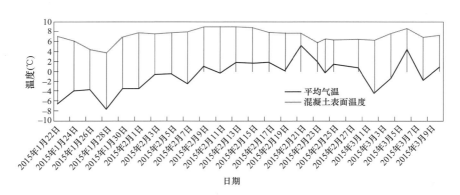
图 6-3 越冬保温温度历时曲线（1/2）

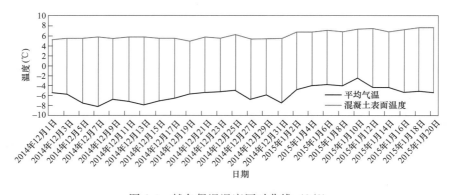
图 6-4 越冬保温温度历时曲线（2/2）

监测期间外温最低－13.2℃，最高 5.1℃，平均－3.3℃；混凝土表面温度最低
2.1℃，最高 13.8℃，平均 6.6℃；提高混凝土表面温度最小 2.5℃，最大 13.9℃，平均
9.9℃。越冬保温效果良好。

第五节　本　章　小　结

坝体上游面一旦出现裂缝，将引起坝体渗漏，是预防表面裂缝的重点部位。观音阁
大坝上游面大部分采用 3～5cm 厚聚苯乙烯泡沫塑料板保温，除了越冬面附近出现水平
施工缝开裂外，未产生其他裂缝。为预防越冬面附近出现水平施工缝开裂，采取了局部
加厚保温层的方法。由于较大的内外温差和较大的上下层温差，在越冬层面附近出现明
显应力集中现象，有限元仿真计算显示，铅直向拉应力达到 3MPa 以上，且越冬层面附
近水平施工层面是混凝土抗拉薄弱部位，仅靠保温措施难以防止越冬面附近水平施工缝
开裂。白石坝体上游面采用 6cm 厚聚苯乙烯泡沫塑料板保温，有限元仿真计算显示，越
冬层面附近出现明显应力集中现象，铅直向拉应力在 2MPa 左右，超过越冬层面混凝土
抗拉强度，结合越冬层面水平预留缝措施（将在第七章介绍），成功预防了上游面裂缝。
猴山大坝上游面采用了 10cm 厚耐久性更好的 GRC 复合保温板，保温效果良好。坝体越
冬顶面、下游面及侧立面等部位也应做好越冬保温和临时防护。溢流面及闸墩等过流曲
面，宜采用岩棉被等柔性保温材料进行越冬保温。

由于大体积混凝土内部降温缓慢，完工时内部依然具有较高的温度。仅在施工期保
温，完工时拆除保温层，冬季较大的内外温差，将引起较大的混凝土表面应力。工程经
验证明，无长期保温措施的混凝土坝体，运行期裂缝数量持续增加。表面保温防护，对
于防止混凝土坝体表面裂缝是十分有效的。大坝表面实现长期保温是减少施工期和运行
期裂缝的有效措施，是十分必要的。

目前，XPS 挤塑保温板、GRC 复合保温板、PUR 现场喷涂硬泡聚氨酯保温板均是
较好的大体积混凝土表面保温材料。PUR 现场喷涂硬泡聚氨酯保温板需要多层喷涂，以
增加其强度，造价略高。施工时将保温板内衬模板内侧，拆模时保温板即留在混凝土表
面，实现连续长期保温，防裂效果较好。

混凝土越冬面低于河水一定深度，采用蓄水保温是可行的，蓄水深度宜在 2.0m 以
上，不宜小于 1.0m。

溢流堰面及闸墩由于有过流要求，一般仅在施工期实施保温，无法实现长期保温。

完工时拆除保温层，内部依然具有较高的温度，冬季较大的内外温差，将引起较大的混凝土表面应力。目前堰面防裂仍有一定困难，需要采取综合防裂措施。如采取控制浇筑温度和最高温度、施工期保温、表层混凝土掺加 MgO 膨胀抗裂剂、反弧段设置永久伸缩缝、内部先浇混凝土台阶抹角或施工一次性整体浇筑等综合措施预防堰面裂缝，可望取得更好的防裂效果。

参 考 文 献

[1] 王永鹏.严寒地区（RCD）碾压混凝土坝设计与施工［M］.北京：中国水利水电出版社，2002.

[2] 杜志达，关佳茹.观音阁水库大坝施工中的温控措施及裂缝处理［J］.水利水电技术，1995（9）：46-50.

[3] 陆殿阁，王金宽，蒋化忠，等.白石水库工程混凝土拌和制冷措施［J］.水利水电技术，1998（9）：31-32.

[4] 中华人民共和国水利部.混凝土重力坝设计规范：SL 319—2018［S］.北京：中国水利水电出版社，2019.

[5] 中华人民共和国水利部.水工混凝土施工规范：SL 677—2014［S］.北京：中国水利水电出版社，2014.

[6] 中华人民共和国国家能源局.水工混凝土施工规范：DL/T 5144—2015［S］.北京：中国电力出版社，2015.

[7] 邹广岐，李贵智，杜志达.观音阁水库大坝混凝土越冬的蓄水保温措施［J］.水利水电技术，1995（8）：62-63.

第七章
大体积混凝土结构防裂措施

本章结合白石水库碾压混凝土重力坝，对大坝上下游越冬层面附近设置预留缝的位置、形式及其扩展进行了研究，并与坝内预埋裂缝计观测结果进行了对比验证。总结了白石、猴山重力坝采取的坝体上下游面越冬层面附近表面预留缝、较长坝段上游面中部竖向预留缝、溢流坝反弧段的表面预留缝和铅直永久纵缝、岩基上长块薄层混凝土预留宽槽后浇带以及溢流坝段内部先浇混凝土预留台阶抹角形状等防裂结构措施。

第一节　一般性结构措施要求

SL 319—2018《混凝土重力坝设计规范》中规定，应选择合适的分缝、分块方案。横缝间距宜为 15～20m。纵缝间距宜为 15～30m，块长超过 30m 应严格温度控制。条件允许时，宜采用通仓浇筑，但对高坝应有专门论证。岸坡坝段宜在地形突变或转折处设置横缝。钢筋混凝土墩、墙等部位的防裂和限裂宜采取结构分缝、温度控制、钢筋配置和表面保护等综合措施。

第二节　白石碾压混凝土重力坝预留缝的研究与应用

一、问题的提出

观音阁碾压混凝土坝坝体越冬层面的上、下游面附近及溢流坝堰面反弧段表面有明显的局部应力集中象现，在已采取常规表面保温防护的条件下，坝体上、下游面施工期最大主拉应力达到 3～4MPa，鉴于日本的玉川碾压混凝土坝连续几年发生了越冬层面水平施工缝的开裂，观音阁坝上、下游侧发生了越冬层面水平施工缝的开裂，引起了对该问题的重视。对白石碾压混凝土坝进行的温度应力仿真计算表明，在已采取表面保温防护的条件下，坝体越冬层面的上、下游面附近及溢流坝堰面反弧段表面有明显的局部应力集中现象，坝体上、下游面施工期最大主拉应力达到 2～3MPa，溢流坝堰面反弧段表面最大主拉应力达到 6MPa 以上，拉应力均超过混凝土容许拉应力。采取挡水坝段越冬层面的上、下游侧设置水平表面预留缝，在溢流坝反弧段设置铅直表面预留缝措施，以期达到应力释放和重分布、防止坝面的无序开裂。针对工程采用的预留缝方案，对裂缝的扩展进行深入研究，收到良好效果。

二、考虑裂缝扩展的温度应力有限元仿真分析基本理论

（一）不稳定温度场解法及温度应力计算方法

二维不稳定温度场显式解法及温度徐变计算方法同第二章，此不赘述。

（二）坝体预留缝的模拟

采用涂缝模型模拟坝体预留缝。假设将预留缝用材料涂死，借助裂缝附近单元的本构关系来模拟裂缝，可以用通常的连续体剖分的网格处理接触问题。

在垂直于裂缝面方向不承受拉应力，即 $\sigma_1 = 0$，由弹性本构关系有

$$\sigma_1 = \frac{E}{1-v^2}(\varepsilon_1 + v\varepsilon_2) = 0 \tag{7-1}$$

于是有

$$\varepsilon_1 = -v\varepsilon_2 \tag{7-2}$$

因此

$$\sigma_2 = \frac{E}{1-v^2}(\varepsilon_2 + v\varepsilon_1) = \frac{E}{1-v^2}(\varepsilon_2 - v^2\varepsilon_2) = E\varepsilon_2 \tag{7-3}$$

于是有裂缝单元的弹性矩阵

$$[D_c] = \begin{bmatrix} 0 & 0 & 0 \\ 0 & E & 0 \\ 0 & 0 & \beta\dfrac{E}{2(1+v)} \end{bmatrix} \tag{7-4}$$

β 是考虑到单元在一个方向开裂，切向弹性模量应有所降低而引入的系数，其值可近似地取为 $0.2 \sim 0.5$。

弹性矩阵 $[D_c]$ 是在主应力的坐标系内适用的，对于总体坐标系弹性矩阵为

$$[D'_c] = [L]^{\mathrm{T}}[D_c][L] \tag{7-5}$$

式中转换矩阵 $[L]$ 为

$$[L] = \begin{bmatrix} \cos^2\alpha & \sin^2\alpha & \sin\alpha\cos\alpha \\ \sin^2\alpha & \cos^2\alpha & -\sin\alpha\cos\alpha \\ -2\sin\alpha\cos\alpha & 2\sin\alpha\cos\alpha & \cos^2\alpha - \sin^2\alpha \end{bmatrix} \tag{7-6}$$

式中，α 是裂缝面的法线方向（第一主应力方向）与 X 轴的夹角。对于本问题预留缝方向是已知的，对于水平缝，$\alpha = 90°$。

（三）坝体预留缝扩展的分析方法

对裂缝尖端建立能量破坏准则，当裂缝尖端扩展时，将有能量输入到这里，这是破坏过程所消耗的能量，其值由能量释放率表示

$$G = \frac{-\partial \prod(a)}{\partial a} \tag{7-7}$$

式中，$\prod = U - W$，为结构的总势能，是裂缝长度 a 的函数，W 是外力功，U 是结构的应变能。裂缝扩展的条件是 $G = G_f$，当 $G > G_f$ 时，裂缝将扩展；当 $G < G_f$ 时，裂缝不扩展。G_f 是材料的一个基本性质。

混凝土的本构行为与线弹性断裂力学的基本假定有一定的差距。在裂缝尖端附近有相对较大的断裂过程区，在这里混凝土的本构行为表现出应变软化，即垂直于裂缝平面的应力随着应变的增加而减少。这是由于在这里出现了微裂纹，因而减少了裂纹尖端释放的能量，同时又增加了裂纹的表面积，于是在断裂过程区提高了能量吸收的能力。为了更精确的描述在裂缝尖端附近混凝土的本构行为，将软化损伤引入到断裂力学模型中。在裂缝尖端的断裂过程区引入软化的应力-应变本构关系。

为克服应变软化数学计算时对网格强烈敏感的困难，在应变软化模型中引入断裂力学裂缝带模型。即在断裂过程区采用了软化的材料本构关系，其次在软化区的前端强加一个固定不变的裂缝区宽度 W_c（裂缝带宽），这个常数是材料的一种固有性质。软化的应力-应变本构关系及裂缝带模型如图 7-1 所示。

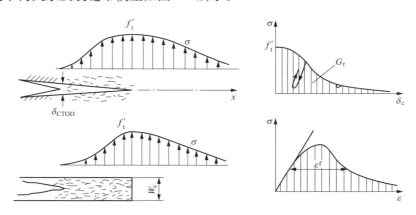

图 7-1　软化应力-应变本构关系及裂缝带模型示意图

假定产生单位长度（和单位宽度）的裂缝所耗散的能量是一个常数，等于材料的断

裂能量 G_f。

把断裂引起的软化的应变叠加到弹性应变上，如果假定所有的裂纹都是平行的并涂散开（连续的分布），于是对于二维问题有

$$\begin{Bmatrix} \varepsilon_{11} \\ \varepsilon_{22} \\ \gamma_{12} \end{Bmatrix} = \begin{bmatrix} C_{1111} & C_{1122} & 0 \\ C_{2211} & C_{2222} & 0 \\ 0 & 0 & C_{1212}/\beta \end{bmatrix} \begin{Bmatrix} \sigma_{11} \\ \sigma_{22} \\ \sigma_{12} \end{Bmatrix} + \begin{Bmatrix} 0 \\ \varepsilon^f \\ 0 \end{Bmatrix} \tag{7-8}$$

γ_{12} 是剪切角，C_{1111}、$C_{1122}=C_{2211}$、C_{2222} 是弹性柔度系数，β 是一个经验系数（$0<\beta<1$），如果材料是各向同性的，$C_{1111}=C_{2222}=1/E'$，$C_{1122}=C_{2211}=v'/E'$，$C_{1212}=2(1+v)/E$。对于平面应变问题，$E'=E/(1-v)$，$v'=v/(1-v)$。把断裂应变合并到柔度系数中，引入损伤因子 ω（$0\leqslant\omega\leqslant1$），有 $\varepsilon=[\omega C_{2222}/(1-\omega)]\sigma_{22}$。认为 ω 是法向于裂缝的应变 ε_{22} 的函数，或最大主应变的函数。$\omega/(1-\omega)=\varphi(\varepsilon_{22})$，开始时 $\omega=0$，无损伤；当 $\omega=1$ 时，完全损伤。断裂能量为

$$G_f = W_c \int \sigma_{22} d\varepsilon^f \tag{7-9}$$

建立在裂缝带模型基础上的单向拉伸的软化应力-应变关系是由函数 $\varphi(\varepsilon_{22})$ 刻划，这个函数定义了损伤因子 ω。函数 $\varphi(\varepsilon_{22})$ 一般可以简单地表示为

$$\phi(\varepsilon) = (E/f_t') \exp a(\varepsilon-\varepsilon_P) \tag{7-10}$$

式中，a、ε_P 是经验常数。本计算应用直线软化关系。

裂缝前端的宽度，由计算结果和实验结果的比较，认为可以近似地取为 $W_c \approx 3d_a$（d_a＝最大骨料粒径）。W_c 的值由 d_a 到 $6d_a$ 几乎得到同样好的结果。

三、白石碾压混凝土坝预留缝的分析研究

位于辽宁省北票市境内的白石碾压混凝土重力坝是继观音阁之后北方严寒地区修建的又一座碾压混凝土坝。最大坝高 50.3m，混凝土体积 57.5 万 m³。主体工程于 1996 年 9 月正式开工建设，于 2000 年建成。

（一）研究目的

前期的计算结果表明，挡水坝段上游面最大主拉应力 2.24MPa，下游面最大主拉应力达 4.59MPa，溢流坝段上游面最大主拉应力达到 1.26MPa，溢流面最大主拉应力达到 2.58MPa，较大的拉应力均发生在混凝土越冬停浇面附近。溢流坝堰面反弧段上表面点最大主拉应力达到 6.06MPa。上述部位施工期和运行期均有较大的拉应力出现，应力随气温和时间呈周期性变化。而越冬停浇面恰好是混凝土抗拉薄弱部位，其容许拉应力为

$[\sigma]=1.19\text{MPa}$。挡水坝段上下游侧及溢流坝堰面反弧段上表面点拉应力远大于其容许拉应力，裂缝难以避免。因而就产生这样的问题，是否可以控制坝体裂缝发生在易于处理的和对坝体性能影响不大的部位，因此提出预留缝措施。拟在坝体内将要发生较大拉应力部位设置预留短缝，并配置适量钢筋限制裂缝开展宽度和深度。为此选择典型坝段，设预留缝并进行有限元非线性仿真分析，分析设置预留缝的可行性、应力分布状况、预留缝的稳定性、钢筋的限裂作用以及对坝体抗滑稳定性的影响。

本章对白石碾压混凝土坝预留缝的研究分为两个阶段。第一阶段进行不同部位、不同缝深及不同限裂筋位置，共 14 种组合方案的温度应力分析；第二阶段对工程采用的预留缝方案进行了温度应力分析。详细计入混凝土的热学性能、物理力学性能、浇筑温度、外气温和边界保温条件以及坝体混凝土升程过程。分别考虑了水压、自重、温度、自生体积变形及徐变等荷载作用。

（二）典型坝段的选择及有限元离散模型

本次计算选择 27 号挡水坝段及 11 号溢流坝段作为典型坝段（如图 7-2 和图 7-3 所示）。

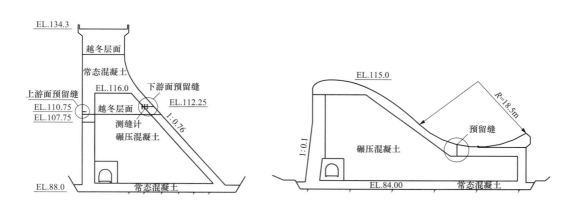

图 7-2　白石 27 号挡水坝段剖面图　　　图 7-3　白石 11 号溢流坝段剖面图
（高程单位：m）　　　　　　　　　　　（高程单位：m）

挡水坝段的温度场计算，坝体部分剖分为 2363 个三角形单元，1264 个节点，基础岩石深度取两倍坝高，宽度取五倍坝宽，剖分为 1346 个三角形单元，716 个节点；即挡水坝段的温度场计算共剖分为 3709 个三角形单元，1944 个节点。对于应力分析，由于要考虑裂缝的扩展，在裂缝区，对 3m 高度范围内网格进行加密，使其单元的高度等于裂缝带的宽度，如图 7-4 所示。大部分细网格的节点位置与粗网格的节点位置重合，少部分与粗网格不重合的细网格的节点温度，可由粗网格的节点温度插值求得。

对于溢流坝温度场和应力场采用同样的网格。溢流坝段坝体剖分了 1981 个三角形单元，1059 个节点，基础岩石部分剖分为 1612 个三角形单元，852 个节点；即溢流坝段共剖分为 3593 个三角形单元，1862 个节点。为模拟坝体实际升程过程，坝体碾压混凝土部分的三角形单元按 0.75m 高度剖分，其他部分的三角形单元剖分则保证升程过程中各高程浇筑面均在三角形单元的分界面上。剖分时尽量使三角形单元的形状接近等边三角形，以克服单元形状畸变对计算结果的不利影响。

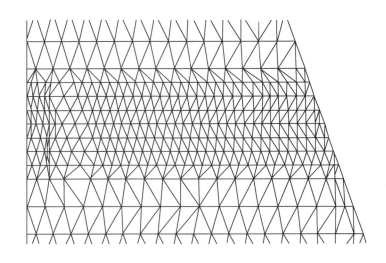

图 7-4　挡水坝段预留缝区有限元加密网格图

（三）第一阶段温度应力分析

计算采用涂缝模型考虑接触问题，分别考虑在挡水坝段上游面 110.00m 高程及下游面 122.00m 高程，设置与不设置水平预留缝、设置与不设置限裂钢筋以及不同的预留缝深度共组合成 14 种方案进行应力分析。14 种分析方案见表 7-1。

计算分析得出以下几点主要结论：①水平预留缝对削减越冬面附近上、下游面拉应力有明显效果；②预留缝对距缝较远的区域应力影响较小；③预留缝必须有足够的长度，太短效果不明显；④钢筋应设置在预留缝靠近坝内部一端，如果将钢筋设置在预留缝靠近坝面一端，钢筋限制了裂缝的张开，则对改善应力效果不明显；⑤沿预留缝水平层面，坝体抗滑稳定满足要求。

表 7-1 分析方案

方案	缝类型		
	上游面 110m 高程	下游面 110m 高程	下游面 122m 高程
1	无缝、无筋	无缝	无缝
2	无缝、有筋	1m 缝、加筋	无缝
3	0.5m 缝、有筋	1m 缝、加筋	无缝
4	0.5m 缝、有筋	3m 缝、缝末端加筋	1.5m 缝
5	无缝、有筋	1m 缝、无筋	无缝
6	无缝、有筋	3m 缝、无筋	无缝
7	0.5m 缝、有筋	3m 缝、无筋	无缝
8	0.5m 缝、无筋	3m 缝、缝末端加筋	无缝
9	0.5m 缝、无筋	3m 缝、缝末端加筋	1.5m 缝
10	0.5m 缝、无筋	1m 缝、无筋	无缝
11	无缝、无筋	3m 缝、无筋	无缝
12	无缝、无筋	3m 缝、缝末端加筋	无缝
13	无缝、无筋	3m 缝、距边 0.5m 加筋	无缝
14	0.5m 缝、有筋	3m 缝、缝末端加筋	无缝

依据本阶段温度应力计算结果，决定在挡水坝段上游面 110.75m 高程设置 1m 深水平预留缝，内设两道水平止水，缝端设开口 PVC 管及限裂钢筋。下游面 112.25m 高程设置 3m 深水平预留缝，坝内缝端设开口 PVC 管，在溢流坝堰面反弧段设表面纵向铅直预留缝，坝内缝端在碾压混凝土顶部设置水平限裂钢筋，堰面缝端设置止水与大坝横缝止水连接，预留缝设置方式如图 7-5 所示。

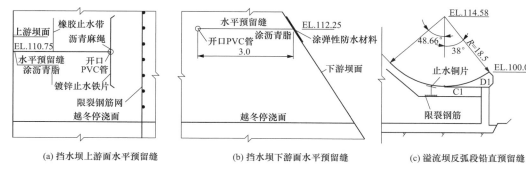

(a) 挡水坝上游面水平预留缝　　(b) 挡水坝下游面水平预留缝　　(c) 溢流坝反弧段铅直预留缝

图 7-5　预留缝详图（单位：m）

（四）第二阶段温度应力分析

按照上阶段采取的预留缝处理措施，分别对坝体温度应力，裂缝稳定性（即裂缝的

— 203 —

扩展）、设缝截面坝体稳定性及限裂筋的作用进行了计算。温度应力计算中，对坝体裂缝仍采用涂缝模型进行模拟；裂缝扩展计算中，在裂缝尖端的断裂过程区引入了软化的应力-应变本构关系，并引入了裂缝带模型。历年冬季上、下游面最大主应力分布图如图 7-6～和图 7-7 所示。挡水坝段 110.75、112.25m 高程水平截面铅直应力分布图如图7-8～图 7-9 所示。2000、2001 年及 2002 年运行初期冬季上、下游面有无预留缝应力比较如图 7-10～图 7-12 所示。计算结果表明，挡水坝段设缝部位上游面主拉应力降至1MPa 左右，下游面主拉应力降至 1.6MPa；上游预留缝向内扩展 0.28m 达到稳定，下游预留缝向内扩展 0.29m 达到稳定。坝体稳定性安全系数远大于容许值。钢筋限裂作用不十分明显。溢流坝段堰面反弧段最大主拉应力由原来的 6MPa 降至 3MPa。裂缝向内扩展 0.375m 达到稳定，上述计算结果说明预留缝效果明显。对挡水坝段设缝截面抗滑稳定性进行验算，采用材料力学抗剪断公式，取 $f'=1.05$，$C'=0.78$MPa。110.75m 高程抗滑稳定安全系数 $k=6.7$，112.25m 高程抗滑稳定安全系数 $k=5.4$，均远大于允许安全系数，抗滑稳定满足要求。

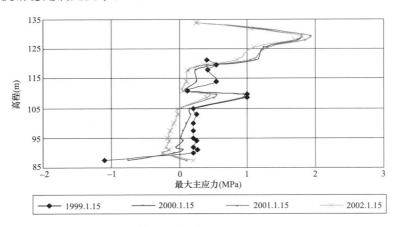

图 7-6　挡水坝段历年冬季上游面最大主应力分布图（有预留缝）

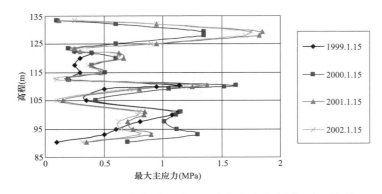

图 7-7　挡水坝段历年冬季下游面最大主应力分布图（有预留缝）

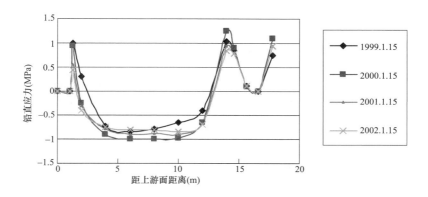

图 7-8　挡水坝段 110.75m 高程水平截面铅直应力分布图（有预留缝）

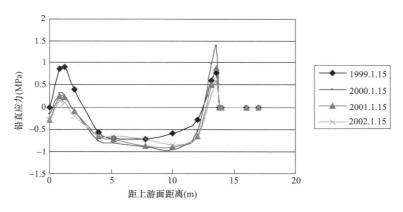

图 7-9　挡水坝段 112.25m 高程水平截面铅直应力分布图（有预留缝）

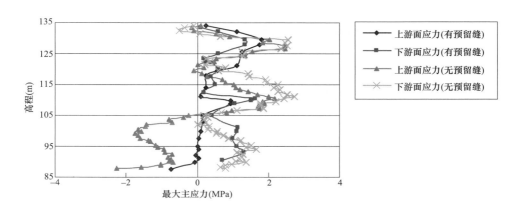

图 7-10　2000 年 1 月 15 日上、下游面有无预留缝应力比较

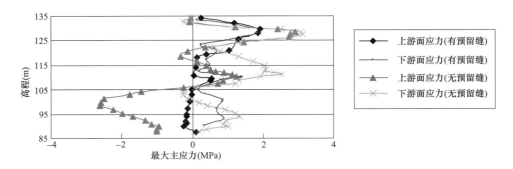

图 7-11   2001 年 1 月 15 日上、下游面有无预留缝应力比较

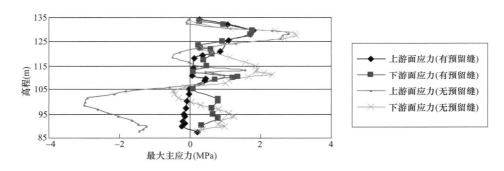

图 7-12   2002 年 1 月 15 日上、下游面有无预留缝应力比较

四、测缝计观测结果及预留缝效果分析

为监测预留缝的工作情况，施工期在坝内埋设了三支测缝计，其位置示于图 7-2。测缝计开度主要受气温影响，距下游面越近，裂缝开度变化越大。1999 年 1 月，第 1 号测缝计在气温作用下张开了 2mm 以上，2 号测缝计张开了 1.5～1.7mm，3 号测缝计张开了 0.25mm 左右，1999 年 5 月以后，由于温度的回升，各支测缝计均恢复到开始埋设时的状态。测缝计的温度及裂缝开度测值曲线如图 7-13 所示。从图 7-13 中可以看出，当温度升高时，缝的开度变小；当温度降低时，缝的开度变大。靠近坝面处，缝的开度较大；靠近坝内部，缝的开度较小。测缝计观测结果表明，预留缝开度符合规律。

现场检查表明，除预留缝张开，其附近未发现有其他裂缝，证明预留缝有效。

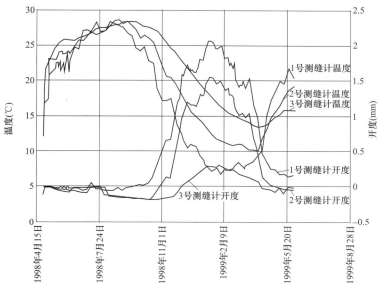

图 7-13　测缝计温度、裂缝开度过程线

第三节　白石碾压混凝土重力坝其他防裂结构措施

一、底孔坝段底板采用宽槽后浇带混凝土

底孔坝段底宽长达 54.66m，基础岩面高程为 87.80m。1996 年开始浇筑基础部位混凝土，至当年的 10 月 16 日，混凝土浇筑至 89.75m 高程开始停浇越冬，岩基上 1.95m 厚度长薄板若整体浇筑长间歇停浇越冬，约束应力很大，难以防裂。采用了预留纵向宽槽后浇带措施，在中部沿坝轴线方向预留 1.2m 纵向宽槽，将该部位混凝土分为上、下游两块浇筑，预留插筋，于 1997 年春天在宽槽内回填微膨胀混凝土。该项措施减少了混凝土纵向裂缝。

由于宽槽两侧插筋影响，对宽槽进行清理和凿毛比较困难，这是预留宽槽后浇带需要注意的。

二、底孔洞身与下游边导墙之间设置永久缝

底孔坝段在底孔洞身与出口下游边导墙连接部位，自孔底出口底板以上部位设置永久工作缝。这一结构措施大大改善了底孔出口处应力状态，有利于该部位的混凝土防裂。

第四节 猴山混凝土重力坝防裂结构措施

一、坝体上、下游侧越冬层面设置水平预留短缝

有限元温度应力仿真分析表明，混凝土坝挡水坝段在采取严格保温条件下，坝体上、下游侧越冬层面附近有明显铅直向温度应力集中现象，上游侧越冬层面附近铅直向拉应力 1.6～1.7MPa，下游侧越冬层面附近铅直向拉应力 1.7～1.9MPa。

混凝土容许拉应力计算公式

$$\sigma \leqslant \frac{\varepsilon_p E_h}{K_f} \qquad (7\text{-}11)$$

式中　E_h——混凝土弹性模量（MPa），取 30 000MPa；

　　　ε_p——混凝土极限拉伸值；取 0.000 01；

　　　K_f——安全系数，采用 1.5。

借鉴类似工程经验，坝体混凝土越冬层面抗拉强度折减系数取为 0.6，计算出坝体上、下游面混凝土允许拉应力为 2MPa，坝体混凝土越冬层面允许拉应力为 1.2MPa。坝体上、下侧越冬层面附近拉应力大于混凝土越冬层面允许拉应力，容易引起越冬层面开裂。鉴于日本的玉川碾压混凝土坝连续几年发生了越冬层面水平施工缝的开裂，观音阁坝上、下游侧发生了越冬层面水平施工缝发生开裂问题，本工程采取挡水坝段上、下游侧越冬层面设置水平表面预留短缝措施，以防止越冬层面产生水平裂缝。

1. 坝体上游侧越冬层面设置水平预留短缝

在越冬层面设置 1.6m 深水平缝，缝面涂沥青脂，距坝面 1.0m 设置水平止水铜片，与坝体横缝间止水铜片连为一体，止水铜片后 0.6m 处设置橡胶止水带，与坝体横缝间橡胶止水带连为一体。橡胶止水带后设置并缝钢筋网，竖向主筋采用 φ16@150，长 1.2m，水平副筋采用 φ10@250。

在距坝体越冬层面上下各 3.5m 范围内设一层钢筋网，钢筋网距坝面保护层为 100mm，竖向主筋采用 φ16@150，水平副筋采用 φ10@250。水平越冬层面预留缝处钢筋网断开，如图 7-14 和图 7-15 所示。

2. 左、右岸非溢流坝段上游面 127.0m 高程应力较大部位设置限裂钢筋

左、右岸非溢流坝段上游面 127.0m 高程上下各 3.5m 范围内，沿上游面设钢筋网，钢筋网距坝面保护层为 100mm，竖向主筋采用 φ16@150，水平副筋采用 φ10@250。

3. 左、右岸非溢流坝段下游侧越冬层面设置水平预留短缝

在越冬层面的上 1.5m 层面设置 1.0m 深水平预留缝，缝面涂沥青脂，水平缝末端设开口 PVC 管及并缝钢筋，竖向主筋采用 $\phi16@150$，长 1.2m，水平副筋采用 $\phi10@250$。

在距坝体水平预留缝层面上下各 3.5m 范围内设一层钢筋网，钢筋网坝面保护层为 100mm，竖向主筋采用 $\phi16@150$，水平副筋采用 $\phi10@250$。水平预留缝面处钢筋网断开。如图 7-14 和图 7-15 所示。

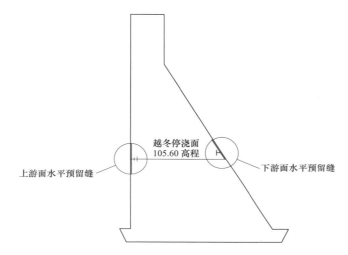

图 7-14　挡水坝上、下游侧越冬层面预留短缝示意图（高程单位：m）

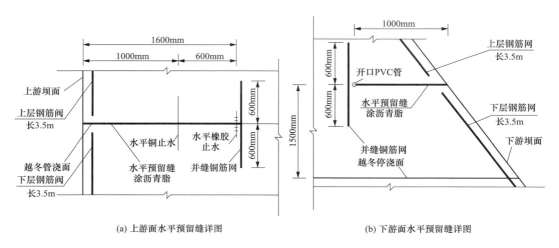

(a) 上游面水平预留缝详图　　　　　　　　(b) 下游面水平预留缝详图

图 7-15　挡水坝上、下游侧越冬层面预留短缝详图

二、在较长的坝段上游面设置竖向预留短缝

外界温度年变化在混凝土表面引起的应力计算公式为

$$\sigma = \frac{E_{\mathrm{h}} \alpha T_0 k_{\mathrm{p}} C}{1 - \mu} \tag{7-12}$$

式中 E_{h} ——混凝土弹性模量（MPa）；

α ——混凝土线膨胀系数（℃$^{-1}$）；

T_0 ——混凝土表面温度变幅（℃）；

K_{p} ——混凝土应力松弛系数；

μ ——混凝土泊松比；

C ——系数，可自图 7-16 查得；

σ ——混凝土表面应力（MPa）。

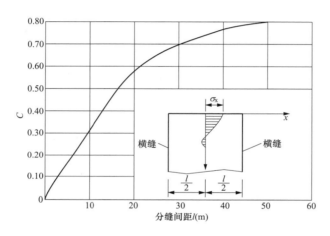

图 7-16 年变化温度应力系数

绥中站气温低温季节月最低多年平均温度−19.3℃，坝体内部温度施工期30℃、运行期11℃。气温年变幅较大，混凝土因内部约束在大坝表面产生较大温度拉应力，容易引起大坝表面开裂。应用上述公式计算大坝上、下游面运行期沿坝轴线方向温度应力见表7-2。

表 7-2　　　　　　　　　　大坝上、下游面运行期沿坝轴线方向温度应力

分缝间距 l	应力松弛系数 K_{p}	系数/查表 C	混凝土弹性模量 E_{h}（MPa）	混凝土泊松比 μ	混凝土线膨胀系数 α（℃$^{-1}$）	混凝土表面温度变幅 T_0（℃）	混凝土表面温度应力 σ_1（MPa）	容许拉应力 $[\sigma]$（MPa）	混凝土极限拉伸值 ε_{p}	安全系数 K_{f}
20	0.65	0.57	30000	0.167	9×10^{-6}	30.3	3.639	2	0.0001	1.5
10	0.65	0.31	30000	0.167	9×10^{-6}	30.3	1.979			

表7-2中大坝上、下游面运行期温度应力计算结果表明，在当地气候条件下，大坝长期

运行过程中，20m 长度的大坝横缝间距，不能满足防裂要求，横缝间距取 10m 较为合适。

导流底孔坝段及门库坝段上游侧预留竖向短缝。因工程布置需要，导流底孔坝段及门库坝段长分别为 20m 和 18m。在导流底孔坝段及门库坝段坝体上游面设置 1.0m 深竖向预留短缝，缝面涂沥青脂，缝末端设开口 PVC 管及并缝钢筋，水平主筋采用 $\phi16@150$，长 1.2m，竖向副筋采用 $\phi10@250$，如图 7-17 所示。

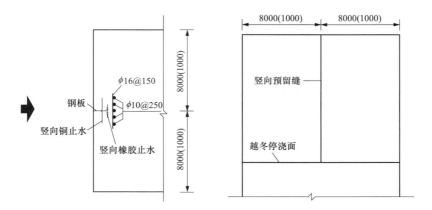

图 7-17　导流底孔及门库坝段上游面竖向预留短缝（尺寸单位：mm）

三、溢流坝反弧段设置铅直永久纵缝

有限元仿真计算结果表明，溢流坝堰面反弧段表面最大主拉应力达到 6MPa 以上。拉应力远超过混凝土容许拉应力，在确保溢流坝段抗滑稳定前提下，在溢流坝反弧段设置铅直永久纵缝，以防止溢流坝堰面反弧部位产生纵向裂缝。

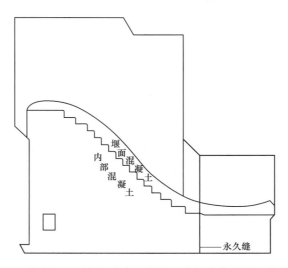

图 7-18　溢流坝反弧段铅直永久纵缝、内部先浇混凝土台阶抹角

四、溢流坝堰面内部先浇混凝土台阶抹角

为了减小溢流面中的温度应力，改变溢流坝堰面内部先浇混凝土预留台阶的形状，由直角改为135°角的斜面抹角，有限元仿真计算结果表明，直角形式的预留台阶时，溢流面中的最大应力为4.9MPa，而135°角的斜坡抹角预留台阶时，与溢流面最大应力4.9MPa对应位置处的最大应力为3.2MPa，减小了1.7MPa，内部先浇混凝土预留台阶的形状对堰面应力的影响很大。工程实施中采用了圆弧形状预留台阶如图7-18所示。

第五节　本　章　小　结

SL 319—2018《混凝土重力坝设计规范》中规定，大坝横缝间距宜为15～20m，气候寒冷的北方地区，横缝间距以取规范规定的下限为宜。在混凝土坝上、下游越冬面及溢流坝堰面反弧段温度应力集中部位，采取预留缝措施，可以有效缓解局部应力集中，避免无序开裂。在确保溢流坝段抗滑稳定的前提条件下，可以在溢流坝堰面反弧段采取贯通永久纵缝。当结构布置需要坝段较长时，可以在上游面坝段中部设置竖向预留浅缝。溢流坝段常常采用内部先浇混凝土并预留台阶，台阶形状对后浇的堰面薄层混凝土应力影响较大，采取台阶斜坡抹角或圆弧抹角形状，可以明显减小堰面拉应力。岩基上长块薄层混凝土长间歇或越冬，混凝土内部温度很快降至稳定温度，甚至低于稳定温度，即使采取蓄水保温或加强保温层厚度，也难以防止纵向裂缝，可采取在长块中部预留宽槽后浇带措施，待温度降低混凝土充分收缩后，回填微膨胀混凝土。由于宽槽两侧插筋影响，对宽槽进行清理和凿毛比较困难，注意留够预留宽槽的宽度。

参　考　文　献

［1］大连理工大学工程力学系. 辽宁省白石水库碾压式混凝土坝温度控制技术研究（总报告），1997.

［2］朱伯芳. 大体积混凝土温度应力与温度控制［M］. 北京：中国电力出版社，1999.

［3］朱伯芳. 混凝土结构徐变应力分析的隐式解法［J］. 水利学报，1983（5）：40-46.

第八章
观音阁碾压混凝土重力坝施工期裂缝原因分析与处理

本章分析了观音阁碾压混凝土重力坝施工期裂缝原因，介绍了裂缝处理措施。

第一节 工 程 概 况

观音阁水库拦河大坝为碾压混凝土重力坝，最大坝高 82m，坝顶长 1040m，从左至右共分 65 个坝段。采用"金包银"的断面型式。上游面常规混凝土防渗层厚 3.0m，下游常规混凝土保护层厚 2.5m，基础常规混凝土垫层最小厚度 2.0m。横缝间距，除 4、5、7、9 号坝段外，均为 16m。

温控及保温标准。合同文件规定坝体混凝土浇筑温度不得超过 22℃，也不得低于 4℃。同时还规定，对坝体混凝土应采取越冬保温措施，使其表面任何一处的温度不低于 0℃。

水库工程总工期为 6 年。1990 年 5 月正式开始坝体混凝土浇筑，并于 1991 年汛后导、截流。1994 年汛后下闸蓄水，1995 年 5 月 1 日第一台机组发电，1995 年 10 月竣工。

碾压混凝土采用通仓铺筑，碾压层厚 75cm，分三层摊铺一次碾压，层间冲毛、铺砂浆处理。

冬季保温措施。上游面采用 3～5cm 厚聚苯乙烯泡沫塑料板。下游面铺两层草垫子，上覆一层苫布。越冬停浇顶面，铺三层草垫子，其上、下还各铺一层防水苫布。越冬侧立面，不拆模板，另加两层草垫子。

第二节 施工期裂缝调查与分类

截止到 1995 年 5 月 1 日，大坝混凝土共发生裂缝 402 条，其中上游面 106 条，下游面 153 条，孔洞内表面 15 条，坝体内部 128 条。

按照裂缝所处的不同部位，可大致划分成如下七类。第一类裂缝为发生于 1990 年度坝体基础混凝土中的裂缝，主要分布于混凝土顶面。第二类裂缝为发生于 13、14 号底孔坝段高程 201.75～202.5m 混凝土中的水平向裂缝。第三类裂缝为发生于 7、12、15、29 号坝段侧立面上的竖向裂缝。第四类裂缝为发生于 18、21、24 号坝段导流底孔内环形裂缝。第五类裂缝为发生于 15、18、21、24 及 27 号坝段溢流面反弧段附近平行坝轴线方向的纵向裂缝。第六类裂缝为发生于 13、14 号坝段泄水底孔内部环形裂缝，发生于 1992 年度坝体混凝土中。第七类裂缝为发生于大坝混凝土年度结合面附近上下游面的水平裂缝。以上第二类裂缝至第五类裂缝均发生于 1991 年度坝体混凝土中。

对坝体稳定和渗漏有影响的重要裂缝，主要是 209.25m 高程上、下游面水平裂缝、迎水面竖向裂缝和永久底孔环形缝。

第三节　裂缝成因分析

一、防寒潮保温不及时，施工初期养生不良

根据坝址区气温资料统计，9、10 月平均寒潮次数分别为 1.8 次和 3.7 次，平均 2 日降幅 8.72℃和 9.1℃。平均昼夜温差都在 10℃以上。当混凝土内部温度较高，而外界气温骤降或昼夜温差较大时，混凝土浇筑完毕而未能及时覆盖下一层混凝土，施工层面长期间歇，未能及时对混凝土表面进行很好的保温防护，在气温骤降和昼夜温差作用下，混凝土表面将产生很大的拉应力，以至超过混凝土抗裂能力而导致裂缝发生。第一类裂缝，即是由于坝基固结灌浆，使基础薄层混凝土（2～4m 厚）长期停歇，未能很好保护。施工初期，由于使用人工洒水养生，往往有洒水不及时的情况，造成混凝土表面产生较大的干缩应力。后期采用坝面自动喷淋装置后，养生问题得到彻底解决。

二、建基面起伏差

基础薄层混凝土，浇筑后由于固结灌浆需要而长期停歇，混凝土顶面散热快使体积收缩，建基面对基础混凝土产生强烈约束，易在薄弱部位产生裂缝。25 号坝段上游部位裂缝明显体现了这一点。该部位下部的建基面刚好是一个大块完整的突起岩石，与周围建基面的起伏差 0.5m，其上覆盖混凝土厚度仅 0.2～0.3m。

三、一些特殊部位越冬保温做得不够理想

1990 年浇筑的基础混凝土，采用基坑蓄水保温越冬，实践证明是成功的。1991 年

混凝土冬季保温总的来说，上游面做得最好，由于采用了模板内置聚苯乙烯泡沫塑料保温板，实现了一次性连续长期保温，避免了后挂保温材料悬挂不及时以及质量不易保证的缺点。其次是顶面保温也是成功的。因此，这两个部位冬季产生的裂缝很少。但有一些"重点部位"如临空面、孔洞周围及棱角部位等未采取特殊措施进行重点保护，在较大内表温差作用下，导致混凝土开裂。这是引起第三至第六类裂缝的主要原因。7、29号坝段侧立面，靠近岩基部位裂缝较多，裂缝宽度大，而上部裂缝较少，宽度较窄。主要是由于靠近基岩部位表面混凝土受基础约束与内部约束的共同作用。较低的表面温度形成较大的内表温差，使约束应力达到较大值，超过混凝土抗裂能力，导致裂缝发生。12、15号坝段侧立面裂缝，主要是由于棱角部位双向散热，保温能力不足，形成较大的内表温差，使内部约束应力达到较大值，导致裂缝。至于18、21、24号坝段三个导流底孔内环形裂缝，是由于底孔内冬季过流，底孔内部温度接近外界气温，且孔壁没有任何保温措施，较大的内表温差，使约束应力达到较大值，导致环形裂缝发生。

四、坝体混凝土的质量不够均匀

设计上的问题主要是混凝土分区过于复杂，配比过多。施工上的问题主要是由于施工组织、施工工艺等因素的影响，造成一个块体内存在多处薄弱的"结合部"，其中最为突出的是由于施工连续性较差，造成施工碾压条带间歇时间过长，甚至个别情况下由于施工中断造成了一些施工冷缝。在"收仓口"部位这个问题表现更为突出。影响条带间混凝土结合的因素还有很多，如骨料分离、物料风干等，但施工速度及连续性起了决定性作用。

五、大坝混凝土年度结合面水平裂缝的原因分析

观音阁水库大坝混凝土施工期为每年的4月至10月，从当年的10月末至翌年4月初，混凝土停止浇筑。大坝施工期间，在大坝混凝土年度结合面（即越冬层面）的上、下游面部位，发生了不同程度的水平施工缝开裂。较严重的裂缝主要集中在1992～1993年度及1993～1994年度结合面附近，高程分别在209.25、218.25m和236.25m三个层面附近。裂缝长度几乎达至整个坝段，深度为3.0～6.0m，宽度多为0.5～1.2mm，最宽达2.0mm。

大坝上、下游面水平裂缝示意图如图8-1和图8-2所示，图中水平虚线为大坝混凝土年度结合面（即越冬层面），水平实线为裂缝。

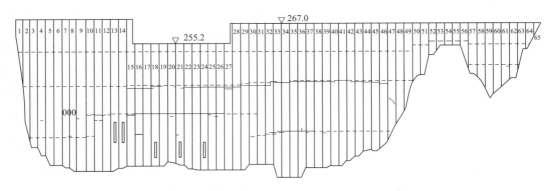

图 8-1　观音阁水库大坝上游水平裂缝示意图（高程单位：m）

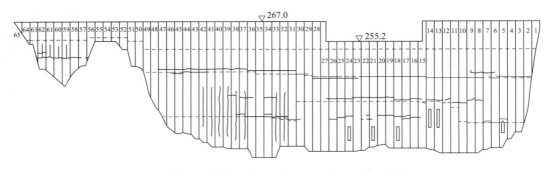

图 8-2　观音阁水库大坝下游水平裂缝示意图（高程单位：m）

水平施工缝开裂原因分析，主要从温度应力和施工缝抗裂强度两方面进行讨论。

（1）混凝土上下层温差及内表温差对温度应力的影响。大坝施工期温度场及温度应力仿真计算结果表明，越冬期上、下游越冬面附近的拉应力 σ_y 大多数在 2.5MPa 以上，最大达 4.0MPa，说明温度应力已远远超过混凝土的抗裂强度，开裂难以避免。为了分析上下层温差和内表温差对上、下游面温度应力的影响，将仿真分析得到的三者对应关系列于表 8-1。表中序号 1～5 为上游面，6～11 为下游面。利用二维回归方法，得到上下游越冬面处铅直向应力 σ_y 与上下层温差 T_1 和内表温差 T_2 之间的关系式为，$\sigma_y = 0.2818 + 0.0874T_1 + 0.0623T_2$。$T_1$ 为越冬面上下各 B/4 范围内，上层混凝土最高平均温度与开盘时下层平均温度之差；T_2 为 σ_y 最大时混凝土内部最高温度与外表最低温度之差；B 为越冬面处坝体宽度。

根据回归方程，令 $\lambda = \dfrac{0.0874T_1}{0.0623T_2}$，$\lambda$ 表示上下层温差与内表温差产生的应力 σ_y 之比，并将 λ 的计算结果也列入表 8-1 中。

表 8-1　　　　　　　　　表面铅直向拉应力 σ_y 与上下层温差及内表温差

| 序号 | 温差（℃） | | 表面铅直向拉应力（MPa） | | 两种温差 |
	上下层温差 T_1	内表温差 T_2	仿真计算值 σ_y	估计值 σ_y	应力比 λ
1	14.25	20.00	2.68	2.77	1.00
2	14.25	16.00	2.55	2.52	1.25
3	20.65	15.00	3.30	3.02	1.93
4	20.65	17.50	3.00	3.17	1.65
5	15.93	18.00	2.65	2.79	1.24
6	14.25	30.00	3.80	3.40	0.67
7	14.25	29.00	4.00	3.33	0.69
8	20.65	25.00	3.60	3.64	1.16
9	20.65	29.00	4.00	3.89	1.00
10	17.45	33.50	3.85	3.89	0.73
11	18.00	31.00	3.60	3.78	0.81

从表 8-1 中所列数据表明，大坝上游面其应力比的平均值 $\overline{\lambda}_u = 1.42$，说明铅直向拉应力 σ_y 由上下层温差起控制作用；大坝下游面 $\overline{\lambda}_d = 0.84$，应力 σ_y 由内表温差占主导地位。这种差异是由于冬季下游面草垫子保温效果远不及上游面 5cm 厚泡沫板所致。综合上下游面的全部结果，应力比总平均 $\overline{\lambda} = 1.1$。由此可见，发生在观音阁大坝越冬面附近很大的铅直向拉应力 σ_y 是由上下层温差和内表温差共同作用的结果，而以上下层温差影响更大，尤其是对于上游面，上下层温差的作应更为突出。

观音阁混凝土坝采用通仓碾压冬季长停歇的施工方式，使得温度应力的性态较常规混凝土坝发生了很大变化。由于冬季气温很低（可达 $-30℃$），上下游棱角部位处于双向散热状态，冬季混凝土表面温度很低，有的已低于 0℃，第二年春天混凝土开盘时，仓面温度也比较低，加之夏季混凝土入仓温度偏高，以及水化热的作用，新浇筑混凝土内的最高温度很高，因而形成了较大的上下层温差以及内表温差。由于上述两种温差的共同作用，在越冬面上、下游附近产生较大的铅直向拉应力。这是造成水平施工缝开裂的最主要原因。

由上述分析结果认为，越冬顶面及上下游棱角部位的保温应与上游面同等对待。提高越冬面的温度，即削减上下层温差，能有效减小上下游面拉应力，且施工上也比上、下游面的保温简单易行、费用小，因而具有更大的意义。

（2）越冬面附近混凝土层间强度。越冬面附近的混凝土多在10月下旬和4月上旬浇筑，混凝土入仓温度及养护温度都比较低，造成混凝土强度偏低。

据试验资料统计，低温季节（4、10月）浇筑的混凝土月平均强度为年平均强度的85％～87％；由于碾压工艺等原因，混凝土表层骨料挤动与回弹效应，层面混凝土微裂，造成0.75m碾压层内上部强度低于下部强度。据钻芯试件试验结果，其λ值为0.92，因上述原因越冬面附近混凝土强度约降低20％。层间结合面虽然铺筑水泥砂浆厚1.5～2.0cm，但其强度仍为混凝土本体强度的75％左右。故层间抗拉强度显著低于本体抗拉强度，是易开裂的薄弱面，这是坝体水平施工缝开裂的内因。

第四节　年度结合面水平裂缝的稳定性及坝体的稳定性分析

一、上游面裂缝稳定性分析

由于裂缝深度为3～6m，与其所在高程的坝体断面尺寸相比较小，可利用线弹性断裂力学的理论和基本方法研究裂缝的稳定性。裂缝稳定判断依据为$K_f = K_{IC}/K_I \geqslant 1$，其中$K_f$安全系数，$K_{IC}$为坝体混凝土断裂韧度，$K_I$为裂缝尖端的应力强度因子。计算结果表明，高程209.25m裂缝如不处理或只做防渗处理是不稳定的，裂缝还将继续扩展；如增设排水管，安全系数$K_f = 2.42$，裂缝稳定才有保证。对于高程236.25m裂缝即使不处理，安全系数已达$K_f = 1.87$，可以认为已足够安全，考虑工程耐久性等原因，采用简单方法处理，以保证安全。

二、坝体层间稳定性核算

荷载组合考虑了设计洪水位基本组合及校核洪水位特殊组合。抗剪断参数取$f' = 1.05$，$C' = 0.78$MPa；裂缝范围内$C' = 0$；坝体排水管处扬压力折减系数$\alpha_3 = 0.2$。计算结果表明，坝体稳定由基本组合控制，对于高程209.25m及其以下的断面，当裂缝开裂深度达到6m时，若裂缝不作处理，则坝体稳定不能满足要求；若仅采取防渗处理，虽可满足规范要求，但安全系数仅为$K' = 3.04$，余度太小；增设坝体排水管后，安全系数$K' = 3.31$，坝体稳定性明显增加。高程218.25m及236.25m两个断面，即使不处理安全系数已很大，尤其是高程236.25m断面，不处理时安全系数$K' = 4.46$，因此，处理方案可尽量简化。

第五节 裂缝处理措施

一、裂缝的处理方法

总的处理原则：重点裂缝重点处理，一般裂缝一般处理，无关紧要的裂缝简单处理或不处理。依据上述原则，提出 12 种处理方案。对裂缝按其位置及开展情况进行归类，进而选择合适的处理方案。裂缝分类及处理方案见表 8-2。

表 8-2   裂缝分类及处理方案

部位及形态	宽度（mm）	长度（m）	处理方案
侧面	≤0.25		不处理
	>0.25		方案 1：缝上贴 3mm 厚橡皮板，引管至指定高程水泥灌浆
平面	≤0.25	≤2.5	不处理
	≤0.25	>2.5	方案 3：重要部位扣直径 200mm 半圆管，铺单层筋，浇筑常规混凝土。
			方案 6：一般部位扣直径 200mm 半圆管，不铺筋，浇筑常规混凝土
	>0.25	≤2.5	方案 4：骑缝凿槽，浇筑常规混凝土
	>0.25	>2.5	方案 2：重要部位扣直径 200mm 半圆管，铺双层钢筋，浇筑常规混凝土，缝内水泥灌浆。
			方案 5：孔洞底板或顶部平面凿槽，扣直径 200mm 半圆管，铺三层筋，缝内水泥灌浆。
			方案 7：一般部位扣直径 200mm 半圆管，铺双层筋，浇筑常规混凝土。
			方案 10：高部位凿槽，钻缝头孔，浇筑常规混凝土
平面深层裂缝 上游面竖向裂缝 平面部分			方案 8：凿槽，回填砂浆，钻缝头孔，水泥灌浆，扣直径 200mm 半圆管，铺双层筋，浇筑常规混凝土
导流底孔环缝 永久底孔环缝			方案 9：凿槽，埋管，回填塑性嵌缝材料，聚合物高强防渗砂浆封缝，磨细水泥或聚氨酯灌浆
上游面水平裂缝 上游面竖向裂缝 立面部分			方案 11：沥青混凝土面板。 方案 12：塑性嵌缝材料
下游面裂缝			未处理

二、大坝混凝土年度结合面水平裂缝处理方法

依据前述分析结果，采用具有较好塑性及抗渗性的沥青混凝土防渗面板处理 209.25m 及 218.25m 高程水平裂缝。具体处理方法是在坝面浅凿毛，打锚筋孔以固定钢筋混凝土预制板，板厚 8cm，然后采用速凝砂浆嵌缝。坝面涂两遍冷底子油，待晾干后分层灌注厚度为 10cm 的沥青混凝土，在横缝端部沿缝钻直径为 10mm 的垂直孔，孔深达第一道铜止水，冲洗干净后回填遇水膨胀的 BW 止水材料。高程 209.25m 将增设坝体排水管。于 1994 年 3 月开始至 9 月全部处理完毕，经蓄水后观测，防渗效果良好。高程 236.25m 上游面水平裂缝，采用粘贴 T1 密封胶带，然后粘贴三元乙丙卷材，最后在其周边进行锚固的方法简易处理。该处防渗处理于 2001 年汛前全部处理完毕。

参 考 文 献

[1] 王成山.《观音阁水库碾压混凝土大坝施工期裂缝分析与处理》水利科技的世纪曙光—水利系统首届青年学术交流会优秀论文集，中国科学技术出版社.

[2] 邹广岐，李贵智，王成山. 观音阁水库混凝土大坝越冬面水平施工缝的开裂原因及处理措施 [J]. 水利水电技术，1995（8）：49-53.

[3] 杜志达，关佳茹. 观音阁水库大坝施工中的温控措施及裂缝处理 [J]. 水利水电技术，1995（9）：46-50.

第九章

玉石水库 6 号坝段上游面竖向裂缝分析与处理

本章分析了玉石水库混凝土重力坝 6 号坝段上游面竖向裂缝产生的原因，介绍了裂缝处理措施及效果，提出混凝土重力坝表面竖向裂缝的预防措施建议。

第一节 工 程 概 况

玉石水库位于碧流河上游辽宁省盖州市矿洞沟乡，总库容 8852 万 m^3，属中型水库，水库的主要任务是为营口市鲅鱼圈区提供城市生活及工业用水，设计供水量 12.6 万 t/d。

玉石水库碾压混凝土重力坝，采用 RCD 工法施工，大坝由挡水坝段、溢流坝段、取水坝段组成。坝顶轴线长 266.5m，最大坝高 50.20m。坝顶高程 203.20m，坝底高程 153.00m。大坝共分为 15 个坝段，其中 5、6、7 号为溢流坝段，位于河槽左侧，全长 62m，净宽 50.0m，堰顶高程 196.00m。5、7 号坝段长均为 19.00m，6 号坝段长 24.00m。

第二节 6 号坝段设计情况

6 号坝段建基面高程 155.00m，坝底宽 40.50m。堰顶高程 196.00m，最大坝高 41.00m。上游面直立，下游面坡度为 1∶0.75。堰型采用开敞式溢洪道堰面曲线（三）型，原点上游采用三圆弧曲线，原点下游采用幂曲线与下游面相切，采用连续式鼻坎挑流消能。

大坝采用 RCD 工法碾压混凝土施工，建基面以上 2.0m 采用 B1 常规混凝土，上游 3.0m、下游 2.0m 范围内采用富级配碾压混凝土 A2（后改为常规混凝土 B2），坝体内部采用碾压混凝土 A1，坝体混凝土分区如图 9-1 所示，混凝土施工配合比见表 9-1。

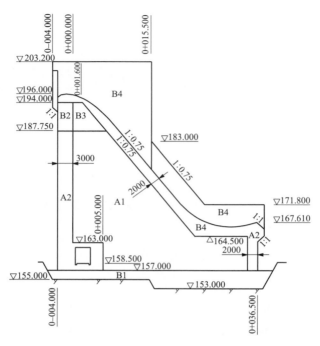

图 9-1 坝体混凝土分区（桩号、高程单位：m；尺寸单位：mm）

表 9-1　　　　　　　　　　混凝土施工配合比（与设计配合比相同）

混凝土类型	砂率（%）	稠度（cm）	水灰比	胶凝材料总量（kg）	粉煤灰掺量（%）	每立方材料用量（kg）								
						水泥	水	外加剂		砂	G_1 120~80	G_2 80~40	G_3 40~20	G_4 20~5	粉煤灰
								木钙	AEA202						
B2	30	5±1	0.45	230	20	184	103	0.575	0.0092	607		438	583	438	46
A2	34		0.45	180	20	144	77	0.45	0.018	733			712	712	36
B4	30	6±1	0.39	300	20	240	116	0.75	0.012	576		554	416	416	60
A1	30		0.56	140	50	70	79	0.35	0.014	638		460	614	460	70

第三节　6 号坝段地质情况

该坝段由于受 F2 断层的影响，断层附近及上盘岩体风化强烈，破碎严重，因此沿 F2 断层方向将断层附近及断层上盘（7 号坝段及 6 号坝段下游和上游右侧）建基面继续下挖至 153.00m 高程，这样在 6 号坝段上游形成一个 155.00m 高程平台，两建基面高差 2.0m 左右，之间的斜坡坡面为一节理面，产状 332°NE∠65°。

该坝段岩体受断层影响严重，工程地质条件相对较差。建基面开挖不规整。岩体风化程度、完整性及岩体强度变化较大，大部分区域节理密集，断层破碎带宽 2.9～5.5m，影响带宽超过 10m。断层带内侵入的辉绿岩风化严重，岩体强度较低。该坝段由于断层及两种岩性的存在，使上下游坝基岩体的完整性及岩体强度相差较大，可能影响坝体产生不均匀沉降。

第四节　6 号坝段施工情况

一、施工进度

大坝混凝土于 1999 年 5 月 20 日开始浇筑，首先对 6、7 号坝段 153.00m 高程建基面以下用 C3 混凝土进行填坑、找平，5 月 30 日进行 153.00、154.00m 高程 B1 混凝土浇筑，6 月 6 日浇筑 154.00～155.00m 高程的混凝土，6 月 14 日达到 156.00m 高程，6 月 24 日达到 157.00m 高程后停止浇筑。然后进行基础固结灌浆。于 8 月 8 日开始继续升程，进行碾压混凝土施工。在碾压混凝土施工时，由于种种原因，将原设计的坝体上下游面 A2 富胶材碾压混凝土改为 B2 常规混凝土。至 11 月 7 日，6 号坝段混凝土升程到 169.00m 高程后停止浇筑，进行保温防护越冬。169.00m 高程以上混凝土从 2000 年 3 月 27 日开始浇筑，至 2000 年 8 月 24 日，浇筑高程达到 190.00m。

二、混凝土浇筑温度

在高温季节混凝土施工中主要由拌和系统内部的风冷系统对骨料进行降温。但由于成品骨料经筛分后露天自然堆放，在高温季节未采取任何降温措施，并且骨料通过地坑由 91.0m 长的皮带运输机运送骨料时，运输皮带露天设置，也未设任何遮阳及喷雾降温设施。骨料经过皮带的烘烤升温很快，仅靠拌和楼内部的风冷系统，难以使混凝土的温度降低。

原设计混凝土允许浇筑温度：基础约束区为 15℃（高程 155.00～163.00m，浇筑高度 $H \leqslant 8m$），上部为 18℃（高程 163.00m 以上，浇筑高度 $H > 8m$）。实际基础约束区内（高程 155.00～163.00m）平均浇筑温度为 9.75～22.5℃，最高浇筑温度为 27℃；上部（高程 163.00～169.00m）平均浇筑温度为 9.5～17℃，最高浇筑温度为 19℃。混凝土的入仓温度受气温影响，变幅较大，在 7、8 两个月的变幅值为 8～9℃，基本接近当时气温。

三、混凝土越冬保温措施

6 号坝段上游面 162.25m 高程以下采用回填土保温，回填高程为 163.00m，在 1999 年 9 月 18 日前回填完毕。162.25m 高程以上采用 5cm 厚的聚苯乙烯泡沫板保温，随着大坝混凝土的升程同步进行。下游面 161.0m 高程以下采用回填土保温，回填高程为 161.50m，于 1999 年 9 月末回填完毕。161.00m 高程以上采用 6cm 厚草垫子三层，外加一层防水苦布保温，于 1999 年 11 月 15 日前完成。顶面 169.00m 高程采用 6cm 厚草垫子四层，外加一层防水苦布进行保温，于 1999 年 11 月 15 日前完成。大坝顶面及下游面 161.50m 高程以上的保温材料，于 2000 年 3 月 16 日前全部拆除。

四、混凝土施工质量

经统计资料分析，1999 年混凝土施工质量合格率为 100％，其中 A1、B1、B2 混凝土强度指标均超过设计值。

第五节　6 号坝段上游面竖向裂缝分布情况

2000 年 3 月 16 日，坝体保温材料拆除后，在对大坝混凝土越冬面进行裂缝调查时发现，在 6 号坝段顶面中部有一条横向裂缝，该裂缝在大坝迎水面显示为竖向裂缝，裂缝下至基岩面 155m 高程、上至 169m 高程混凝土越冬停浇面，高 14m。左距 5 号坝段 15m，右距 7 号坝段 9m。裂缝在 169m 高程平面上向坝内延伸 3.9m。裂缝在位于坝体下部的灌浆廊道上游壁出露。裂缝位置如图 9-2 和图 9-3 所示。

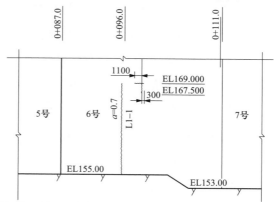

图 9-2　6 号坝段上游立面裂缝位置（高程、桩号单位：m；尺寸单位：mm）

a—缝宽

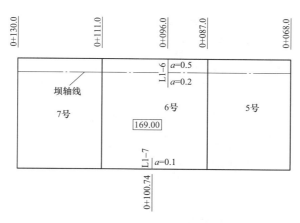

图 9-3　6 号坝段竖向裂缝平面位置（高程、桩号单位：m；尺寸单位：mm）

a—缝宽

后经跟踪观测，裂缝自 2000 年 4 月 4 日后未再继续延伸，裂缝宽度有逐渐减小的趋势，没有新的裂缝产生。

第六节　仿真计算分析

根据初步分析，6 号坝段上游面竖向裂缝的产生与改变混凝土分区、坝基地质情况、坝段分缝长度、浇筑温度等多种因素有关，为分析清楚各种因素所起作用的大小，找出裂缝产生的主要原因，进行了多方案的仿真计算。

一、基本计算资料

气温资料见表 9-2。

大坝混凝土主要热学性能指标见表 9-3。

其中混凝土绝热温升 θ 随时间 t 的变化可用双曲线公式表示为

$$\theta = \frac{\theta_0 \times t}{b + t} \tag{9-1}$$

式中　θ_0——混凝土最终绝热温升；

　　　b——试验测得的常数。

大坝混凝土主要物理力学指标见表 9-4。

玉石水库施工期间经过两个冬季，即 1999 年和 2000 年冬季。这两个冬季基本采用了相同的保温材料和措施，保温材料的热学性能指标见表 9-5。

表 9-2   玉石水库各月平均气温   ℃

月份	1	2	3	4	5	6	7	8	9	10	11	12	年平均
气温	−8.8	−5.6	2.0	10.6	17.7	21.9	24.9	24.2	18.6	11.3	2.5	−5.5	9.48

表 9-3   混凝土主要热学性能指标

材料类型	密度 ρ (kg/m³)	导温系数 a (m²/h)	比热容 c [kJ/(kg·℃)]	线膨胀系数 $\alpha \times 10^{-6}$ (℃⁻¹)	导热系数 λ [kJ/(m·h·℃)]	绝热温升试验常数	
						θ_0	b
基岩	2700	0.00580	0.7200	8.5	16.800		
A1	2389	0.00607	0.8378	8.3	12.168	18.99	5.699
B1	2369	0.00580	0.8401	8.5	12.116	23.99	3.720
B2	2349	0.00567	0.8639	8.6	11.745	32.99	3.708
A2	2285	0.00595	0.8307	8.4	11.932	29.99	3.708
B3	2365	0.00556	0.8805	8.6	11.972	23.99	3.720
B4	2386	0.00547	0.8777	8.6	11.426	36.20	3.500

表 9-4   混凝土主要物理力学指标

材料类型	泊松比	稳定弹性模量 $E \times 10^4$ (MPa)	极限拉伸 $\varepsilon_t \times 10^{-6}$
基岩	0.24	0.90	
A1	0.15	2.20	75
B1	0.15	2.40	85
B2	0.17	2.66	95
A2	0.15	2.70	85
B3	0.18	2.30	70
B4	0.11	2.80	100

表 9-5   玉石水库保温材料热学性能指标

保温材料	导热系数 λ [kJ/(m·h·℃)]
聚苯乙烯泡沫塑料板	0.125
矿棉	0.209
草垫子	0.502
干砂	1.170
湿砂	4.055

二、计算模型及边界条件

1. 计算模型

本课题主要是分析169.00m高程以下坝体裂缝原因和169.00m高程以上人工缝向下扩展范围。根据计算要求，取6号坝段进行三维温度场和应力场有限元分析。基础深取60.00m，宽取分别距离坝趾和坝踵60.00m。

考虑不同情况的模型代号见表9-6。模型1是模拟6号坝段施工期、蓄水期和运行期等全过程仿真计算模型；模型3是169.00m高程以下，按照玉石水库6号坝段实际施工条件计算；模型5是169.00m高程以下，按照设计混凝土浇筑温度计算，即最高入仓温度不超过18℃，超过该温度的混凝土浇筑层按18℃入仓温度计算；模型6是169.00m高程以下，按照设计混凝土分区情况计算，即采用A2混凝土而不是实际施工中的B2混凝土；模型7是169.00m高程以下，按照初始勘测资料设计混凝土从155.00m高程开始浇筑计算，而不是根据实际开挖结果从153.00m高程浇筑混凝土；模型19m是取坝段宽度为19m，从155.00m高程浇筑混凝土，其他条件与模型3相同。

表9-6　　　　　　　　　　　　　　计算工况与模型代号

模型代号	计算工况
模型1	施工期、蓄水期和运行期等全过程
模型3	实际施工情况
模型5	设计混凝土浇筑温度情况
模型6	设计混凝土分区情况
模型7	设计坝底基础情况
模型19m	19m宽坝段情况

2. 边界条件的确定

计算坝体温度场时，基础底部和基础两侧采用第二类边界条件（绝热状态）；坝段间的基础部分和坝体部分都采用第二类边界条件（绝热状态）；坝体上游面在施工期间采用第三类边界条件（与空气接触），在蓄水期和运行期采用第一类边界条件（与水接触）；坝体下游面在施工期和运行期都采用第三类边界条件（与空气接触）。

计算坝体应力场时，基础底部取固定支撑，约束所有方向自由度；基础两侧约束X方向自由度；坝段间的基础部分和坝体部分约束Z方向自由度。

3. 计算中的简化处理

为方便计算，和实际条件的缺乏，对实际的施工过程和物理参数的选取作了一些简化，具体如下：

（1）混凝土每层的浇筑温度取实际记录温度范围的平均值。

（2）根据试验结果模拟混凝土弹性模量随时间变化时，两量测时间点间认为弹性模量是线性变化。

（3）模拟水库蓄水过程时，认为水位阶越升高，每 10～15 天上升 1.5m。

三、主要计算结果

通过对玉石水库大坝温度场和应力场仿真计算，整理出对上游竖向裂缝最有影响力的最大拉应力 σ_z，见表 9-7。

表 9-7　　　　　　　　各模型在开盘 290 天内最大 σ_z　　　　　　　　MPa

最大应力值	模型 3	模型 5	模型 6	模型 7	模型 19m
σ_z	3.93	3.93	3.38	3.62	3.41

主要计算结果：

（1）从模型 3 的计算结果可以看出，坝体在全高程（155.00～169.00m），靠近上、下游面区域出现大于 2.0MPa 的 σ_z 拉应力。在高程 157.00～163.00m 间上游面拉应力在 2.0MPa 左右区域的深度超过 8m。混凝土开裂后，导致应力重新分布，引起竖向裂缝。下游面混凝土的抗裂性能优于上游面混凝土，其竖向裂缝的扩展深度会小于上游面。

（2）从 z 向拉应力最大值和较大拉应力区域看，高程 169.00m 以上坝体比高程 169.00m 以下坝体有很大减少。所以在 169.00m 高程以上设横缝，将 24m 长坝段分成两个 12m 长坝段对消除拉应力集中是有好处的。

（3）在 169.00m 高程分缝附近存在强拉应力集中，导致混凝土向下开裂，向下延伸高度可能达到 6～8m。

（4）169.00m 高程以下在上游面出现的竖向裂缝可能会沿 169.00m 高程向上延伸 3～5m。

（5）通过模型 1 全时段温度应力分析，经过 2000 年冬季后，裂缝的扩展将达到稳定。

（6）上游面和下游面在水平越冬面（即 169.00m 和 190.00m 高程）附近有较大 y 向拉应力，很可能出现水平裂缝。

第七节　裂缝成因分析

根据有限元仿真计算结果分析，多种原因综合作用导致 6 号坝段出现竖向裂缝，包括坝段长度、混凝土分区、混凝土浇筑温度和基础地质与开挖等因素，发现这些因素对坝体所受到的 z 向（顺坝轴线方向）应力都有不同程度的影响。

一、混凝土内表温差大，坝段过长，引起较大的温度应力是导致竖向裂缝的主要因素

（1）水化热温升及坝体温度计算。采用有限差分法计算混凝土内部水化热温升，混凝土升程过程按坝体混凝土实际升程过程。计算结果基础盖板内（高程 155～157m）水化热温升为 13.3℃，基础约束区内（高程 157～163m）水化热温升为 10.5℃，上部（高程 163～169m）水化热温升为 9℃，与浇筑温度值进行叠加后得出混凝土内最高温度见表 9-8。

表 9-8　　　　　　　　　　　　混凝土内最高温度

参数	基础盖板 （高程 155～157m）	基础约束 （高程 157～163m）	上部混凝土 （高程 163～169m）
实测平均浇筑温度（℃）	18.75	19.13	13
计算水化热温升（℃）	13.3	10.5	9
混凝土内最高温度（℃）	32.05	29.63	22

因 6 号坝段未埋设温度计，借鉴 9 号坝段坝体内部温度计实测结果。以温度计 T6、T7 结果最具代表性，表明坝体内部温度达到 30℃，计算结果与实测结果基本吻合。

（2）混凝土表面温度应力计算。内表温差在 6 号坝段上游混凝土表面引起的温度应力计算公式为

$$\sigma = E_h \alpha T_0 K_p C / (1 - \mu) \tag{9-2}$$

式中　σ——混凝土表面应力（MPa）；

E_h——混凝土弹性模量（MPa），取 2.55×10^4；

α——混凝土线胀系数（℃$^{-1}$），取 10×10^{-5}；

T_0——混凝土内表温差（℃），取 30℃；

K_p——混凝土松弛系数，取 0.65；

μ——混凝土泊松比，取 0.167；

C——系数，与坝段长度有关，取 0.64。

将数值代入上述公式中，得上游混凝土表面水平拉应力 $\sigma = 3.82\mathrm{MPa}$。与有限元计算结果基本一致。

（3）混凝土允许拉应力。混凝土允许拉应力计算公式为

$$[\sigma] = \varepsilon E_\mathrm{h} / K_\mathrm{f} \tag{9-3}$$

式中 $[\sigma]$——混凝土允许拉应力（MPa）；

   ε——混凝土极限拉伸值，取 1.0×10^{-4}；

   E_h——混凝土弹性模量，取 $2.55 \times 10^4 \mathrm{MPa}$；

   K_f——安全系数，取 1.5。

将数值代入上述公式中，得混凝土允许拉应力 $[\sigma] = 1.7\mathrm{MPa}$，不考虑安全系数时，该数值为 2.55MPa。

有限元仿真各种模型计算结果及内表温差计算上游面混凝土应力结果均显示，坝轴线方向应力 σ_z 均超过 3MPa，接近 4MPa。

由于混凝土内表温差大，坝段过长，在混凝土表面引起较大的温度拉应力，超过混凝土抗裂能力，这是 6 号坝段上游面竖向裂缝产生的主要因素。

二、上游防渗层改变混凝土品种的影响

上游 3m 厚防渗层混凝土由原设计的 A2 改为 B2，水泥/粉煤灰掺量由原来的 144kg/36kg 变为 184kg/46kg，水泥用量增加 40kg，粉煤灰用量增加 10kg。由于水泥和粉煤灰用量的增加，导致混凝土水化热绝热温升及水化热温升比原设计混凝土有所提高，坝体混凝土最高温度有所提高，上游面温度应力有所加大。从有限元仿真计算结果看（表 9-7），坝体混凝土分区改变对坝体 z 向应力影响明显。比较最大拉应力 σ_z，实际混凝土分区情况比设计混凝土分区情况大 0.55MPa。上游防渗层混凝土由 A2 碾压混凝土改为 B2 常规混凝土是引起上游面混凝土裂缝的重要因素。

三、坝基存在开挖台阶影响

F2 断层斜穿该坝段、较大的开挖高差以及基岩的不均匀性，不利于坝体防裂。F2 断层破碎带沿上下游方向斜穿过 6 号坝段，由于 F2 断层的影响，该坝段基础开挖成台阶状，台阶右侧开挖建基面高程为 155m，左侧开挖建基面高程为 153m，高差 2m。台阶在上游面出露点距 6 号坝段左侧横缝 9m，台阶在下游面出露点位于 6 号坝段右侧横

缝处。这种台阶状的建基面，使得基础部位坝体混凝土应力状态进一步恶化。另外，由于采用填塘使基础部位常规混凝土浇筑量加大，水化热增高，引起了较高的温度应力也是产生裂缝的重要因素。

根据仿真计算结果，基础开挖位置对竖向裂缝的出现影响较显著。从表 9-7 可以看出，没有基础台阶（模型 7）比实际情况（模型 3）最大拉应力 σ_z 小 0.31MPa。

四、混凝土施工质量原因

从机口取样试验成果看，混凝土强度均能满足设计要求。

五、6 号坝段上游面竖向裂缝原因分析

综上所述，混凝土内表温差大，坝段过长，引起较大的温度应力是导致竖向裂缝的主要因素。上游 3m 厚防渗层混凝土由 A2 碾压混凝土改为 B2 常规混凝土，增加上游面拉应力 0.55MPa；台阶状建基面，增加上游面拉应力 0.33MPa，两者是引起上游面混凝土裂缝的重要因素。

第八节　裂缝处理措施

首先在水平越冬面对裂缝进行限裂处理：先对裂缝进行凿槽，槽宽 5cm，然后扣直径 10cm 的半圆钢管，最后再配 4 层 $\phi20@200$ 的限裂钢筋网。钢筋网分 2 次铺设，浇筑第一层（厚度 75cm）混凝土时铺设 2 层，第一层钢筋网距水平越冬面 10cm，钢筋网格间距为 20cm，另两层则在浇筑下一层时铺设；同时，为避免新浇混凝土出现类似裂缝，自 169m 高程起将上部坝体分成两个 12m 长的坝段。

在上游面和廊道内向裂缝内灌注 LW、HW 双组分水溶性聚氨酯。沿裂缝开凿出深8cm，口宽 8cm 的 V 形槽，内嵌 SR3 型塑性止水材料，表面用宽度为 50cm 的 SR 防渗保护盖片粘贴保护。施工时先用水、钢丝刷冲刷缝槽及边缘到扁钢压条的宽度，去除杂物，凉干或烘干。然后刷两道 SR 底胶，待底胶表干后，在缝槽内及两侧各 25cm 的范围内用 SR3 型塑性止水材料嵌缝及找平，达到设计规定的 SR3 材料形状，并使表面光滑。然后撕去 SR 防渗保护盖片上的防粘保护纸，将 SR 防渗保护盖片粘贴到 SR3 材料上。在 SR 防渗保护盖片的起止段及搭接段两侧用膨胀螺栓及扁钢锚固，并用 SR3 材料对粘好的 SR 防渗保护盖片边缘进行封边。

这种处理方法有如下优点：

（1）防渗效果好。因为这种处理方法相当于三重防渗，在缝内化灌止水，在缝面做了两道止水，一道是塑性材料嵌缝止水，一道是 SR 防渗保护盖片止水，较以往的只采用一道嵌缝止水的处理方法更加安全可靠。

（2）工程造价较低。

（3）工期较短，施工简单。

这种处理方法存在如下缺点：施工质量要求很高，施工过程不易控制，而且无论哪一道工序出现问题都会严重影响工程质量，且以后很难补救。

经跟踪调查，至 2001 年 3 月底，上游竖向裂缝未向 1999 年越冬高程（169.00m）以上延伸；169.00m 高程以上新设的横缝已形成，在 2000 年 6 月观测时该分缝向下延伸 1.5m，以后未继续向下发展；在上游面新设的横缝两侧有水平裂缝产生，位于 169.00m 高程，总长 1.4m。

大坝于 2001 年 9 月 18 日下闸蓄水，廊道内裂缝内无渗、漏水现象，说明裂缝处理是成功的。

第九节 本 章 小 结

（1）混凝土内表温差大，坝段过长，引起较大的温度应力是导致竖向裂缝的主要因素。上游 3m 厚防渗层混凝土由 A2 碾压混凝土改为 B2 常规混凝土，增加上游面拉应力 0.55MPa；台阶状建基面，增加上游面拉应力 0.33MPa，两者是引起上游面混凝土裂缝的重要因素。

（2）顶面 4 层限裂钢筋避免了裂缝向上发展。缝内采用水溶性聚氨酯化灌，沿缝凿槽，嵌填 SR3 型塑性止水材料，表面用 SR 防渗保护盖片粘贴保护，三重防渗处理，廊道内渗水完全消失，证明该方法处理裂缝效果较好。

（3）混凝土重力坝设计规范规定，横缝间距一般为 15～20m。由于北方地区冬季低温，较大的内表温差将引起混凝土坝面较大的拉应力，混凝土重力坝横缝间距取规定的下限为宜。如果因工程布置需要不得不采取较长坝段时，可以通过坝面设置表面竖向预留缝措施，避免坝面出现竖向裂缝。

参　考　文　献

［1］ 张殳，王成山 . 玉石水库混凝土坝上游面竖向裂缝原因与处理 ［J］. 水利规划与设计，2015（6）：
　　 80-82.

［2］ 李胜福，薛天野 . 玉石水库 6 号坝顶劈头裂缝分析及处理 ［J］. 东北水利水电，2002（7）：21-22.

［3］ 曹刚等 . 玉石水库 6 号坝顶劈头裂缝原因分析 ［J］. 水利建设与管理，2008（5）：11-14.

第十章
青山水库溢洪道裂缝调查与处理

本章介绍了青山水库溢洪道裂缝分布及处理措施，对裂缝原因进行了简要分析。

第一节 工 程 概 况

青山水库工程位于葫芦岛市绥中县六股河干流中游，总库容 6.61 亿 m^3 ，主要任务是以城市供水、防洪为主，兼顾改善流域下游农业供水条件以及生态环境等综合利用。

青山水库工程主要建筑物有主坝、副坝、溢洪道和输水洞。拦河坝采用黏土心墙砂砾石坝布置在主河道，坝顶长 735.63m，最大坝高 42.79m；5 孔溢洪道布置在距主坝右岸 350m 处的山垭口上，溢流总净宽 57.5m，堰体采用驼峰堰型式，堰顶高程 76.00m，堰高 3m；在岭后分水岭处布置副坝，副坝坝型为粉质黏土均质坝，副坝坝顶长 125.22m，最大坝高 12.35m；输水洞布置在主坝左岸条形山脊内，长度为 313.66m，成洞洞径为 2.8m，取水流量为 3.76m³/s。主体工程 2010 年 3 月开工，2013 年底主体工程完工。溢洪道平、剖面图如图 10-1 和图 10-2 所示。

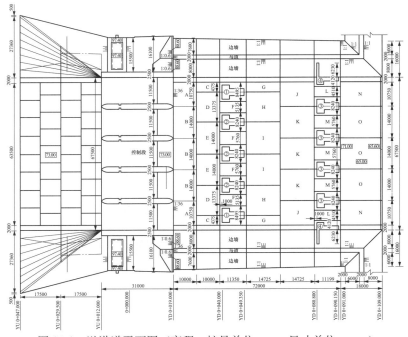

图 10-1　溢洪道平面图（高程、桩号单位：m；尺寸单位：mm）

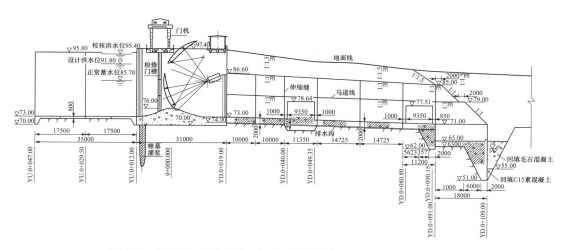

图 10-2 溢洪道纵剖面图（高程、桩号单位：m；尺寸单位：mm）

第二节 裂缝分布情况

2019 年 8 月，由辽宁省水利水电科学研究院有限责任公司（辽宁省水利水电工程质量检测中心）对青山水库溢洪道混凝土裂缝进行检测。

青山水库工程溢洪道混凝土裂缝检测共普查 5 孔，包括 6 个闸墩和 5 孔堰面，其中闸墩包括 2 个边墩和 4 个中墩，每个边墩普查 1 个迎水侧侧面，每个中墩普查 2 个侧面。

共普查裂缝 85 条，其中闸墩上裂缝 33 条，堰面上裂缝 52 条。裂缝长度 1.42～23.75m，裂缝宽度 0.18～4.20mm，裂缝深度 28～493mm。

为方便描述，对溢洪道堰面、墩面顺水流方向桩号设置如下：以溢流堰堰顶闸门底槛埋件下游侧边缘桩号为 0+000，下游侧桩号为正，上游侧桩号为负，溢洪道下游侧与闸墩末端齐平处桩号为 0+018.55。

一、右 1 孔裂缝分布

现场普查右 1 孔共发现 22 条裂缝，其中右边墩左侧面竖向裂缝 4 条，右 1 墩右侧面竖向裂缝 3 条，右 1 孔堰面裂缝 15 条（包括横向裂缝 4 条、纵向裂缝 8 条、斜向裂缝 3 条）。裂缝长度 1.42～11.50m，裂缝宽度 0.25～1.46mm，裂缝深度 31～239mm。裂缝分布示意图如图 10-3 所示，图 10-3 中×表示闸墩竖向裂缝。

二、右 2 孔裂缝分布

现场普查右 2 孔共发现 15 条裂缝，其中右 1 墩左侧面竖向裂缝 2 条，右 2 墩右侧面竖向裂缝 3 条，右 2 孔堰面裂缝 10 条（包括横向裂缝 7 条、纵向裂缝 1 条、斜向裂缝 2 条）。裂缝长度 2.20～23.75m，裂缝宽度 0.24～3.20mm，裂缝深度 332～493mm。裂缝分布示意图如图 10-4 所示，图 10-4 中×表示闸墩竖向裂缝。

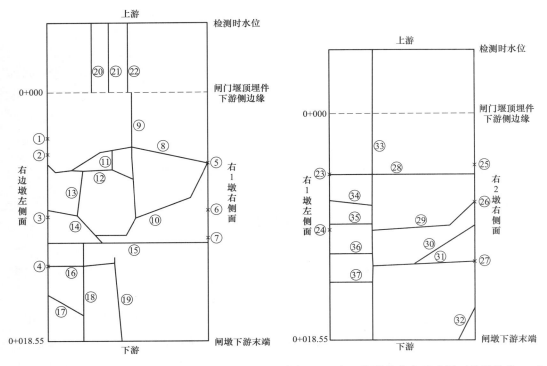

图 10-3　右 1 孔裂缝分布示意图（桩号单位：m）　　图 10-4　右 2 孔裂缝分布示意图（桩号单位：m）

三、右 3 孔裂缝分布

现场普查右 3 孔共发现 16 条裂缝，其中右 2 墩左侧面竖向裂缝 5 条，右 3 墩右侧面竖向裂缝 2 条，右 3 孔堰面裂缝 9 条（包括横向裂缝 4 条、纵向裂缝 1 条、斜向裂缝 4 条）。裂缝长度 2.20～23.75mm，裂缝宽度 0.24～4.20mm，裂缝深度 286～462mm。裂缝分布示意图如图 10-5 所示，图 10-5 中×表示闸墩竖向裂缝。

四、右 4 孔裂缝分布

现场普查右 4 孔共发现 20 条裂缝，其中右 3 墩左侧面竖向裂缝 4 条，右 4 墩右侧面竖向裂缝 4 条，右 4 孔堰面裂缝 12 条（包括横向裂缝 7 条、纵向裂缝 1 条、斜向裂缝 4 条）。裂缝长度 1.70～23.75m，裂缝宽度 0.18～3.52mm，裂缝深度 28～351mm。裂缝分布示意图如图 10-6 所示，图 10-6 中×表示闸墩竖向裂缝。

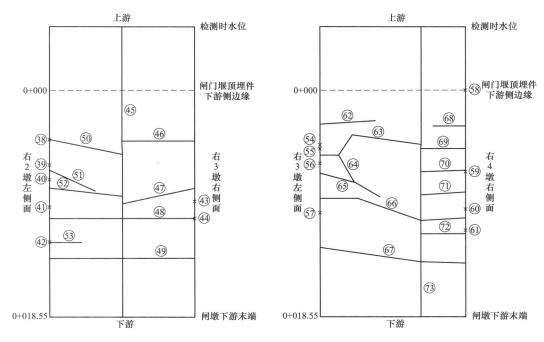

图 10-5　右 3 孔裂缝分布示意图（桩号单位：m）　　图 10-6　右 4 孔裂缝分布示意图（桩号单位：m）

五、右 5 孔裂缝分布

右 5 孔堰面存在冻胀变形破碎区，范围 0＋4.70～0＋18.55。现场右 5 孔普查冻胀变形破碎区以外共发现 12 条裂缝，其中右 4 墩左侧面竖向裂缝 3 条，左边墩右侧面竖向裂缝 3 条，右 5 孔堰面裂缝 6 条（包括横向裂缝 1 条、纵向裂缝 5 条）。裂缝长度 2.00～10.00m，裂缝宽度 0.20～0.68mm，裂缝深度 38～253mm。裂缝分布示意图如图 10-7 所示。图 10-7 中×表示闸墩竖向裂缝。

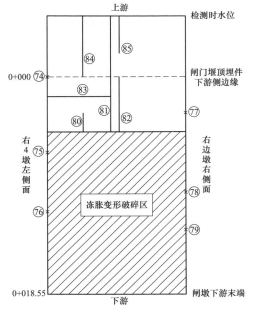

图 10-7　右 5 孔裂缝分布示意图（桩号单位：m）

第三节　裂缝成因分析

引起闸墩、堰面裂缝原因是复杂的、多方面的，往往是综合性的因素，包括混凝土原材料、混凝土配合比、混凝土浇筑工艺、混凝土养护、混凝土温度控制措施等。这种先浇筑底板和堰体混凝土，后浇筑堰面和闸墩混凝土的混凝土浇筑施工顺序安排是堰面和闸墩裂缝的重要原因，由于先浇筑的堰体内部混凝土与后浇筑的堰面和闸墩混凝土收缩变形不协调引起较大的基础约束应力。

2019年12月6日，葫芦岛市水务投资集团有限公司主持召开青山水库工程溢洪道闸墩及堰体混凝土裂缝检测分析专题论证会议。专家组听取了质量检测单位关于青山水库工程溢洪道闸墩及堰体混凝土裂缝检测分析的汇报。经讨论认为闸墩、堰体裂缝及部分堰面表层翘起破碎的主要原因包括混凝土施工工艺、混凝土温控措施不到位以及温度作用内外部约束应力等因素引起。裂缝对闸墩及堰体的整体性、防渗性、耐久性及外观均有不利影响，目前蓄水至堰顶高程76.0m尚且有裂缝渗水现象，一旦下闸蓄水达到正常蓄水位高程85.7m，可能渗水更加严重，必须进行处理。

第四节　裂缝处理措施

2020年春季，对裂缝及堰面表层翘起破碎进行了处理。对溢洪道堰面裂缝、闸墩裂缝、闸门底坎与混凝土结合缝、二期混凝土与原混凝土结合缝处理，采用内部化学灌浆＋表面手刮聚脲的处理方法；对溢洪道堰面伸缩缝处理，采用内部化学灌浆＋GB材料＋橡胶棒＋砂浆＋表面手刮聚脲的处理方法；对溢洪道堰面混凝土冻胀破坏处理，采用凿除破损层至新鲜面＋凿毛＋植筋＋铺钢筋网＋混凝土填筑＋表面手刮聚脲的处理方法。裂缝及堰面表层翘起破碎处理前照片如图10-8和图10-9所示。处理后消除了渗水现象，外观效果如图10-10和图10-11所示。

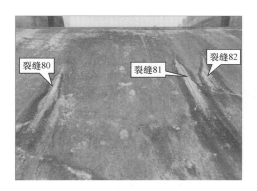

图 10-8　堰面和闸墩裂缝处理前

图 10-9　堰面表层翘起破碎处理前

图 10-10　堰面和闸墩裂缝处理

图 10-11　堰面表层翘起破碎处理

第十一章

辽河闸闸墩混凝土裂缝成因分析与处理

本章初步分析了辽河闸闸墩混凝土裂缝成因，介绍了裂缝处理措施。

第一节 工 程 概 况

辽河闸（原称盘山闸、双台子河闸）始建于 1966 年。2014 年 3 月开始除险加固，在老闸左侧新建 18 孔滩地浅孔闸。

浅孔闸闸室底板顶高程 3.00m，底板厚 1.30m，顺水流方向长 14.00m。闸室每孔净宽 10m，闸室每两孔一联，中墩厚 2.0m，缝墩厚 3.0m，闸墩顶高程 11.08m，浅孔闸总宽 225.00m。

闸室段下游为 12m 长消力池，池深 0.5m。后接 20m 长、0.60m 厚钢筋混凝土水平海漫，海漫末端齿墙下设一道地下防冲墙防止水流回淘，深度为 8.50m。海漫下游设置抛石防冲槽。浅孔闸上游为 0.6m 厚、10m 长钢筋混凝土铺盖，铺盖上游设 0.5m 厚、10m 长防冲格宾石笼。

采用平板钢闸门，闸门孔口尺寸（宽×高）10.00m×1.90m。

辽河闸效果如图 11-1 所示。

图 11-1 辽河闸效果图

第二节　裂缝分布及成因分析

2015 年春，经检测闸墩裂缝 41 条，分布于 18 个闸墩两侧，裂缝长度 1.72～5.68m，宽度 0.03～0.50mm，裂缝均起于闸墩底部，止于闸墩顶以下 3～4m。闸墩裂缝示意如图 11-2 所示。

2015 年 5 月 12 日，盘锦市双台子河闸除险加固工程建设管理局主持召开了双台子河闸闸墩混凝土裂缝成因分析及处理措施专题论证会议。专家组专家听取了设计单位、监理单位、施工单位、质量检测单位关于双台子河闸除险加固工程闸墩混凝土裂缝成因分析及处理措施的汇报。经讨论认为：

（1）裂缝的主要原因是温控措施不足，由混凝土内外温差和底板约束作用引起（闸底板混凝土浇筑完停歇了较长时间，浇筑闸墩时底板的降温和自生体积收缩基本完成）。

（2）闸墩裂缝对闸墩的整体性和耐久性有一定的不利影响，必须进行处理。

（3）采用化学灌浆的方法进行处理是合适的，应由设计单位提出具体设计要求。处理后可保证工程正常安全运行。

（4）建议设计单位对闸墩安全性及裂缝的稳定性进行复核分析。加强对裂缝的发展变化进行观测。裂缝处理应选择在低温季节进行。

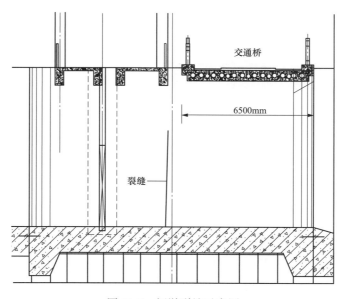

图 11-2　闸墩裂缝示意图

第三节　裂缝处理措施

根据《盘锦市双台子河闸除险加固工程闸墩混凝土裂缝成因分析及处理措施论证意见》及设计提供的《盘锦市双台子河闸除险加固工程闸墩混凝土裂缝处理方案》，对裂缝采用化学灌浆的方法进行处理。

一、闸墩裂缝化学灌浆试验及成果

在裂缝处理前，根据设计方案及试验大纲进行灌浆试验，确定灌浆材料配比，验证灌浆参数、方案的可行性，对存在的问题加以改进，保证灌浆质量。化学灌浆施工工艺及检查标准应执行 DL/T 5406《水电水利工程化学灌浆技术规范》的规定。

1. 化学灌浆试验各项参数及操作要求

（1）灌浆材料种类及名称。

1）环氧树脂：E 型环氧树脂。

2）稀释剂：二甲苯。

3）固化剂。

（2）灌浆设备。裂缝灌浆仪器：电动高压注浆机一台（DH-512）。

（3）灌浆准备。

1）缝面清理及封闭。灌浆之前对缝面进行清理，再用速凝防渗材料对裂缝表面封闭。

2）布孔及钻孔。采用冲击钻钻孔，直径 14mm、钻孔深度为 30cm，采用斜孔方式，钻孔孔距为 25cm，斜孔在裂缝附近 5～6cm 左右的位置以一定的倾斜角度钻进，并且必须穿过裂缝。中墩为单侧或双侧打孔（根据现场情况达到灌满为标准），缝墩为双侧打孔。

3）清孔。钻孔终孔后及时用空压机或压力水将钻孔内粉末、碎屑冲洗干净，并检查、记录孔径、孔向、倾角和孔深。

（4）灌浆压力。灌浆中缝内压力一般为 1.0～2.0MPa，施工时可根据现场灌浆效果进行调整。灌浆浆液随用随配，以提高浆材可灌性。

（5）试验时间。2015 年 5 月 20 日～2015 年 5 月 21 日。

2. 试验过程

由于环氧树脂黏稠度较大，本工程裂缝较小，为了确保浆液能够灌入缝隙中，需要调配合适的黏稠度，根据现场试验对比，确定环氧树脂和稀释剂的比例为 1∶1 较为合适，在这种黏稠度的情况下，缝隙的可灌性较好。稀释剂添加量小于 1 时黏度较大，大于 1 浆液过于稀。固化剂主要是控制浆液凝固时间，经过现场试验确定固化剂掺量为 3%～5%为宜。

材料及配比确定后按照施工方案进行灌浆操作，首先对缝面采用速凝防渗材料进行封缝，以防漏浆。通过灌浆时对裂缝的情况观察，确定浆液可灌入较好，裂缝灌浆效果良好，且中墩同样需要双侧打孔。

第一天试验存在浆液凝固时间慢、表面封闭不到位、经过打压存在渗漏现象以及钻孔过程中出现废孔较多等问题。

2015 年 5 月 21 日，召开专题会议，对化学灌浆试验成果进行总结并提出改进措施，最终确定各项参数如下：

（1）材料。

1）环氧树脂：E 型环氧树脂。

2）稀释剂：二甲苯。

3）固化剂。

（2）灌浆设备。电动高压注浆机（DH-512）两台，其中一台备用；灌浆泵安设最大压力为 7MPa 的压力表，压力表与管路之间设置隔浆装置；灌浆结束后及时对灌浆设备及管路进行清洗，防止堵塞。

（3）灌浆准备。

1）编号。灌浆前对所有存在裂缝的闸墩进行统一编号，并且按照从下至上每 25cm 间距对每条裂缝进行编号，用石笔在孔位标记，以防止漏灌。

2）缝面清理及封缝。灌浆之前对缝面进行清理，再用速凝防渗材料对裂缝进行表面封闭，目的是防止浆液流失，确保浆液在灌浆压力下尽可能多的充填缝隙。

3）布孔及钻孔。钻孔采用冲击钻开直径为 14mm、深度为 30cm 的斜孔，孔位布置在垂直裂缝间距 5～6cm 左右的位置。采用斜孔方式，以 10°～20°的倾斜角度钻进，并且必须穿过裂缝。布孔孔距为沿着缝隙走向 25cm。为避免在钻孔过程中钻到钢筋，尽量减少废孔，安排技术人员根据图纸及建筑物相对位置排出孔位，并且用石笔进行标记，在钻孔过程中如遇到钢筋可根据实际情况对孔位进行适当调整。根据试验情况，为了确保缝隙灌注质量，确定中墩和缝墩均为双侧打孔。

4）清孔。钻孔终孔后及时用空压机将钻孔内粉末、碎屑冲洗干净，以孔内不出灰为准；清孔完成后检查和记录孔径、孔向、倾角和孔深，发现问题及时处理。

（4）配比。环氧树脂和稀释剂比例为1：1，固化剂掺量为3%～5%；灌浆浆液随用随配，为了确保配比称量准确，在盛装环氧树脂的桶上标记刻度，每次调配浆液时按照刻度为准；并且自制自动搅拌器，代替人工搅拌，使浆液能够搅拌足够均匀。

保持浆液温度在25℃以下，施工环境温度在25℃以下，以提高浆液的可灌性。

（5）灌浆压力。灌浆中缝内压力为1.0～2.0MPa，且不低于1MPa。灌浆时密切关注裂缝顶端扩展情况。

（6）结束标准。待相邻孔冒浆时或稳压1MPa，进行下一孔灌浆工作，直至该缝最后一孔灌浆结束，即可结束灌浆。

（7）表面处理。灌注结束后待灌浆材料凝固后，将封缝所用的速凝防渗材料打磨平整，拆除孔口管，磨平灌浆嘴，采用环氧砂浆对孔口进行封闭及表面修补处理。修补工艺达到与混凝土齐平，无明显的突出与痕印。

二、混凝土闸墩裂缝化灌处理实施

根据灌浆试验成果，对闸墩裂缝实施化灌处理。

1. 灌浆时间

正式施工安排在2015年5月低温季节。

2. 灌浆方法及施工工艺

（1）清理缝面。对裂缝表面进行打磨，打磨宽度15～20cm，去除缝面的钙质、析出物及其他杂物，并冲洗干净。

（2）布孔、钻孔、封缝。采用冲击钻钻直径14mm、深度为30cm斜孔，孔距为25cm，斜孔在裂缝附近5～6cm左右的位置以10°～20°的倾斜角度钻进，必须穿过裂缝。用速凝防渗材料对裂缝表面封闭。中墩及缝墩均为双侧打孔。

（3）化学灌浆。

1）灌浆设备。裂缝灌浆仪器：电动高压注浆机（DH-512）；钻孔机：用于钻孔，选用直径14mm，长度30cm的钻头。

2）灌浆材料。灌浆材料采用E型环氧树脂、二甲苯稀释剂及固化剂。

3）灌浆压力。灌浆中缝内压力一般为1.0～2.0MPa，施工时根据现场灌浆效果进行调整。灌浆浆液随用随配，保持浆液温度在25℃以下，以提高浆材可灌性。灌浆时密切关注裂缝顶端扩展情况。

4）结束标准。待相邻孔冒浆时，进行下一孔灌浆工作，直至该缝最后一孔灌浆结束，即可结束灌浆；灌注前对闸墩和灌浆孔分别进行编号，按照要求做好灌浆起、止时间，压力等记录，填写好《混凝土裂缝化学灌浆施工记录表》由监理工程师签字、确认。

5）表面处理。灌注结束后待灌浆材料凝固后，凿除侧立面裂缝封闭所用的速凝防渗材料，打磨平整，拆除孔口管，磨平灌浆嘴，用环氧胶泥对孔口进行封闭及表面修补处理。修补达到与混凝土面齐平，无明显的突出与痕印。

3. 质量检测

检查孔布置在贯穿性裂缝处，每条缝至少布置一个检查孔。检查孔采用 0.3MPa 压力进行压水试验，并稳压 10～20min 结束。处理后经检验满足设计要求，可保证工程正常安全运行。

第四节 本 章 小 结

双台子河闸由于温控措施不足，闸底板混凝土浇筑完停歇时间较长，浇筑闸墩时底板的降温和自生体积收缩基本完成，底板约束作用引起闸墩混凝土裂缝。

采用 E 型环氧树脂，配以二甲苯稀释剂及固化剂，于 2015 年 5 月低温季节，对闸墩裂缝进行化灌处理，灌浆压力 1.0～2.0MPa。经检验灌浆质量满足要求，恢复闸墩完整性，可保证工程正常安全运行。

第十二章

水工隧洞混凝土衬砌裂缝原因与预防

本文结合国内工程实践，对水工隧洞混凝土衬砌裂缝进行了分类，结合典型水工隧洞混凝土衬砌有限元温度徐变应力仿真计算，分析了裂缝主要原因及其预防措施。

第一节　水工隧洞裂缝分析研究的意义

混凝土衬砌裂缝是水工隧洞常见的缺陷病害，如锦屏二级水电站 1 号引水隧洞、小浪底导流洞、永宁河四级电站引水隧洞、东江水源工程 6 号隧洞、恩施洞坪水电站枢纽工程水工隧洞、小孤山隧洞、辽宁省闹德海水库输水隧洞、柴河水库输水隧洞、清河水库输水隧洞、富尔江引水隧洞等工程，在施工及运行过程中混凝土衬砌陆续出现一些裂缝，裂缝有环向、纵向或斜向，分布在顶拱、侧墙或底板等各个部位，部分裂缝伴有渗水流白析钙现象。裂缝影响隧洞整体性，降低隧洞抗渗能力，引起钢筋锈蚀，降低材料耐久性，影响使用功能并缩短使用寿命，因此，水工隧洞混凝土衬砌裂缝原因及其预防措施的分析研究对保证工程的安全性与耐久性具有重要意义。我国现行水工隧洞设计规范按限裂结构进行水工隧洞衬砌设计，没有明确具体温控防裂要求，未充分考虑温度与收缩变形作用，通常施工期大多没有采取有效的混凝土防裂措施。柴河水库输水隧洞裂缝如图 12-1 所示，富尔江引水隧洞裂缝如图 12-2 所示。

图 12-1　柴河水库输水隧洞裂缝（一）

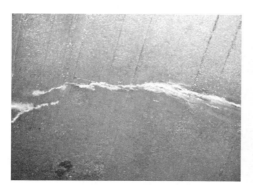

图 12-1 柴河水库输水隧洞裂缝（二）

图 12-2 富尔江引水隧洞裂缝

第二节 裂 缝 的 分 类

按裂缝分布形态可分为环向裂缝、纵向裂缝及斜向裂缝。按裂缝出现的时间可分为施工期裂缝和运行期裂缝。按裂缝宽度及渗水情况可分为缝宽不大于 0.2mm 和大于0.2mm、渗水裂缝和不渗水裂缝。

第三节 裂缝成因分析

一、典型水工隧洞工程混凝土衬砌温度及温度徐变应力分布规律

以辽宁省某大型输水工程隧洞 4-6 洞段为例进行有限元温度徐变应力仿真计算。

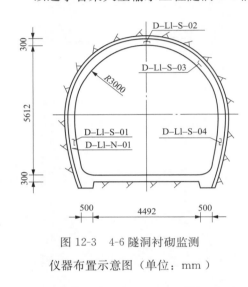

图 12-3 4-6 隧洞衬砌监测
仪器布置示意图（单位：mm）

（1）监测仪器埋设及监测成果分析。4-6 隧洞为马蹄形断面，最大内径 6m，一次支护喷混凝土 C30 厚度 10cm，二次衬砌混凝土 C35W12F200 厚度 30cm。以位于桩号 D190＋424.00 的 L1 监测断面为典型加以分析。其中埋设与衬砌混凝土温度、应力应变有关的监测仪器包括应变计 4 支（D-L1-S-01～04），无应力计 1 支（D-L1-N-01），全部采用光纤光栅式传感器，监测仪器布置如图 12-3 所示。于 2015 年 5 月 27 日开始安装埋设监测仪器，持续监测 3 个月。

1）从温度监测成果看，隧洞环境温度在 14℃左右，混凝土入仓温度在 25℃左右，混凝土浇筑后 24h 以内达到最高温度 35℃。混凝土降温主要发生在最高温升后 7 天内，降温幅度达 20℃，1 个月龄期混凝土温度降至环境温度趋于稳定。混凝土温度过程线如图 12-4 所示。

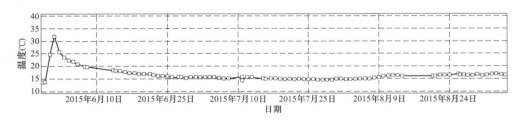

图 12-4 衬砌混凝土温度过程线

2）无应力计应变监测成果如图 12-5 所示，随着混凝土温度降低，混凝土收缩较快，主要收缩发生在混凝土浇筑后 1 个月以内，之后应变趋于稳定，终值－99.37με；应变计应变监测成果如图 12-6 所示，混凝土受力拉压不一，混凝土收缩过程中受周边约束影响，混凝土以受拉为主，总体应变较小，应变主要发生在混凝土浇筑后 7 天内，逐渐趋

于稳定，终值 $32.76 \sim -18.78 \mu \varepsilon$。

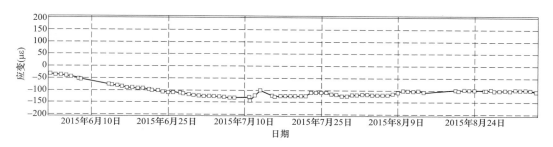

图 12-5　D-L1-N-01 无应力计监测衬砌混凝土应变-时间过程线

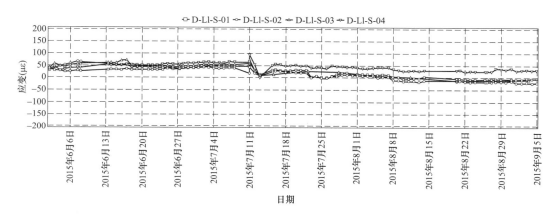

图 12-6　D-L1-S-01～04 应变计监测衬砌混凝土应变—时间过程线

（2）有限元温度徐变应力仿真计算。以 4-6 洞段为典型进行有限元温度徐变应力仿真计算，计算方法详见文献，分析了各种浇筑温度、自生体积变形、底板与边顶拱不同的浇筑时间、不同的通水时间与通水水温等各种因素对隧洞衬砌温度和应力影响。

采用先浇筑一次支护喷混凝土，在第 28 天浇筑二次衬砌的混凝土底板，在第 90 天开始浇筑边顶拱部分，在第 180 天开始通水进入运行阶段。混凝土浇筑的初始温度为 25℃，通水水温 5、10、15℃，整个仿真计算方案的持续时间为 365 天。计算结果显示，施工期衬砌内温度与实测温度有着相同的最高温度及相似的变化规律。二次衬砌后 24h 内混凝土温升达到最高，7 天内混凝土温度降至接近环境温度。运行期通水后 4.5 天内衬砌混凝土温度达到通水水温。底板及顶拱二衬中心点处温度过程线如图 12-7 和图 12-8 所示。

二衬后混凝土一般经历了水化热温升带来的短暂压应力增长、温降初期的压应力减小、温降中后期的拉应力产生及增长直至趋于平稳这样一个发展过程。运行初期衬砌混凝土应力主要受通水水温影响，随着混凝土温度达到水温温度，衬砌内拉应力趋于平稳并缓慢降低。

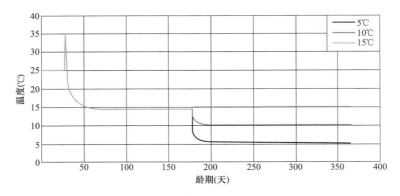

图 12-7 底板中心温度

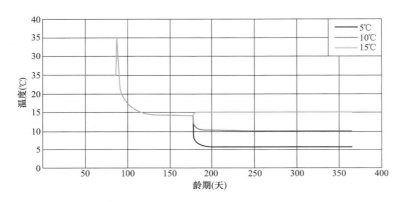

图 12-8 顶拱中心温度

计算比较了不同浇筑温度、不同通水水温、不同自生体积变形的温度应力。

不同浇筑温度的衬砌混凝土温度徐变应力过程线如图 12-9 和图 12-10 所示。计算结果显示不同浇筑温度对温度应力影响差别不大。

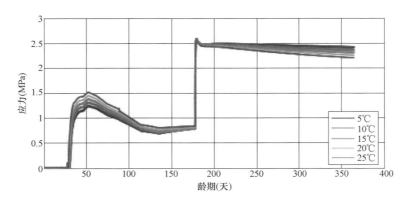

图 12-9 不同浇筑温度底板中心应力

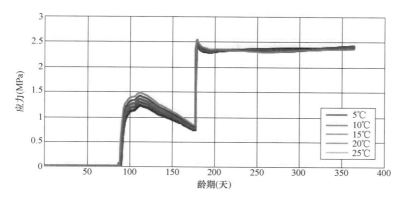

图 12-10　不同浇筑温度顶拱中心应力

不同通水水温的衬砌混凝土温度徐变应力过程线如图 12-11 和图 12-12 所示。计算结果显示，5℃通水水温时，底板中心应力达到 3.5MPa，通水温度每升高 5℃，应力约减小 1.0MPa，可见通水水温对温度应力影响显著。

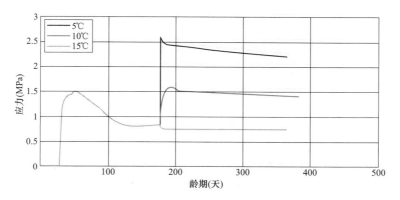

图 12-11　不同通水水温底板中心应力

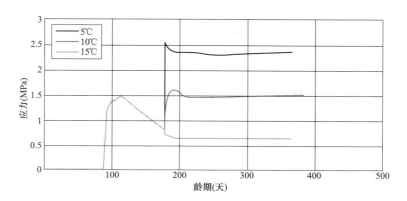

图 12-12　不同通水水温顶拱中心应力

不同自生体积变形的衬砌混凝土温度徐变应力过程线如图 12-13 和图 12-14 所示。计算结果显示掺加 3‰MgO 膨胀抗裂剂混凝土拉应力比素混凝土拉应力减小约 1MPa，氧化镁膨胀抗裂剂补偿温度应力效果明显。自生体积变形对温度应力影响显著。

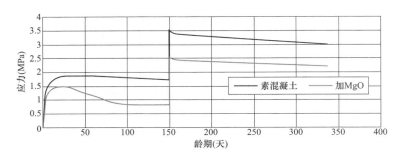

图 12-13　素混凝土与掺加 MgO 混凝土底板中心应力

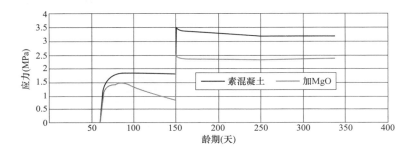

图 12-14　素混凝土与掺加 MgO 混凝土顶拱中心应力

综上计算结果显示出，浇筑温度对温度应力影响差别不大，施工期的水化热温升与内表温差、自生体积变形及通水水温对隧洞衬砌应力影响较大。

二、裂缝主要原因分析

（1）施工期水化热温升及内表温差对温度徐变应力影响。上述 4-6 洞段混凝土衬砌有限元温度徐变应力仿真计算结果显示，施工期最高温度 35℃，洞内环境温度 14℃，内表温差 21℃，施工初期二次衬砌后 24h 混凝土温升阶段由于时间短，混凝土弹模低，积累的压应力很小，甚至可以忽略不计。7d 内混凝土温度降至接近环境温度，温度徐变应力达到 1.5MPa 以上。较高的最高温度、降温幅度、内表温差，加之围岩的约束，使得降温过程累积了较大拉应力，水化热温升及内表温差起了决定性作用。

小浪底导流洞衬砌采用 C70 混凝土，底板厚度为 2.5m，边顶拱厚度为 2.0m，浇筑完工后出现了一些不同程度的裂缝。底板混凝土的最高温度达到 53.5℃，最大温差

34.7℃。边顶拱混凝土的最高温度达到 50.7℃，最大温差 29.1℃。浇筑后 11、100d 底板拉应力分别达到 3.38、4.72MPa，与 C70 混凝土相应龄期抗拉强度接近。分析认为由于 C70 高强度混凝土水化热温升过高、衬砌厚度较厚、较大的温差以及拆模后表面温降速度很快，底板受到较大基础约束，是产生较大拉应力的重要原因。

混凝土水化热温升及内表温差是施工期隧洞衬砌混凝土产生拉应力和裂缝的重要原因。较高的混凝土强度指标需要较高的水泥掺量、较厚的衬砌厚度均可引起较高的水化热温升。

（2）自生体积收缩变形的影响。混凝土依靠胶凝材料自身水化引起的体积变形，称为自生体积变形。普通水泥混凝土的自生体积变形大多为收缩，少数为膨胀，混凝土的自生体积变形较大时，相当于温度变化数十度引起的变形，说明混凝土自生体积变形对其抗裂性能有着不容忽视的影响，结合辽宁省白石及阎王鼻子水库混凝土坝工程进行的混凝土自生体积变形试验研究表明，采用抚顺大坝 525 号硅酸盐水泥配制的混凝土 180d 自生体积变形：碾压混凝土为 12.6×10^{-6}，常规混凝土为 16.0×10^{-6}，说明抚顺大坝 525 号硅酸盐水泥混凝土自生体积变形具有微膨胀性。采用锦西 425 号普通硅酸盐水泥配制的碾压混凝土 180d 自生体积变形为 -24.77×10^{-6}，常规混凝土 120d 自生体积变形为 7.11×10^{-6}，说明用锦西 425 号普硅水泥配制的碾压混凝土自生体积变形是收缩的，常规混凝土自生体积变形是微膨胀的。

结合辽宁省猴山水库混凝土坝工程，采用抚顺 P·MH42.5 中热硅酸盐水泥配制的 C30W6F200 常规混凝土自生体积变形试验研究结果显示出，混凝土后期达到 -20.41×10^{-6} 收缩变形。结合覆窝水库混凝土坝加固工程，采用抚顺 P·MH42.5 中热硅酸盐水泥配制的 C30F250W6 常规混凝土自生体积变形试验研究结果显示出，未掺膨胀抗裂剂的常规混凝土 115d 龄期自生体积变形为 -55.944×10^{-6} 收缩变形。

上述 4-6 洞段仿真计算，在相同的施工计算方案下，采用未掺加膨胀抗裂剂素混凝土衬砌，后期边顶拱衬砌的最大拉应力值是 3.07MPa；而掺加 MgO 膨胀抗裂剂混凝土衬砌，边顶拱的最大拉应力值是 2.2MPa，混凝土衬砌所受的拉应力值约降低了 0.8MPa，说明自生体积变形对衬砌应力有较大影响。掺加 MgO 补偿由温降收缩变形引起的拉应力效果明显，与相关文献结论一致。

（3）通水水温的影响。上述 4-6 洞段仿真计算，通水水温分别取 5、10、15℃，整个仿真计算方案的持续时间为 365d。计算结果显示出，5℃通水水温时，底板中心应力达到 3.5MPa，通水温度每升高 5℃，应力约减小 1.0MPa，可见通水水温对运行期温度应力影响显著。

（4）干缩变形的影响。混凝土表面水分损失较快，内部水分散失慢，变形较大的表面受到内部的约束而产生较大的表面拉应力，如锦屏二级水电站1号引水隧洞、小孤山隧洞均有类似情况发生。

（5）开挖断面不合理。开挖岩面起伏差大，容易引起岩石约束应力集中，如锦屏二级水电站1号引水隧洞，由于衬砌部位的混凝土厚薄不均、散热速度不均、温差不均，加剧了应力集中，在薄厚结合部位容易产生裂缝，采用钻爆法开挖洞段衬砌裂缝数量多于采用TBM开挖洞段。超挖量过大引起温度高应力大，如永宁河四级电站引水隧洞，实际开挖断面均有50～80cm不等的超挖，实际衬砌厚度80～110cm，远远超出设计的30cm厚混凝土，造成水化热过高，混凝土内部温度应力过大，产生较大的伸缩变形将混凝土拉裂。

（6）富水段引起的渗水裂缝。在混凝土浇筑初期，富水段内水水压过大超过混凝土初期强度的情况下，容易导致薄弱部位产生裂缝。如锦屏二级水电站1号引水隧洞，富水洞段虽然进行了引排和封堵，但仍然有散水点存在，浇筑时散水仍可能造成渗水通道，产生薄弱环节，在混凝土温度下降收缩时，渗水点处容易产生裂缝。如恩施洞坪水电站水工隧洞混凝土衬砌，边顶拱水平施工缝开仓前和开仓后有少量积水，冲毛或凿毛后细小渣子难以彻底清除，砂浆摊铺不全面，形成水平施工缝薄弱环节，外水压力迅速增加，导致边顶拱水平施工缝渗水。

（7）衬砌分段过长容易导致产生混凝土表面裂缝。水工输水隧洞衬砌横缝间距一般为8～12m，分缝间距越大，围岩约束应力越大，衬砌越容易产生裂缝。

（8）施工原因产生的裂缝。包括混凝土拌和、支模、振捣、养护、回填灌浆以及固结灌浆各个环节的施工质量，对裂缝的产生均有一定的作用。如锦屏二级水电站1号引水隧洞、小浪底导流洞，东江水源工程6号隧洞等衬砌裂缝均与施工质量有直接关系。

第四节　裂缝预防措施

（1）降低水化热温升减小内表温差。优先选择发热量低的水泥，优化混凝土配合比，尽可能减少水泥用量。混凝土强度指标以满足结构强度及耐久性要求即可，避免人为提高衬砌混凝土强度指标。衬砌厚度较厚时，采取分层施工方案。受外界气温影响大的短洞或洞口部位，加强衬砌混凝土表面保温，减小内表温差，减小温度应力。

（2）掺加氧化镁膨胀抗裂剂补偿温度应力。掺加氧化镁膨胀抗裂剂优于掺加钙质膨胀抗裂剂效果。猴山工程采用抚顺 P·MH42.5 中热硅酸盐水泥配制的 C30F200W6 常规混凝土自生体积变形试验研究结果显示出，未掺膨胀抗裂剂的常规混凝土后期达到 -20.41×10^{-6} 收缩变形，掺 3‰氧化镁常规混凝土后期达到 76.82×10^{-6} 膨胀变形，自生体积变形试验结果见表 12-1。蓑窝工程采用抚顺 P·MH42.5 中热硅酸盐水泥配制的 C30F250W6 常规混凝土自生体积变形试验结果显示出，未掺膨胀抗裂剂的常规混凝土 115d 龄期自生体积变形为 -55.944×10^{-6} 收缩变形；掺 10％Ⅱ型钙质膨胀抗裂剂的常规混凝土 115d 龄期自生体积变形分别为 32.43×10^{-6} 膨胀变形，自生体积变形试验结果见表 12-2。可见未掺加膨胀抗裂剂的混凝土后期有较大的自生体积收缩，掺加镁质膨胀抗裂剂混凝土膨胀效果显著，且优于钙质膨胀抗裂剂的膨胀效果。

表 12-1　　　　　猴山 C30F200W6 混凝土自生体积变形试验成果

龄期（h）	2	12	24	78	220	590	1128	2088	2592
未掺加抗裂剂	-96.3×10^{-6}	-65.5×10^{-6}	0.0×10^{-6}	-5.7×10^{-6}	-10.6×10^{-6}	-10.1×10^{-6}	-14.7×10^{-6}	-15.2×10^{-6}	-20.4×10^{-6}
掺 3‰氧化镁	-42.9×10^{-6}	-32.1×10^{-6}	0.0×10^{-6}	20.4×10^{-6}	31.0×10^{-6}	36.1×10^{-6}	51.3×10^{-6}	71.7×10^{-6}	76.8×10^{-6}

表 12-2　　　　　蓑窝 C30F250W6 混凝土自生体积变形试验成果

龄期（h）	2	7	14	21	28	45	80	115
未掺加抗裂剂	-9.41×10^{-6}	-16.90×10^{-6}	-30.91×10^{-6}	-39.62×10^{-6}	-51.75×10^{-6}	-54.75×10^{-6}	-55.73×10^{-6}	-55.94×10^{-6}
掺加 10％Ⅱ型钙质抗裂剂	2.59×10^{-6}	6.75×10^{-6}	10.61×10^{-6}	16.97×10^{-6}	22.08×10^{-6}	27.75×10^{-6}	32.53×10^{-6}	32.43×10^{-6}

上述 4-6 洞段仿真计算结果也证明了外掺氧化镁对减小隧洞衬砌混凝土拉应力，防止产生裂缝具有显著作用。

（3）掺加纤维提高混凝土抗裂能力。为提高混凝土抗裂能力，可适当掺加聚丙烯纤维。如猴山水库工程 C30W6F200 混凝土采用掺加聚丙烯纤维提高混凝土抗裂能力。使用抚顺水泥厂生产的 P·MH42.5 中热硅酸盐水泥，聚丙烯纤维要求满足 GB/T 21120《水泥混凝土和砂浆用合成纤维》的规定。代号 PPF-HF、纤维长度 15～30mm、当量直径 5～100μm、断裂强度不小于 270MPa、断裂伸长率不大于 40％、掺量 1kg/m³。28、90d 抗拉强度与极限拉伸值试验结果见表 12-3。试验结果表明，掺加纤维可使混凝土

28d 抗拉强度提高 0.48MPa，90d 抗拉强度提高 0.62MPa。

表 12-3   抗拉强度与极限拉伸值试验结果

检测项目	抗拉强度（MPa）		极限拉伸值（×10⁻⁶）	
	28d	90d	28d	90d
1（空白）	2.10	2.97	82.7	115.9
2（纤维）	2.58	3.59	96.6	151.3

（4）控制通水水温。由于运行期通水水温对隧洞混凝土衬砌应力影响较大，应避免通水水温过低。尽可能采取分层取水措施，避免通低温水。

（5）保持衬砌混凝土表面湿润。应做好衬砌混凝土表面保湿养生，减小表面干缩应力。可以在混凝土表面喷涂养护剂，在混凝土表面形成一层保护膜封闭混凝土表面，实现水分不散失，减少干缩裂缝。

（6）严格控制开挖岩面起伏差及超挖。采取有效措施严格控制岩石超挖量。如发现超挖 40cm 以上，应先回填混凝土，待其收缩后，再浇二衬混凝土。

（7）富水段隧洞应做好引流排水。采用"先引导、后排水"的方法，在未进行二衬混凝土浇筑时，预先设置导水孔，创造导排外水减压的条件。在二次浇筑混凝土后，使无规的渗漏水通过引导水管变为有规的卸压排水导流，使二衬混凝土有足够的强度增长时间，确保混凝土的质量，最后通过注浆封闭导水孔达到止渗的目的，避免渗水引起的裂缝。

（8）按照围岩条件合理选择衬砌分段长度。水工隧洞混凝土衬砌设计分段长度一般为 8~12m，按照围岩类别及应力分析结果合理选择分段长度。当围岩完整、坚硬、弹性模量高，对衬砌混凝土约束大时，段长取小值；当围岩破碎、软弱、弹性模量低，对衬砌混凝土约束小时，段长可取大值。

（9）加强施工质量。严格控制混凝土原材料、拌和、支模、振捣、养护、回填灌浆以及固结灌浆各个环节施工质量。

第五节　本　章　小　结

（1）引起水工隧洞混凝土衬砌裂缝的原因往往是多方面的。有限元温度徐变应力计算结果显示出，浇筑温度对温度应力影响差别不大，施工期的水化热温升与内表温差、自生体积变形及通水水温对隧洞衬砌应力影响较大。干缩变形、开挖起伏差、富水段渗水、衬砌分段长度以及各个环节的施工质量都对产生裂缝有一定的影响。

（2）重要工程宜结合温度应力有限元仿真计算，全面考虑浇筑温度、水化热温升、环境温度、自生体积变形、水压、通水水温及围岩约束等作用，综合比较确定需采取的防裂措施。

（3）应采取综合措施预防水工隧洞混凝土衬砌裂缝，包括：

1）衬砌厚度较厚时，宜采取措施控制水化热温升，降低最高温度和内表温差，以降低施工期温度应力。

2）氧化镁膨胀抗裂剂具有掺量少、膨胀量大、膨胀具有延迟性、对温度应力补偿效果好等优势。考虑外掺氧化镁时，宜进行不同掺量水泥安定性试验，确定氧化镁合理掺量。重要工程宜进行混凝土自生体积变形试验。

3）掺加纤维可明显提高混凝土抗裂能力。

4）通水运行时，应避免低温水。

5）保持衬砌混凝土表面湿润、严格控制开挖岩面起伏差及超挖、富水段隧洞应做好引流排水、按照围岩条件合理选择衬砌分段长度、加强施工质量。

参 考 文 献

[1] 李江鱼．大型引水隧洞衬砌裂缝原因分析及修复处理研究［J］．铁道建筑技术，2014（5）：28-32．

[2] 段云岭，周睿．小浪底工程泄洪洞衬砌施工期温变效应的仿真分析［J］．水力发电学报，2005，24（5）：49-54．

[3] 谢和平，李本华，魏军红．永宁河四级电站引水隧洞衬砌裂缝的预防与处理［J］．四川水利，2012（4）：35-37．

[4] 王国秉，朱新民，胡平，等．东江水源工程6号隧洞裂缝成因分析及修复对策研究［J］．山西水利科技，2008，11（4）：3-9．

[5] 兰摇辉．洞坪水电站水工隧洞混凝土防渗漏措施［J］．水电与新能源，2011（6）：23-37．

[6] 张景岳，霍吉才．隧洞衬砌裂缝问题［J］．水力发电，2009，35（3）：79-80．

[7] 李行星，李维炳．拱坝混凝土自生体积变形试验研究［J］．水利建设与管理，2015（8）：28-32．

[8] 刘数华，方坤河．混凝土的自生体积变形的影响因素分析［J］．湖北水力发电，2007（2）：23-34．

[9] 余文成，牛永田，王成山．碾压混凝土坝外掺 MgO 微膨胀混凝土的试验研究［J］．东北水利水电，2003（10）：46-48．

[10] 陈妤，杜志达，王成山．外掺 MgO 对水工隧洞混凝土温度徐变应力的影响［J］．水利与建筑工程学报，2018，16（4）：148-153．

第十三章
葆窝水库大坝重要裂缝调查与处理

本章总结了葆窝水库混凝土坝裂缝调查、裂缝分布、裂缝分类、裂缝成因分析及其各项处理措施。

第一节　工　程　概　况

葆窝水库位于辽宁省辽阳境内太子河干流上，坝址以上流域面积 6175km²，年径流量 24.5 亿 m³，是一座以防洪为主，兼顾灌溉、工业用水，并结合供水发电等综合利用的大（2）型水利枢纽。最大库容 7.91 亿 m³。

大坝为混凝土重力坝，由挡水坝段、溢流坝段、电站坝段三部分组成，大坝全长 532m，共 31 个坝段，其中：1～3 号（右侧）和 22～31 号（左侧）坝段为挡水坝段，长 217.3m；4～18 号为溢流坝段，长 274.2m；19～21 号为电站坝段，长 40.5m。坝顶高程 103.50m，最大坝高 50.3m。葆窝水库枢纽平面布置如图 13-1 所示。

溢流坝段位于主河床，堰顶高程 84.80m，设 14 个溢流表孔，由 14 扇 12m×12m 弧形钢闸门控制。堰面顶部采用克-奥非真空曲线，70.93m 高程与 1：0.9 直线段连接，67.74m 高程与反弧段连接，反弧半径 18.1m，挑坎高程 66.00m，挑射角 40°；在闸墩中间隔布置 6 个泄流底孔，孔口尺寸为 3.5m×8.0m，采用平板钢闸门控制。电站装机 5 台，总装机容量 4.444×10⁴kW。

葆窝水库工程于 1970 年 11 月开工，1972 年 11 月基本建成并投入运行。

第二节　大坝裂缝调查

一、裂缝分布

葆窝水库坝体裂缝严重。1971～2012 年共进行了 11 次裂缝普查，从 1971 年的 210 条增加至 2012 年的 1156 条，大坝裂缝数量逐年增加，且裂缝长度、宽度、渗水等问题

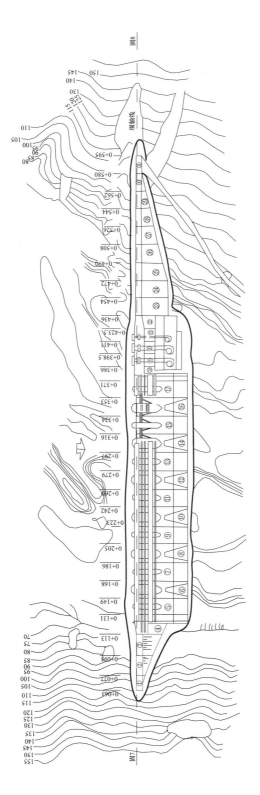

图 13-1 葰窝水库枢纽平面布置图（高程、桩号单位：m）

也趋于严重。裂缝普查结果见表 13-1。

表 13-1   坝体裂缝调查统计表

调查时间	1971年12月	1973年3月	1973年9月	1974年4月	1975年3月	1981年5月	1983年8月	1986年6月	1997年	2006年3月	2012年5月
裂缝条数	210	343	369	455	466	641	688	812	940	1005	1156

施工浇筑过程中裂缝多出现于不同坝段浇筑层顶面及侧面，由于各坝段浇筑时间不同，出现裂缝多少也不同，即有竖直的，也有近水平的、横向的，纵向的，裂缝宽度 0.5～3.0mm 不等。根据已有调查资料，个别裂缝自坝底基础一直延伸至坝顶（溢流坝段）。

水库运行至今，分别于 1976、1983、1988、1997、2000 年对坝体不同部位出现的裂缝，采取不同处理方法进行过 5 次封闭灌浆处理，灌浆初期基本都有一定效果，但随着季节的不断变化，灌浆材料逐渐老化，部分裂缝又逐渐出现渗水，且越发严重。

2011 年 8～12 月灌浆过程中观测到坝体不同部位漏水、漏浆现象。如 29 号坝段桩号 0+549.5 一带沿坝体水平接缝漏浆；电站 20～25 号坝段沿坝体水平（施工缝）缝漏水，冬季沿缝形成大量结冰。

部分坝段廊道内沿顶拱发育纵向贯穿裂缝、环缝及水平缝，溢流坝段闸墩、堰面、泄流底孔等均有不同程度的裂缝。总体看，坝体裂缝发育，各方向均有，虽经过多次加固处理，但仍存在漏水情况，在季节交替变化条件下，裂缝会进一步延伸、加宽，对坝体的质量影响极大。

2011 年 12 月《辽宁省葠窝水库现场安全检查报告》对大坝 45 条严重裂缝进行描述，列于表 13-2 中。葠窝水库大坝典型断面及裂缝示意图如图 13-2 所示。

二、重要裂缝检测复核

1. 检测要求

2012 年 6～7 月，对影响坝体稳定和结构安全的重要裂缝进行复核、检测，确定裂缝宽度、延伸长度、深度，为除险加固设计提供准确的调查检测数据。具体检测要求：

表 13-2　葴窝水库严重裂缝检测结果

序号	坝段号	编号	类别	起点 桩号	起点 高程(m)	终点 桩号	终点 高程(m)	长度(m) 1986年度	长度(m) 2011年度	宽度(mm) 1986年度	宽度(mm) 2011年度	描述	发现时间
1	2号	2X-1	横向裂缝	0+084.7	103.5	0+081.6	89.6	15.2	15.2		1.9		1985年
2	3号	3S-1	横向裂缝	0+100.0	89.6	0+100.4	84	5.6		1.2			1985年
3	4号	4X-6	纵向裂缝	0'+010.6	60	0'+012.0	85	25				渗水-97	施工期
4		4P-2	纵向裂缝	0+125.0	61.1	0+131.0	61.1	6.5	6.5	0.3	0.6		1985年
5		5S-2	横向裂缝	0+142.2	76.3	0+142.2	82.7	6.4					1985年
6	5号	5H-4	纵向裂缝	0'+014.8	60	0'+014.7	60	12	12	1.5	1.5	严重渗水渗钙	1985年
7		5P-1	纵向裂缝	0'+24.85	82.7	0'+24.85	57.6	20	20	0.5	0.8	渗水渗钙	1985年
8	6号	6P-1	纵向裂缝	0'+024.0	57.3	0'+024.0	57.6	15	15	0.7	0.8	严重渗钙	1997年
9		6D-1	纵向裂缝	0'+024.0	60	0'+024.0	60	23				严重渗水渗钙	1985年
10	7号	渗-1	纵向裂缝	0'+024.0	57.6	0'+024.0	57.6	18	18	0.6	0.8	渗水	1985年
11		7S-1	横向裂缝	0+175.0	82.7	0+175.0	76.3	6.3					1985年
12	8号	8D-2	纵向裂缝	0'+026.2	66.8	0'+026.2	66.8	16.6					1985年
13		9S-1	横向裂缝	0+212.0	76.3	0+212.0	82.7	6.3				渗水渗钙	1985年
14	9号	9P-1	纵向裂缝	0'+024.0	57.6	0'+024.0	57.6	18	18	0.3	0.4		1985年
15		9J-1	纵向裂缝	0'+05.1	78	0'+05.1	77.9	18	18	0.2	0.4	严重渗水渗钙	1985年
16	10号	10D-3	纵向裂缝	0'+023.2	67.8	0'+026.1	66.6	21				渗水	1985年
17	11号	11S-1	横向裂缝	0+253.2	76.2	0+253.2	82.7	6.4					1985年
18	12号	12D-4	纵向裂缝	0'+024.2	60.5	0'+024.4	67.6	7.4				廊道渗水	施工期
19	13号	13SY-1	纵向裂缝	0'+019.0	79	0'+019.0	56	23					施工期
20		13SY-2	纵向裂缝	0'+024.6	66	0'+029.0	55.6	10.4					施工期
21		13SY-3	纵向裂缝	0'+010.5	75.5	0'+012.2	56	11.5					施工期
22	14号	14Y-7	纵向裂缝	0'+022.0	76.8	0'+022.0	76.8	6	6				1985年

续表

序号	坝段号	编号	类别	起点		终点		长度 (m)		宽度 (mm)		描述	发现时间
				桩号	高程 (m)	桩号	高程 (m)	1986年度	2011年度	1986年度	2011年度		
23	15号	15P-1	纵向裂缝	0'+024.0	57.6	0'+024.0	57.5	17	17	0.2	0.4		1985年
24	16号	16D-3	纵向裂缝	0'+025.0	67	0'+025.0	67	17					1985年
25	16号	16S-1	横向裂缝	0+348.0	81	0+348.0	77.2	3.8					1985年
26	16号	16P-1	纵向裂缝	0'+024.6	57.6	0'+024.6	57.6	13.5	13.5	0.2	0.3		1985年
27	17号	17P-1	纵向裂缝	0'+024.0	57.6	0'+024.0	57.6	5	5	1.6	1.8	渗水渗钙	1985年
28	17号	17H-3	纵向裂缝	0'+029.5	55.5	0'+029.8	55.5	8	8	1.6	1.7	渗水渗钙	1997年
29	18号	18ZY-2	纵向裂缝	0'+011.0	89	0'+011.0	71	18		1		渗钙	施工期
30	18号	18Y-4	纵向裂缝	0'+016.0	67	0'+016	85	21					施工期
31	18号	18SY-1	纵向裂缝	0'+024.9	59.8		66.8	7					1985年
32	20号	20P-1	纵向裂缝	0+397.7	57.5	0+411.2	57.5	13.5	13.5	0.4	0.7		施工期
33	22号	22SY-1	纵向裂缝	0'+011.3	70.6	0'+012	92	21.4					施工期
34	23号	23J-1	纵向裂缝	0'+05.1	78	0'+04.8	78	18	18	1.5	1.7		1985年
35	23号	23H-2	纵向裂缝	0'+018.8	58.9	0'+017.4	59	10.9		0.1			1982年
36	23号	23H-3	纵向裂缝	0'+028.0	58.9	0'+026.0	62.3	8.5				渗钙	1982年
37	23号	23S-1	横向裂缝	0+445.2	69	0+445.0	99.8	30.8					1985年
38	24号	24P-1	纵向裂缝	0'+017.0	58	0'+017.0	67	18	18	1.4	1.6	渗钙	1985年
39	25号	25P-1	纵向裂缝	0+17.0	63.6	0+17.5	68.6	8.2	8.2	0.1	0.2	严重渗水渗钙	1984年
40	25号	25S-1	横向裂缝	0+477.7	100.5	0+478.2	89.7	10.8		0.8			1985年
41	26号	26S-1	横向裂缝	0+500.2	103.5	0+500.6	95	8.5					1985年
42	27号	27X-2-4	横向裂缝	0+512.0	97.6	0+512.8	81	16.6	17.4	3.0	3.4	廊道渗钙	1985年
43	27号	27S-2	横向裂缝	0+516.2	99.8	0-516.2	89	2					1985年
44	28号	28S-1	横向裂缝	0+533.3	89	0+532.4	100	11		0.9			1985年
45	28号	28S-2	横向裂缝	0+537.7	89	0+537.3	99.3	10.3		1.1		渗钙	1985年

注 横向裂缝：垂直坝轴线的垂直裂缝；纵向裂缝：平行坝轴线的垂直裂缝。

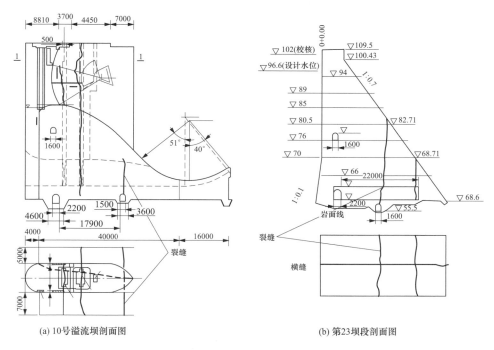

(a) 10号溢流坝剖面图　　　　　(b) 第23坝段剖面图

图 13-2　蒇窝水库大坝典型断面及裂缝示意图（高程、桩号单位：m；尺寸单位：mm）

（1）对 2、23 号坝段大坝竖向裂缝（横缝）进行检测，检查裂缝深度、分布形态。

（2）对 23、24、25 号坝段水平裂缝（施工缝）进行检测，了解上下游贯通性，为层间稳定计算提供 f、f'、c' 值。

（3）对 9、11、13～19、21、22、24 号坝段排水廊道（纵向裂缝纵缝）进行检测，检查分析判断裂缝向大坝基础及向上部发展状况，推测距坝面尚余厚度。

2. 检测结果

本次坝体裂缝检测工作采用钻孔电视、声波检测、压水测试、现场量测等方法按设计要求对不同类型裂缝进行了检测，多种方法相互验证，确保检测结果的准确性。

（1）2、23 号坝段大坝竖向裂缝（横缝）检测结果。2 号坝段竖向裂缝位于 2 号坝段中间部位，上、下游面裂缝比较清晰，下游面裂缝自坝脚向上延伸，在坝上看已延伸至坝顶；上游面自水面（高程约 88m）向上延伸，在坝顶上无法看清延伸高度。本次针对该坝段竖向裂缝的检测共布置 3 个钻孔，跨孔声波检测结果表明，该裂缝在检查孔附近已向上延伸至坝顶下方 1.5～1.6m，裂缝顶部高程为 102m。检查孔深度以下裂缝情况不详。

23 号坝段竖向裂缝位于 23 号坝段中间部位，上、下游面裂缝比较清晰，下游面裂缝自坝脚呈折线状向上延伸；上游面自水面（检测时高程 87m 左右）向上延伸至高程 99.8m。钻孔布置方案与 2 号坝段一致，检测结果表明，该裂缝在检查孔附近已向上延伸至坝顶下方 6.8m，上游裂缝已进行封闭处理，下游面见多条横缝向上延伸，本次未检测上下游裂缝是否贯穿。

（2）23、24、25 号坝体水平裂缝（施工缝）检测结果。对 23、24、25 号坝段水平施工缝进行贯通性检测。结合前期钻孔，本次共布置水平施工缝检查孔 4 个，其中 23 号坝段布置水平施工检查孔 1 个，结合钻孔取样，设计钻孔直径为 110mm；24 号坝段布置检查孔 1 个，孔径 75mm；25 号坝段布置检查孔 2 个，孔径分别为 75mm 和 110mm。为了检测深部水平缝，需避开观测廊道、灌浆廊道和排水廊道，本次钻孔均布置为斜孔，下方穿入坝体中心。本次通过孔内电视，结合前期波速测试成果、孔内电视及压水试验成果，将 23～25 号各坝段水平裂缝分布位置如图 13-3～图 13-6 所示。

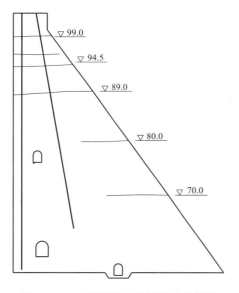

图 13-3 23 号坝段水平裂缝分布特征

（高程单位：m）

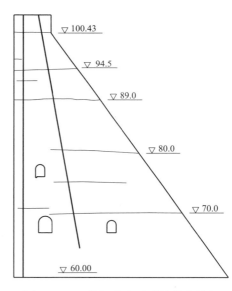

图 13-4 24 号坝段水平裂缝分布特征

（高程单位：m）

（3）下游面裂缝现象。从现场坝面看，在 23～28 号坝段下游面不同高程上明显分布多条水平施工缝，经调查统计上述坝段共有主要水平施工缝 5 条，各条分布高程详见表 13-3。坝面裂缝分布状态如图 13-7 所示，部分裂缝每年进入冬季都会沿裂缝渗水结冰。表面特征如图 13-8～图 13-12 所示。

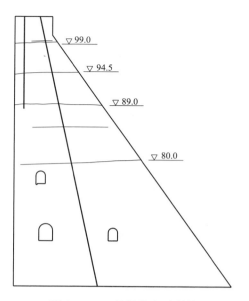

图 13-5　25 号坝段水平裂缝
分布特征 1（高程单位：m）

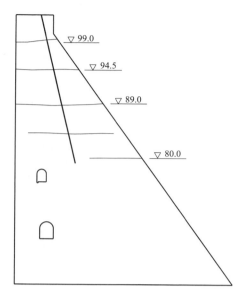

图 13-6　25 号坝段水平裂缝分布
特征 2（高程单位：m）

表 13-3　　　　　　　　　左岸挡水坝段下游面主要水平裂缝统计表

坝段编号	23 号	24 号	25 号	26 号	27 号	备注
分布高程 （m）	99.5	100.43	99.5	100.43	100.43	高程是参考葨窝水库 提供的《坝体裂缝图 集》确定
	94.0	94.5	94.5	94.5	94.5	
	89.0	89.0	89.0	89.0	89.0	
	无	无	85.0	无	地面以下	
	80.0	80.0	80.0	地面以下		
	70.0	70.0	地面以下			

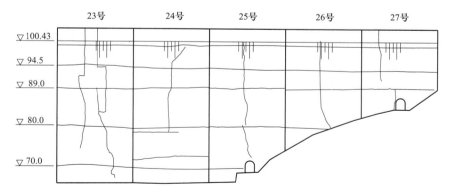

图 13-7　左岸挡水坝段水平裂缝分布特征（高程单位：m）

图 13-8　左岸挡水坝段水平裂缝渗水特征（1）

图 13-9　左岸挡水坝段水平裂缝渗水特征（2）

根据以上坝面裂缝痕迹、观测结果及孔内电视、压水检测结果分析，高程 99.5～100.45m 水平缝在 23～25 号坝段上、下游已贯通，23～27 号坝段之间基本贯通；高程 94.5m 水平缝在 23～25 号坝段上、下游已贯通，23～27 号坝段之间全部贯通；高程 89.0m 水平缝在 23～25 号坝段上、下游已贯通，23～27 号坝段之间全部贯通；高程 80.0m 水平缝在 23～25 号坝段上、下游没有贯通，23～26 号坝段之间下游表面基本贯通；高程 70.0m 水平缝在 23、24 号坝段上、下游没有贯通，23～26 号坝段之间仅在下游面上有水平缝痕迹，基本连通。另外，个别坝段内部不同高程也有近水平缝，但上、下游没有贯通，也没有贯通相邻坝段。

图 13-10 左岸挡水坝段水平裂缝渗水特征（3）

图 13-11 左岸挡水坝段水平裂缝渗水特征（4）

图 13-12 左岸挡水坝段水平裂缝渗水特征（5）

（4）排水廊道纵缝的检测。本次对 9、11、13～18、24 号各坝段分别布置了不同深度的斜孔，通过孔内电视方法检测排水廊道纵缝的延伸发展情况，结合压水试验分析判断裂缝的贯通性。各坝段裂缝分布如图 13-13～图 13-22 所示。检测结果总结如下：

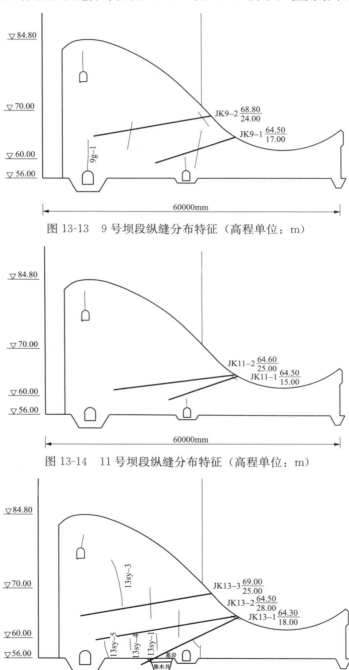

图 13-13　9 号坝段纵缝分布特征（高程单位：m）

图 13-14　11 号坝段纵缝分布特征（高程单位：m）

图 13-15　13 号坝段纵缝分布特征（高程单位：m）

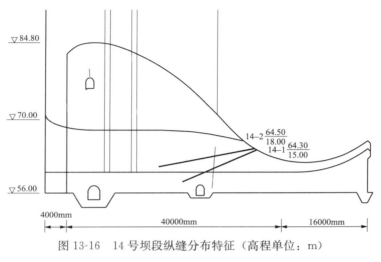

图 13-16　14 号坝段纵缝分布特征（高程单位：m）

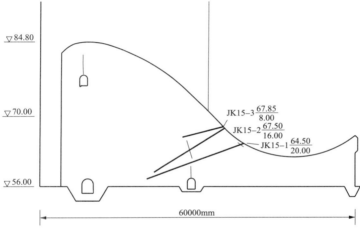

图 13-17　15 号坝段纵缝分布特征（高程单位：m）

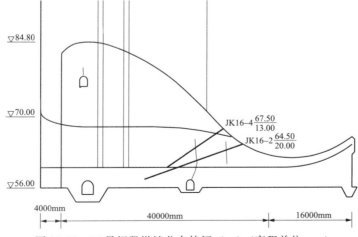

图 13-18　16 号坝段纵缝分布特征（一）（高程单位：m）

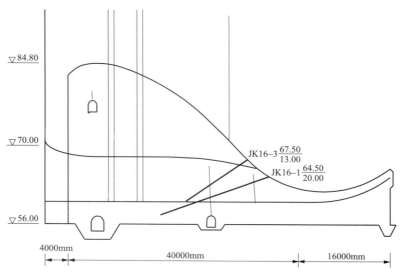

图 13-19 16 号坝段纵缝分布特征（二）（高程单位：m）

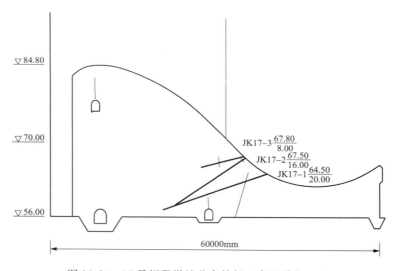

图 13-20 17 号坝段纵缝分布特征（高程单位：m）

1）9 号坝段观测廊道纵缝向上延伸长度比图集绘制长度短，小于 3m。观测廊道与溢流坝面之间检测到 1 条纵缝，长度不详，压水测试没有发现廊道渗水现象，说明与廊道纵缝没有相通；观测廊道与灌浆廊道之间检测到 1 条裂缝，长度不详。

2）11 号坝段 2 个检查孔仅有 1 个孔在溢流坝面浅表层检测到 1 条裂缝，分析认为是后期溢流坝面加固时的浇筑面。

3）13 号坝段所布置的 3 个检查孔仅发现 3 条裂缝，其中 1 条为溢流坝面浅表层浇筑面。裂缝没有贯穿观测廊道，裂缝长度不详。

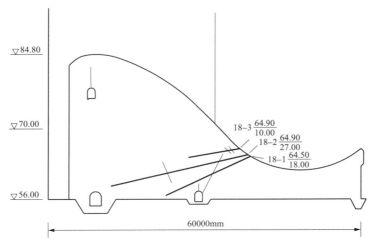

图 13-21　18 号坝段纵缝分布特征（高程单位：m）

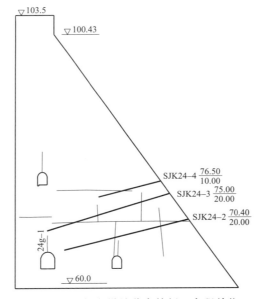

图 13-22　24 号坝段纵缝分布特征（高程单位：m）

4）14 号坝段所布置的 2 个检查孔均检测到裂缝，经裂缝角度分析，属同 1 条裂缝，裂缝长度大于 3m，但与原调查裂缝所处位置略有不同。检测到的裂缝位于观测廊道与溢流坝面之间，并非在观测廊道上方。

5）15 号坝段所布置的 3 个检查孔有 2 个孔检测到裂缝，其中 1 孔检测裂缝为溢流坝面浅层混凝土浇筑面。另 1 孔检测到的裂缝位于观测廊道上方。

6）16 号坝段分两个断面共布置 4 个检查孔，该 4 个检查孔均见有裂缝。经压水测试及对比分析，各孔检测到的裂缝 2 条，平行廊道延伸。其中 1 条与观测廊道顶拱裂缝相通，即为同一条裂缝，向上延伸长度大于5.5m。另1条裂缝位于观测廊道与溢流坝面之间，裂缝长度不详。

7）17号坝段布置的3个检查孔均发现裂缝，其中1条裂缝属于溢流坝面浅层混凝土浇筑面。下方检查孔检测到的裂缝向下延伸至17号坝段横向廊道中，压水测试时渗水量较大，成线流状，裂缝贯通性较好，该裂缝向上延伸长度大于7m。

8）18号坝段布置的3个检查孔均发现裂缝，其中下方两钻孔提示的裂缝与观测廊道裂缝相通，两钻孔压水测试时廊道顶拱裂缝渗水明显。该裂缝长度向上延伸大于7m。另2条裂缝其中1条位于观测廊道与灌浆廊道之间，长度不详。上方检查孔所见裂缝靠近溢流坝面，长度不详。

9）24号坝段布置的3个检查孔中下方2个检查孔分别检测到2条裂缝，通过压水测试检测到的裂缝与观测廊道顶拱裂缝连通性较好，渗水量较明显。其中顶拱裂缝向上至少延伸到高程70m水平缝处，其他裂缝很可能与该水平缝相通。

（5）15～17号坝段溢流坝面裂缝检测成果。本次对15～17号坝段溢流坝面进行了全面检测，裂缝分布如图13-23～图13-25所示。

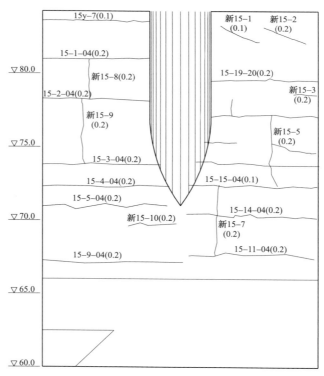

图13-23　15号坝段溢流面裂缝分布图（高程单位：m）

注：括号内文字为裂缝宽度，单位：mm。

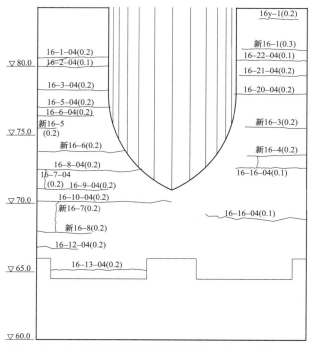

图 13-24 16 号坝段溢流面裂缝分布图（高程单位：m）

注：括号内文字为裂缝宽度，单位：mm。

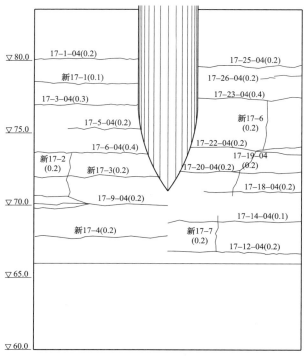

图 13-25 17 号坝段溢流面裂缝分布图（高程单位：m）

注：括号内文字为裂缝宽度，单位：mm。

第三节　大坝裂缝分类

大坝裂缝主要分为四种类型：

（1）一类裂缝是自基础向上开裂的纵向裂缝，包括沿排水廊道顶拱开裂的纵缝。如 5 号坝段桩号 $0'+014.8$ 穿过横向廊道纵向裂缝，向上延伸已超过 66.40m 高程，可能与闸墩裂缝贯通。通过在 7 号坝段堰面打斜孔进行检查，证明此裂缝自基础已向上延伸至坝面不足 1.7m，形成切割坝段的纵缝。17 号坝段桩号 $0'+024.0$ 排水廊道贯通全坝段的纵缝，桩号 $0'+030$ 附近环缝可能与堰面连通形成贯穿全坝段的纵缝。6、8、10、12、16 号坝段均有沿排水廊道顶拱轴线分布的纵缝。如桩号 $0'+025.0$ 底孔环缝与桩号 $0'+024.6$ 排水廊道纵缝已贯通，为切割坝段的纵缝。23 号坝段横向廊道内桩号 $0'+017.4\sim0'+018.8$ 处环缝，其下部已于排水廊道顶拱裂缝相贯通，向下延伸至基础，向上延伸至坝面不足 2.3m。25 号坝段排水廊道裂缝，向上延伸距坝面不足 1.47m 处，已成为切割半个坝段的纵缝。

（2）二类裂缝是闸墩和边墩上的贯穿性裂缝。闸墩裂缝多自堰面向上延伸，且主要集中于牛腿上游和弧门面板下游。在闸墩两侧立面上几乎对称出现，4、14、18 号坝段均有由堰体贯通至闸墩的裂缝。

（3）三类裂缝是水平施工缝。电站及左岸挡水坝段出现渗水问题，尤其 23～25 号坝段在高程 89.0、94.5、99.0m（100.45m）部位三道水平裂缝贯通坝体上下游。

（4）四类裂缝是自上游面开裂，贯通到横向廊道和闸门井的横向裂缝。5、11、16 号坝段均有此类裂缝。

第四节　裂缝成因分析

查阅原设计资料、施工期温度监测资料、裂缝原因分析资料，对大坝产生裂缝的原因有如下分析：

（1）坝体混凝土浇筑过程中没有采取温控防裂措施，坝体温度较高，温度应力过大。设计允许的大坝基础部位混凝土最高温度不应超过 28～32℃（即稳定温度 7℃加允许温差 21～25℃），而施工中大坝实测资料，在基础范围内的混凝土最高温度一般为 40～45℃，最小为 35.6℃，最大为 49.4℃，远远超过设计要求。坝体的表面裂缝，主要是由于气温骤降，混凝土内外温差较大造成的。

具体分析温控方面不利因素主要表现在：

1）混凝土水化热温升高，该坝水泥用量较大，据统计 200 号混凝土占总量的 90%，每方水泥用量平均为 220kg。

2）浇筑层过厚，层厚超过 1.5m 的浇筑块占总浇筑块的 90%，层厚超过 5m 的浇筑块占总浇筑块数的 37%。

3）浇筑块较长，基础部位采用通仓浇筑方法施工，仓面长 30～40m，由于基础约束条件恶化，混凝土降温过程中产生较大的收缩应力。

4）部分混凝土入仓温度较高，夏季浇筑的混凝土温度高达 18～27.5℃，而夏季浇筑的基础浇筑块约占 1/3，使混凝土最高温度增加。

（2）1971 年浇筑的部分混凝土均匀性差，离差系数 $C_v > 0.2$，部分混凝土未达设计标号，因而降低了混凝土抗裂能力。

（3）施工期间寒潮频繁，降温幅度大，有些部位浇筑后混凝土表面长期暴露，受寒潮冲击，早期混凝土极易出现裂缝。

（4）坝体结构布置方面，排水廊道布置在坝体中部温度应力较大的区域内，再加上局部应力集中，使顶拱形成薄弱环节。少数坝段基础开挖面起伏较大，约束混凝土的收缩，造成局部应力集中。

南京水利科学研究院大坝安全评价报告（2012 年 3 月）中，根据葭窝水库大坝的特点，建立了 17 号溢流坝段的胖墩和瘦墩、非溢流坝 23 号坝段三个典型断面的三维有限元模型。有限元仿真计算分析表明，葭窝大坝裂缝主要是由于温度应力引起。由于大坝所处气候环境恶劣，冬季较低的外界温度，导致在大坝表面产生很大的拉应力，低温季节若再遭遇寒潮，极易使大坝产生裂缝。裂缝产生后，由于没有及时修复和封堵缝口，导致雨水渗入裂缝，在低温季节，水结冰后，由于冰冻作用，使裂缝进一步扩展。

第五节　裂缝处理措施

一、历史上采取的裂缝处理措施

1975～1978 年间，葭窝水库先后多次进行堵漏止水的试验研究，都不太理想。1988年最后选用水溶性聚氨酯化灌材料获得成功。对所有坝段横向裂缝进行水溶性聚氨酯化灌处理，基础廊道总漏水量由 $1149m^3$/昼夜降为 $156m^3$/昼夜，效果明显。$2000\sim2003$ 年，在坝顶采用水溶性聚氨酯化学灌浆对大坝水平施工缝渗漏进行处理，当时效果明显，但几年后左岸挡水坝段水平缝渗漏又有加剧。

1983 年对已查明有严重纵向裂缝的 10 个坝段采用 60t 预应力锚索进行了加固，防止纵向裂缝继续开裂。从测试结果看，永久吨位都在 50t 以上。锚索锚固段范围内的坝体出现了拉应变，相应拉应力为 $1.29\sim1.45kg/cm^2$，索体段范围出现压应变，相应压应力为 $1.24\sim1.59kg/cm^2$，测缝计测出的裂缝闭合量 0.024mm，说明预应力锚索起到了限制裂缝进一步扩展和部分压合缝顶的作用。

二、2015 年加固设计裂缝处理措施

1. 大坝纵缝处理措施

本次除险加固对 23 号坝段第二道纵缝以及 17、18 号坝段纵缝均采取预应力锚索加固。锚索孔距均为 1m，每个纵缝分布 3 层锚索，锚索长度自上而下为 6、8、10m。每根锚索为 3 股直径 12.9mm 钢绞线，预应力张拉 50t。索体穿过纵缝在下游面和坝体内形成两个跨缝的锚固点，对裂缝提供正应力。锚索孔最后灌注微膨胀高强无机灌浆料。

23 号坝段有两道纵缝，第一道纵缝位于排水廊道顶拱，发展至 80m 高程水平缝，第二道道纵缝位于桩号 0+028.20，通至下游面。覆窝水库第一次除险加固改造时，对第一道纵缝采用了内锚式预应力锚索加固措施，对第二道纵缝没有进行处理。

由河海大学进行的有限元计算成果（2015 年）：各个工况下带裂缝的 23 号坝段的顺河向位移都有不同程度增加，说明裂缝破坏了坝体的完整性，坝体刚度下降。随着缝间摩擦系数增加，顺河向位移逐渐减小。加固前的 23 号坝段带裂缝状态下甲、乙、丙三块坝踵均出现拉应力，随着缝面间摩擦系数增大，各工况坝踵拉应力逐渐变小，当摩擦系数为 1.2 时，各块坝踵拉应力已经趋于 0，甚至变为压应力。说明随着缝面摩擦系数增加，块与块间共同作用能力增加，整体性得到提高。

裂缝间的摩擦系数和相互咬合对于这种带裂缝的坝体是非常重要的，可以采用灌浆、施加预应力等措施提高块体之间的相互结合力，提高坝体完整性；封闭裂缝渗流通道，减少裂缝内溶蚀损伤，对于维持缝间摩擦咬合作用也具有积极意义。

甲乙块和乙丙块同时施加预应力锚索对于坝体应力有进一步的改善作用，甲块的拉应力趋近于 0，原预应力锚索加固方案的乙块坝踵的拉应力下降约 $30\%\sim35\%$；预应力锚索增加 50% 后乙块的坝踵拉应力下降 $30\%\sim40\%$ 左右，丙块在设计水位和校核水位工况的坝踵垂直应力进入压应力状态。说明甲乙块和乙丙块同时进行预应力锚索加固使得三块联系紧密，坝体整体性得到提高。

经过预应力锚索加固和外包混凝土后，23 号坝段坝踵垂直应力各个工况下均为压应力；除了乙块坝踵有较小的拉应力（<0.2MPa），其他部分均为压应力，而乙块的这种拉应力区域很小，属于缝端局部应力集中造成。说明采用整体加固方案已经基本能够满足设计要求。

预应力锚索布置及大样图如图 13-26～图 13-29 所示。

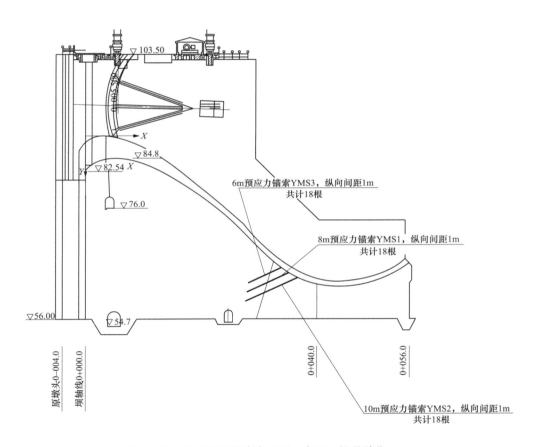

图 13-26　17 号坝段锚索布置图（高程、桩号单位：m）

2. 闸墩裂缝处理措施

现有溢流设施泄洪能力具有一定的富余量，增加一定的闸墩厚度减少溢流宽度，并不影响覆窝水库的防洪能力。

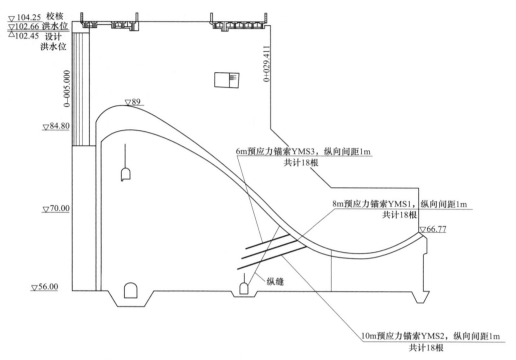

图 13-27 18 号坝段锚索布置示意图（高程、桩号单位：m）

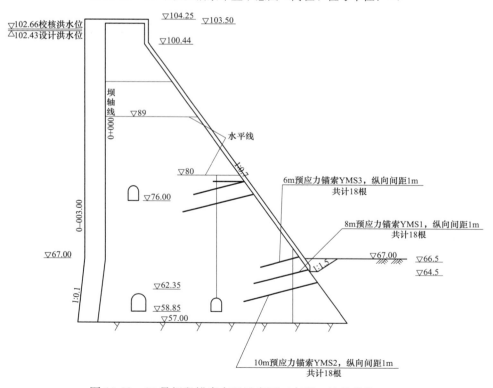

图 13-28 23 号坝段锚索布置示意图（高程、桩号单位：m）

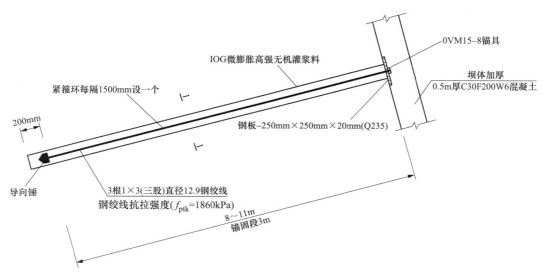

图 13-29 预应力锚索大样图

对闸墩贯穿性裂缝和深层裂缝采取封闭、化学灌浆处理。闸墩两侧各包裹 1m 厚 C30F250W6 钢筋混凝土，老闸墩混凝土表面凿毛、刷界面剂，打 $\phi25$ 锚筋，锚筋间距 1m。同时，对闸墩贯穿性裂缝进行化学灌浆处理，缝端粘贴橡胶条，布置 3 层 $\phi25$ 限裂钢筋。

3. 水平裂缝处理措施

上游面新浇 3m 厚混凝土防渗体，并对水平裂缝进行水泥灌浆填缝处理，解决蓰窝水库大坝由于水平裂缝的存在，使得大坝抗滑稳定安全系数不满足规范允许值要求和水平裂缝渗水等问题。存在坝体水平缝的坝段主要包括：2、3、19、20、21、22、23、24、25、26、27、28 号挡水坝段。2、3、22、23、24、25、26、27、28 号挡水坝段坝顶布两排灌浆孔，4 号和 18 号坝段坝顶布 3 排灌浆孔，19、20、21 号电站坝段坝顶布 6 排灌浆孔。在下游坝坡面上每层水平缝端布一排灌浆孔。灌浆孔孔距 2m，孔深至水平缝下 1m。在贴面混凝土上游侧预留水平缝，内设止水，下游侧水平缝内化学灌浆，粘贴橡胶条，布置 3 层限裂钢筋。

4. 大坝横向裂缝处理措施

对于大坝横向裂缝，在大坝上游侧增设一道 3m 厚混凝土防渗体，封堵渗漏通道，可以从根本上解决横向裂缝渗漏问题。对比较重要、有渗钙等现象的横缝进行化学灌浆处理，缝端粘贴橡胶条并布置 3 层 $\phi25$ 限裂钢筋。

5. 堰面裂缝处理措施

堰顶高程由原 84.8m 提高至 89m，堰面新浇混凝土厚度 1~4.2m，原堰面凿毛，松动部分予以凿除，堰面缝端粘贴橡胶条，对较深的堰体裂缝进行化学灌浆处理，原堰体表面垂直布设 ϕ25 锚筋，间距 1m，梅花形布筋，浇筑 C30F250W6 堰面钢筋混凝土。

6. 大坝施工缝、闸门井、底孔、通气孔、廊道等部位裂缝及防渗处理措施

（1）对廊道重要裂缝进行化学灌浆处理。

（2）对底孔壁，底孔闸门井，19、20 号和 21 号电站坝段闸门井及通气孔裂缝进行化学灌浆、表面粘贴胎基布、涂刷聚脲保护层。

（3）对廊道一般性表面裂缝，采取侧壁顶拱表面涂刷渗透结晶型水泥基防渗涂料。

第六节 本 章 小 结

覆窝水库大坝坝体混凝土浇筑过程中没有采取温控防裂措施，坝体温度较高，温度应力过大，导致大坝混凝土裂缝十分严重。裂缝数量呈逐年增加趋势。其中纵向贯穿性裂缝、高部位贯穿性水平裂缝、闸墩贯穿性裂缝以及迎水面竖向裂缝等重要裂缝，对大坝稳定安全、防渗性、耐久性均产生较大影响。采取水溶性聚氨酯化学灌浆处理措施，防渗效果明显，尤其是廊道内裂缝化灌防渗是成功的。但是，暴露在室外环境的坝体表面部位，受到外界气温较大幅度周期性年变化影响，水溶性聚氨酯化灌材料容易因冻融及裂缝开合作用而不能耐久。采用预应力锚索对大坝纵向裂缝进行处理，起到了限制裂缝进一步扩展和部分压合缝顶的作用。

第十四章
三湾水库闸坝工程防裂及裂缝处理

本章总结了三湾水库闸坝工程温控防裂仿真计算、防裂措施、闸墩裂缝调查及处理。

第一节　工　程　概　况

三湾水利枢纽工程位于辽宁省丹东市，主要任务是以丹东市城市供水为主，并兼顾发电。总库容 1.54 亿 m³。

枢纽主要建筑物为沿坝轴线按直线型布置的闸坝工程，由挡水坝段、取水坝段、泄洪闸、电站坝段、鱼道坝段等建筑物组成，坝高 25.96m。闸坝总长 547.57m，共分为 32 个坝段。自左岸开始，1、3 号和 4 号坝段为左岸挡水坝段，1、3 号坝段为岸坡坝段，1、3 号和 4 号坝段总长 45.0m；2 号坝段为鱼道坝段，长 14.0m；5 号坝段为电站检修闸门门库及环境用水取水坝段，长 15.0m；6、7 号坝段为电站坝段，位于主河槽处，为河床式电站，布置三台机组，坝段总长 36.37m，厂房布置在坝后，在电站坝段以左上游侧设拦砂坎，下游尾渠直对主河道；电站坝段的右侧，8～25 号坝段为泄洪闸，泄洪闸位于主河床上，共布置 17 孔，单孔净宽 15.6m，溢流总净宽为 265.2m，共分为 18 个坝段，总宽度为 319.2m；紧邻泄洪闸右侧的 26 号坝段为城市供水引水坝段，设置两个城市供水引水口，坝段宽 16.0m，取水泵站设在右岸坝下；引水坝段右侧 27 号和 28 号坝段泄洪闸检修闸门门库坝段，每个坝段长 19.0m；其右侧 29～32 号坝段为右岸挡水坝段，每个坝段长 16.0m，总长度为 64.0m；挡水坝段右侧的山坡内设置 20.0m 长的混凝土刺墙。

主体工程于 2009 年 5 月开工，2014 年 10 月下闸蓄水。

第二节　泄洪闸底板及闸墩温控防裂仿真计算分析研究

一、计算目的及研究内容

三湾水库坝址地处北方寒冷地区，夏季炎热多雨，冬季寒冷干燥。该地区多年平均气温为 8.1℃。夏季 7、8 月多年平均气温 23.3℃，冬季 1 月多年平均气温 -10.3℃。

我国北方地区一些水闸闸墩和经常暴露于大气中的底板产生裂缝的情况比较普遍，而且裂缝的位置、缝型和缝的尺度具有一定的规律性，有的裂缝为贯穿性裂缝，有的裂缝长度甚至达到闸墩高度的 90%，这些裂缝严重破坏了水闸结构的整体性和耐久性，给水闸的运行带来了较大的隐患。

三湾泄洪闸地基为弹性模量较高的岩基，底板顺水流方向及垂直水流方向尺寸较大，闸墩厚 3.0m，这些都给三湾闸室混凝土防裂带来很大的困难。为了了解泄洪闸混凝土温度及应力变化规律，有效防止混凝土裂缝，保证工程质量，需要进行温控防裂仿真计算分析工作，为现场施工提供合理的温控防裂措施，并为防裂设计提供科学依据。

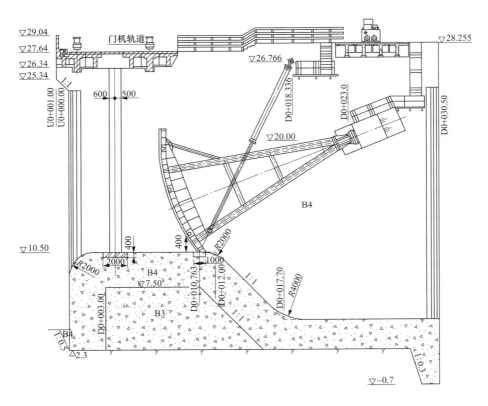

图 14-1　16 号闸室的典型剖面图（高程、桩号单位：m；尺寸单位：mm）

本次仿真计算主要内容：

（1）三湾泄洪闸于 2009 年 5 月开工，部分闸室底板已浇筑完成。闸室混凝土分 B3 和 B4 两个分区，先前施工部分 B4 区混凝土采用浑河牌 P. MH42.5 级中热水泥。鉴于中热水泥价格较高，在后续施工过程中计划采用价格较低但发热量更高的普硅水泥。通过仿真计算分析泄洪闸 B4 分区混凝土采用普硅水泥的可行性。

（2）在确定水泥材料后，进行水闸闸墩及底板的温控防裂设计，以有效控制混凝土温度裂缝，并为设计提供科学依据。

（3）在完成混凝土热力学室内试验前，参考类似工程的混凝土热力学参数，于 2009 年 8 月，完成仿真计算分析中期成果，提出水闸施工温控措施和温控指标。

（4）结合混凝土热力学室内试验参数、2009 年闸室施工的实际浇筑方案和实际采取的温控措施，进一步优化温控措施，于 2009 年 12 月，完成仿真计算分析最终成果，反馈设计指导后续施工。

选定 16 号闸室作为典型闸室进行相应的计算分析。16 号闸室的典型剖面图如图 14-1 所示。

二、计算模型

16 号闸室的整体三维有限元网格如图 14-2 所示，由于对称，取 16 号闸室的一半作为分析对象。计算模型取沿垂直水流方向 9.3m。基础范围：在闸室上游和下游各取 50m，深度取 50m。

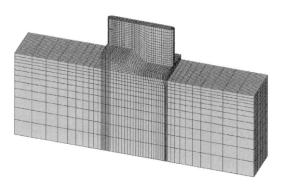

图 14-2　16 号闸室三维计算模型图

三、基本资料

1. 16 号闸室的施工情况

16 号闸室于 2009 年 5 月开始施工，2010 年 4 月闸室主体结束施工，混凝土浇筑高程为 2.1～26.3m，各层浇筑信息统计表见表 14-1。

表 14-1   16 号闸室浇筑层特征值统计表

浇筑层	浇筑日期	浇筑时间（天）	每层高度（m）	每层高程（m）	浇筑温度（℃）	备　注
1	2009 年 5 月 30 日	0	1.1	3.2	23.00	堰体及部分底板
2	2009 年 6 月 30 日	31	1.9	4.0	23.00	堰体及部分底板
3	2009 年 9 月 22 日	115	2.7	4.8	16.00	堰体及部分底板
4	2009 年 9 月 24 日	117	4.7	6.8	16.00	堰体
5	2009 年 9 月 29 日	122	6.5	8.8	16.00	堰体
6	2009 年 10 月 22 日	145	8.4	10.5	8.00	堰体
7	2009 年 11 月 5 日	159	5.7	7.8	8.00	闸墩
8	2010 年 3 月 28 日	302	8.4	10.5	5.00	闸墩
9	2010 年 4 月 20 日	325	14.4	16.5	10.00	闸墩
10	2010 年 4 月 25 日	330	24.2	26.3	12.00	闸墩

2. 计算采用的基本资料

三湾地区不同月份的多年月平均气温见表 14-2。

表 14-2   三湾地区多年月平均气温统计表

月份	1	2	3	4	5	6	7	8	9	10	11	12	全年
多年月均气温（℃）	−10.3	−6.3	1.1	9.1	15.5	20.0	23.3	23.3	17.2	9.9	3.0	−7.2	8.1

闸室混凝土分 B3 及 B4 两个分区（分区图如图 14-1 所示）。不同配比混凝土的热学参数见表 14-3，热学参数的数据由中国水利水电科学研究院提供。

表 14-3   混凝土材料热学参数统计表

配合比编号	分区	强度等级	比热容 [kJ/(kg·℃)]	导温系数（×10⁻³m²/h）	热膨胀系数（10⁻⁶℃⁻¹）
SW-3	B3	$C_{90}15F50W6$（中热水泥，掺抗裂剂）	0.982	3.28	8.42
SW-6	B4	$C_{90}25F200W6$（普硅水泥，掺抗裂剂）	0.951	3.32	8.92
SW-10	B4	$C_{90}25F200W6$（普硅水泥，不掺抗裂剂）	0.918	3.34	8.30
SW-12	B4	$C_{90}25F200W6$（中热水泥，掺抗裂剂）	0.902	3.12	8.60

不同龄期混凝土的绝热温升用公式 $\theta = \dfrac{\theta_0 t}{t + d}$ 来拟合，其中 θ_0 及 d 为常数。不同配比混凝土的绝热温升公式见表 14-4，绝热温升的变化曲线如图 14-3 所示。

表 14-4　　　　　　　　　　　混凝土材料绝热温升公式

配合比编号	分区	强度等级	绝热温升（℃）
SW-3	B3	$C_{90}15F50W6$（中热水泥，掺抗裂剂）	$25.28t/(t+1.45)$
SW-6	B4	$C_{90}25F200W6$（普硅水泥，掺抗裂剂）	$38.54t/(t+0.5)$
SW-10	B4	$C_{90}25F200W6$（普硅水泥，不掺抗裂剂）	$38.12t/(t+0.656)$
SW-12	B4	$C_{90}25F200W6$（中热水泥，掺抗裂剂）	$35.0t/(t+1.2)$

注　t 为混凝土龄期。

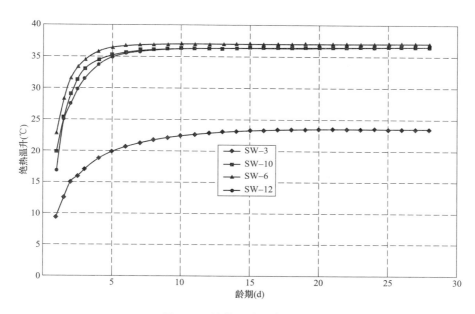

图 14-3　绝热温升的变化曲线

不同龄期混凝土弹性模量的公式用 $E = E_0(1-e^{-at^b})$ 来拟合，其中 E_0、a、b 为常数。不同配比混凝土的弹性模量公式见表 14-5，表中公式是根据辽宁省水利水电科学研究院有限责任公司提供的试验资料拟合形成。

表 14-5　　　　　　　　　　　混凝土材料弹性模量公式

配合比编号	分区	强度等级	弹性模量（GMPa）
SW-3	B3	$C_{90}15F50W6$（中热水泥，掺抗裂剂）	$28.9 \times (1-e^{-0.245t^{0.453}})$
SW-6	B4	$C_{90}25F200W6$（普硅水泥，掺抗裂剂）	$30.8 \times (1-e^{-0.22t^{0.498}})$
SW-10	B4	$C_{90}25F200W6$（普硅水泥，不掺抗裂剂）	$28.0 \times (1-e^{-0.20t^{0.51}})$
SW-12	B4	$C_{90}25F200W6$（中热水泥，掺抗裂剂）	$28.0 \times (1-e^{-0.220t^{0.498}})$

不同配合比混凝土的自身体积变形见表 14-6，表中数据来自中国水利水电科学研究院试验数据。

表 14-6 混凝土自身体积变形统计表

配合比编号	自生体积变形（×10⁻⁶）											
	3d	7d	14d	21d	28d	45d	65d	90d	100d	120d	150d	180d
SW-3	−5.1	−5.9	−5.7	−3.5	0.3	4.5	6	7.9	7.9	7.9	7.9	7.9
SW-6	2.1	1.7	−8.2	−9.2	−9.4	−10.8	−9.1	−9.1	−9.1	−9.1	−9.1	−9.1
SW-10	−0.6	−5.1	−6.5	−5.3	−4.4	−3	0.1	1	2.3	2.3	2.3	2.3
SW-12	4.2	2.8	0	−1.6	−3.9	−6.3	−6.3	−6.3	−6.3	−6.3	−6.3	−6.3

三湾泄洪闸基岩的参数见表 14-7。

表 14-7 基岩力学参数表

类别 \ 项目	天然密度 ρ(g/cm³)	泊松比 μ	弹性模量（GPa）
基岩	2.73	0.23	30.0

三湾泄洪闸 5 月不同深度地基温度见表 14-8。

表 14-8 三湾泄洪闸 5 月不同深度地基温度统计表

0.0m（地面）	0.4m	0.8m	1.6m	≤3.2m
20.9	16.3	13.4	9.8	7.4

混凝土的徐变度采用公式表示

$$C(t,\tau)=\left(A_1+\frac{B_1}{\tau}\right)\left[1-e^{-r1(t-\tau)}\right]+\left(A_2+\frac{B_2}{\tau}\right)\left[1-e^{-r2(t-\tau)}\right] \tag{14-1}$$

三湾泄洪闸混凝土徐变度参数见表 14-9。

表 14-9 混凝土徐变度参数统计表

配合比编号	徐变度参数					
	A_1	A_2	B_1	B_2	r_1	r_2
SW-3	3.48	12.85	49.11	17.22	0.3	0.005
SW-6	3.48	12.85	49.11	17.22	0.3	0.005
SW-10	3.48	12.85	49.11	17.22	0.3	0.005
SW-3	3.48	12.85	49.11	17.22	0.3	0.005

冷却水管参数表见表 14-10。

表 14-10 冷却水管参数表

材料	管外径	管内径	管长	通水流量（m³/h）
强度聚乙烯管	32mm	30mm	200m	1.2

不同保温材料参数表见表 14-12。

表 14-11　　　　　　　　　　　　不同保温材料参数表

材　料	导热系数[kJ/(m·h·℃)]
XPS 挤塑板	0.1008
聚氨酯保温发泡材料	0.0864
聚苯乙烯泡沫板	0.144

四、混凝土的允许抗拉强度

水闸混凝土允许抗拉强度，根据室内试验成果，按下式进行计算

$$\sigma \leqslant \frac{\varepsilon_{\mathrm{p}} E_{\mathrm{c}}}{K_{\mathrm{f}}} \tag{14-2}$$

式中　σ——各种温差所产生的温度应力之和，MPa；

　　　ε_{p}——混凝土极限拉伸值，重要工程须通过试验确定；

　　　E_{c}——混凝土弹性模量；

　　　K_{f}——安全系数，一般采用 1.5～2.0，视工程重要性和开裂的危害性而定。

本工程安全系数取 1.5，各配比混凝土不同龄期允许抗拉强度见表 14-12，允许抗拉强度随龄期变化曲线如图 14-4 所示。

表 14-12　　　　　　　　不同配比混凝土的允许抗拉强度

混凝土部位	不同龄期混凝土允许抗拉强度（MPa）						
	1d	3d	7d	14d	28d	90d	180d
SW-3	0.18	0.37	0.62	0.89	1.19	1.53	1.59
SW-6	0.21	0.44	0.73	1.05	1.39	1.79	1.86
SW-10	0.20	0.41	0.69	0.99	1.32	1.70	1.76
SW-12	0.18	0.37	0.62	0.88	1.17	1.52	1.57

五、中期计算成果的主要结论

（1）仿真计算的结果表明：如果不采取任何温控措施，即使采用中热水泥，底板和闸墩混凝土也将开裂。

（2）闸室底板混凝土和闸墩混凝土，在采取普硅水泥后，混凝土最高温度较采用中热水泥约提高 1℃，混凝土应力约提高 0.1MPa，对混凝土的温控防裂影响不大。因此可以考虑采用普硅水泥代替中热水泥，但必须采取严格的温控措施。

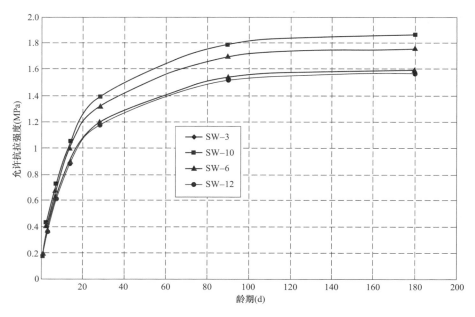

图 14-4 允许抗拉强度随龄期变化曲线

六、最终计算成果

计算成果的整理以剖面最高温度、最大应力包络图、典型点过程线、不同时间典型剖面温度场和应力场等值线为主。

包络图即是将剖面结点最大温度值和应力值放在同一张图上，画成包络图，以明确闸室结构的高温区及高应力区；过程线图则是将所关心部位的温度或应力的变化过程线画出，表示出不同区域混凝土温度或应力随时间的变化过程，并明确最大值发生的时间；不同时间温度场和应力场等值线则是根据闸室的施工进度，画出施工期及运行期不同时间的温度场和应力场，以分析其变化。

图 14-5 为底板及闸墩分区及典型点分布示意图，表 14-13 为典型点特征值统计表。

表 14-13 底板及闸墩典型点特征值统计表

序号	关键点坐标			所处区域	备注
	X	Y	Z		
1	9.30	3.90	0.55	A 区内部	2009 年 5 月底浇筑
2	25.00	3.90	0.55	B 区内部	2009 年 5 月底浇筑
3	24.33	3.90	2.70	C 区表面	2009 年 9 月下旬浇筑
4	5.61	3.90	2.70	D 区内部	2009 年 9 月下旬浇筑

序号	关键点坐标			所处区域	备注
	X	Y	Z		
5	6.88	3.90	8.40	D 区表面	2009 年 10 月下旬浇筑
6	23.33	7.80	4.70	E 区闸墩表面	2009 年 11 月初浇筑
7	23.33	9.30	4.70	E 区闸墩内部	2009 年 11 月初浇筑
8	22.45	7.80	6.45	F 区闸墩表面	2010 年 3 月底浇筑
9	22.45	9.30	6.45	F 区闸墩内部	2010 年 3 月底浇筑
10	4.94	7.80	9.90	G 区闸墩表面	2010 年 4 月浇筑
11	4.94	9.30	9.90	F 区闸墩内部	2010 年 4 月浇筑
12	16.06	7.80	15.90	H 区闸墩表面	2010 年 4 月浇筑
13	16.06	9.30	15.90	H 区闸墩内部	2010 年 4 月浇筑

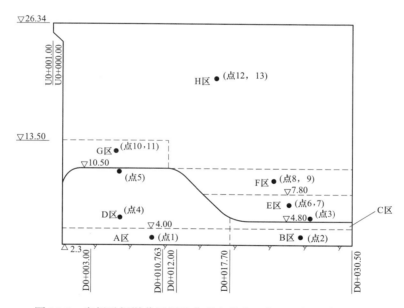

图 14-5　底板及闸墩分区图及典型点分布（高程、桩号单位：m）

1. 方案 1 计算成果

（1）计算条件。方案 1 是根据 16 号闸室 2009 年施工现场实际的浇筑方案（见表 14-1）和温控措施进行的仿真计算，旨在对 2009 年已浇混凝土和 2010 年拟浇混凝土进行抗裂安全性评估。方案 1 仿真计算时段为 2009 年 5 月 30 日～2011 年 6 月 30 日。计算过程中采用的气温资料：2009 年 5～11 月为工地现场实测的日平均气温，2009 年 11 月以后采用多年旬平均气温。

方案 1 中工地现场实际采取的温控措施如下：

1）浇筑温度：在 2009 年施工过程中，底板及闸墩混凝土基本自然入仓，各浇筑层混凝土工地现场实测的平均浇筑温度见表 14-1。

2）施工过程中未埋设冷却水管通水冷却。

3）施工过程中未进行临时保温。

4）2009 年 10 月对闸室裸露面采取了越冬保温措施。采取的措施如下：

a. 停止对基坑抽水，由于基坑中部分闸室底板和闸墩混凝土低于河床水位（河床水位为 7.5m），水下混凝土不进行保温，越冬期间淹没在水下。

b. 水平面、斜面外露面采用覆盖 6cm 厚草垫的方法进行保温［其等效放热系数为 73.97kJ/（m²·d·℃）］。具体措施为：先铺设塑料布，然后覆盖草垫，上面再覆盖彩条布防水进行保温，并用木方或废钢筋等进行压盖，防止覆盖物被风刮开、移位。

c. 垂直外露面混凝土采用 4.5cm 厚聚乙烯泡沫卷材进行保温［其等效放热系数为 73.97kJ/（m²·d·℃）］。具体措施为：将聚乙烯泡沫卷材竖向展开，悬挂在垂直外露面上，每隔 1.5～2.0m，采用（厚×宽）1cm×3cm 的长木条固定，木条固定在外露的钢筋头上。

5）2010 年 4 月以后，去掉所有的混凝土表面保温。

（2）底板混凝土计算成果。

1）最高温度及最大应力包络图。方案 1 计算时段内底板混凝土剖面最高温度包络图如图 14-6 所示，最大应力包络图如图 14-7～图 14-9 所示。

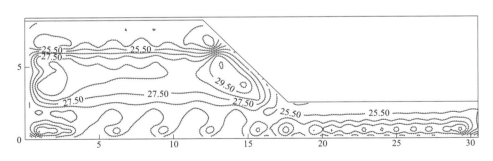

图 14-6 方案 1 底板剖面最高温度包络图（℃）

a. 从底板混凝土最高温度包络图可以看出：底板混凝土最高温度出现在底部混凝土（2009 年 5、6 月浇筑的 4.0m 高程以下混凝土）和复工以后 2009 年 9 月浇筑的堰体混凝土，最高温度为 30℃左右。主要原因是 2009 年 5、6 月浇筑的混凝土浇筑温度较高（23℃），且外界气温较高，虽然采用了中热水泥，但仍然导致 5、6 月浇筑的底

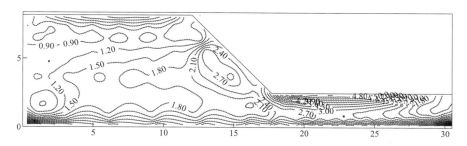

图 14-7 方案 1 底板剖面最大顺水流方向水平应力 σ_x 包络图（MPa）

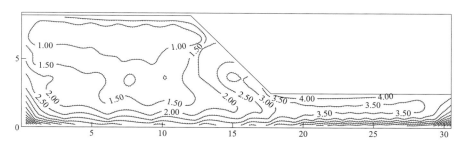

图 14-8 方案 1 底板剖面最大垂直水流方向水平应力 σ_y 包络图（MPa）

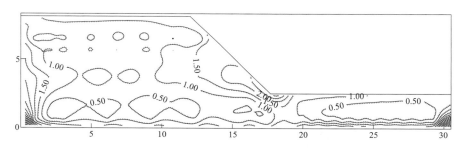

图 14-9 方案 1 底板剖面最大竖向应力 σ_z 包络图（MPa）

板混凝土最高温度较高；2009 年 9 月浇筑的混凝土，虽然浇筑温度稍低（16℃），外界气温也较低，但由于堰体的尺寸较大，内部混凝土散热较慢，导致堰体内部混凝土最高温度仍然达到 30℃左右。另外，从 2009 年 9 月复工以后浇筑的混凝土最高温度来看，B4 区混凝土温度要高于 B3 区，主要原因是 B4 区混凝土的绝热温升更高所致。

b. 从三个方向的最大应力数值来看，底板混凝土顺水流方向水平应力 σ_x 和垂直水流方向水平应力 σ_y 的数值较大，而竖向应力 σ_z 的应力较小。

从 σ_x 和 σ_y 的分布规律来看：越靠近岩基，应力数值越大，且远超过混凝土的极限允许抗拉强度，主要原因是靠近基岩部位的混凝土为 2009 年 5、6 月浇筑，最高温度较高，在温度下降过程中受基岩的强约束导致应力较大。

在堰体内部，B4 区混凝土的应力要远大于 B3 区，且 B4 区混凝土出现应力超标现象，这也主要是由于 B4 区混凝土绝热温升较高从而导致最高温度较高所致。

在堰体表面，混凝土的应力也较大，超过混凝土允许抗拉强度。

可以看出，在堰体内部 B4 区混凝土和堰体表面，混凝土的最大应力均超过混凝土的允许抗拉强度，很可能导致堰体内部出现"自下而上"的竖向贯穿性裂缝。

c. 从最大应力包络图还可以看出：在计算时段内，底板 B、C 两区（分区图如图 14-5 所示）内 σ_x、σ_y 最大应力数值较大，远超过混凝土极限抗拉强度，很可能会在这两个区域产生裂缝。

2）典型点温度及应力变化过程线。为了进一步总结底板不同区域混凝土温度及应力变化规律，选取典型点过程线进行分析（如图 14-10～图 14-14 所示）。底板混凝土典型点分布示意图如图 14-5 所示，典型点特征值统计表见表 14-14。

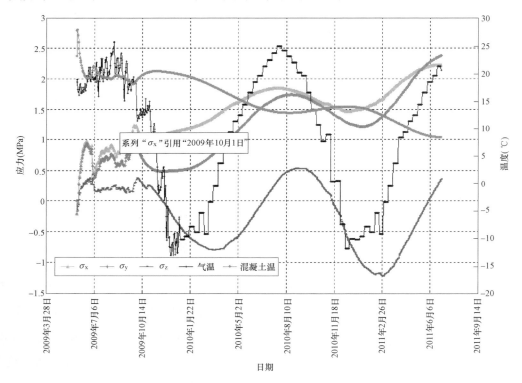

图 14-10 底板（堰体）A 区混凝土典型点温度及应力变化过程线（点 1）

a. 从底板 A 区典型点温度及应力变化过程线可以看出：其最高温度约 28℃，混凝土达到最高温度后温度开始下降，在温度下降过程中受基岩的强约束应力增大。2010 年以前应力数值小于 1.5MPa，A 区混凝土不会开裂，但 2010 年 8 月以后，应力数值超过混凝土极限抗拉强度，很可能出现垂直水流方向的水平裂缝。

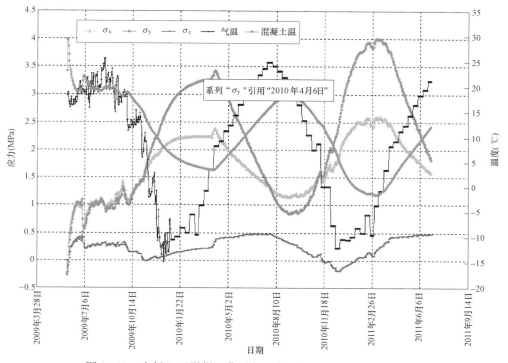

图 14-11　底板 B 区混凝土典型点温度及应力变化过程线（点 2）

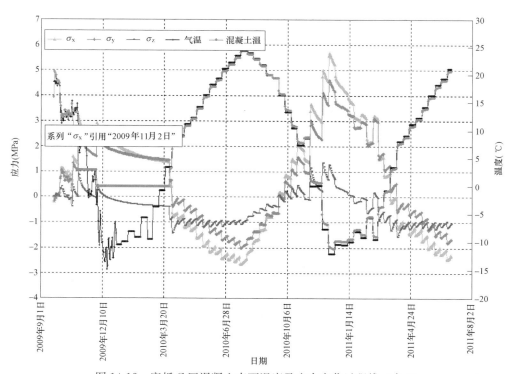

图 14-12　底板 C 区混凝土表面温度及应力变化过程线（点 3）

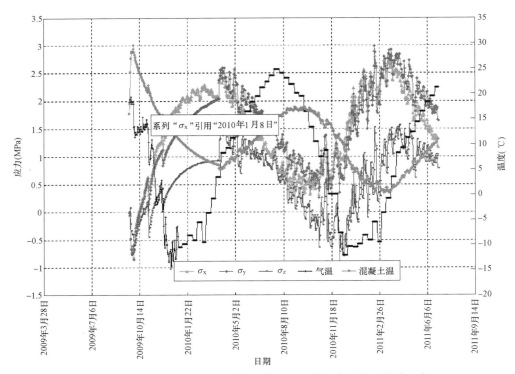

图 14-13　底板（堰体）D 区内部混凝土温度及应力变化过程线（点 4）

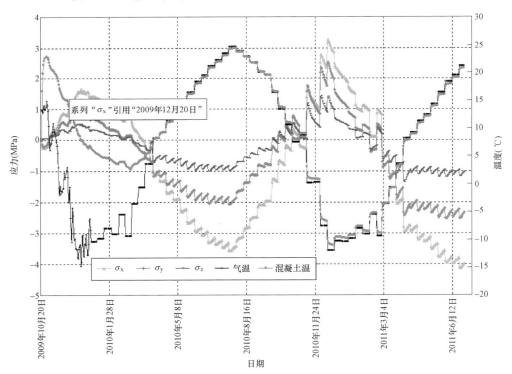

图 14-14　底板（堰体）D 区表面混凝土温度及应力变化过程线（点 5）

b. 从底板 B 区内部混凝土典型点温度及应力变化过程线可以看出：其最高温度约 30℃，混凝土达到最高温度后温度开始下降，在温度下降过程中受基岩的强约束应力增大。在 2009 年冬季，B 区内部混凝土最低温度降至 3℃左右，且应力数值在 2009 年 12 月超过混凝土极限抗拉强度，很可能会出现顺水流及垂直水流方向的水平裂缝。另外，从仿真计算结果来看，2010 年冬季时，B 区内部混凝土最低温度约－2℃，出现了负温，且此时应力达到最大值。

c. 从 C 区表面混凝土温度及应力变化过程线可以看出：C 区表面混凝土的最高温度较低，只有 21℃左右，主要原因是在 2009 年 9 月浇筑，此时浇筑温度和气温均较低，同时表面混凝土散热快，所以最高温度较低。冬季停工后，C 区混凝土表面采用"蓄水"保温的方式，计算时冬季水温按 0℃计算。从应力计算结果来看，"蓄水"保温的效果并不好，2009 年 12 月 C 区表面混凝土就出现了应力超标现象，很可能会出现水平裂缝。

d. 从堰体 D 区内部混凝土温度及应力变化过程线可以看出：D 区内部混凝土最高温度约 30℃，后期随着温度的下降应力增长较快，且在 D 区混凝土，顺水流方向水平应力明显大于垂直水流方向水平应力，很可能出现"自下而上"的竖向贯穿性裂缝。

e. 从堰体 D 区表面混凝土温度及应力变化过程线可以看出：由于采用了 6cm 厚草垫进行保温，在 2009 年冬季，表面混凝土的应力基本控制在允许拉应力以内，混凝土不会开裂；但在 2010 年冬季时，由于计算时未考虑保温措施，其顺水流方向水平应力最大值达到 3.0MPa 以上，很可能会出现垂直水流向的水平裂缝。

3）16 号闸室底板 2009 年施工期出现裂缝成因分析。在 2009 年施工过程中，16 号闸室底板出现的裂缝情况如图 14-15～图 14-17 所示。

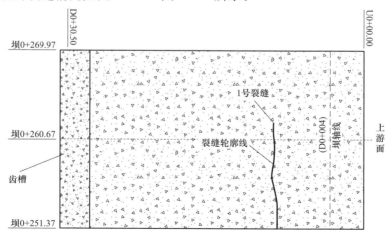

图 14-15 16 号闸室底板 3.1m 高程出现的裂缝位置图（桩号单位：m）

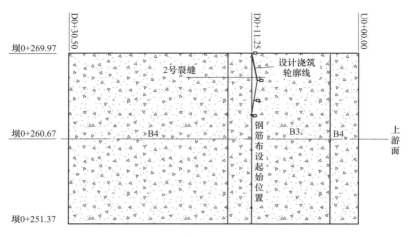

图 14-16 16 号闸室底板 4.0m 高程出现的裂缝位置图（桩号单位：m）

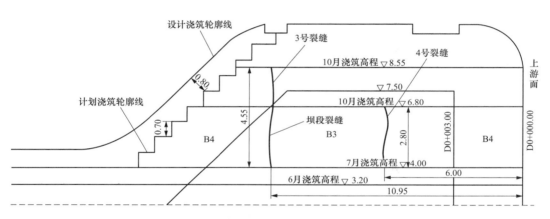

图 14-17 16 号闸室底板竖向贯穿性裂缝位置图（单位：m）

a. 1 号裂缝位于 3.1m 高程上，2009 年 6 月初浇筑完成，间歇了约一个月后才浇筑上层混凝土；2 号裂缝位于 4.0m 高程上，2009 年 7 月浇筑完成，间歇了两个多月后才浇筑上层混凝土。可以看出，这两条裂缝均位于薄层长间歇混凝土浇筑块的表面，而工地现场在 2009 年施工期间未实施混凝土表面临时保温措施，很可能是在长间歇期间遭遇气温骤降从而在限裂钢筋端部产生的表面裂缝。

b. 3、4 号裂缝位于堰体内部 2009 年 9 月复工以后浇筑的混凝土。裂缝出现的主要原因是 2009 年 9 月复工后未采取水管通水降温措施，导致堰体内部温度较高，在温度下降过程中，这部分混凝土受底部浇筑混凝土（6、7 月浇筑）的强约束从而产生了裂缝。从这个部位的应力分布规律来看，顺水流方向水平应力最大，所以产生此种典型的"自下而上"发展的贯穿性裂缝。

4）小结。方案 1 是根据 2009 年工地现场施工实际采取的温控措施和浇筑进度进行的仿真计算，由于工作条件的限制，工地现场未采取中期计算成果推荐的水管冷却、临时保温等措施，只对越冬保温做了比较完备的实施。在此情况下，仿真计算的结果表明：底板堰体的 D、B 区及 C 区极易出现表面及贯穿性裂缝。

2009 年施工过程中 16 号闸室已经出现了一些裂缝（上述 1～4 号裂缝），从仿真计算结果来看，只采用"蓄水"保温措施的底板 B、C 区混凝土很可能在 2009 年 12 月以后的越冬期间也出现裂缝。

（3）闸墩混凝土计算成果。

1）最高温度及最大应力包络图。如图 14-18～图 14-24 所示。

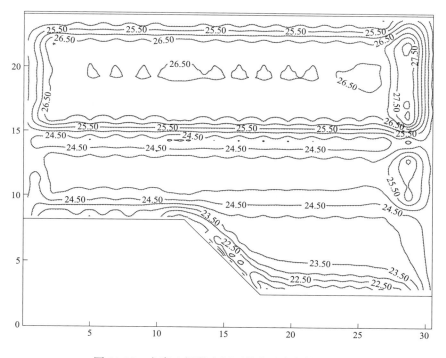

图 14-18　方案 1 闸墩中剖面最高温度包络图（℃）

a. 从闸墩内部最高温度包络图可以看出：闸墩最高温度约 28℃，出现在 2010 年 4 月浇筑的混凝土内，而其他部位的混凝土最高温度基本在 25℃以下。闸墩混凝土最高温度不高的主要原因是根据施工进度安排，闸墩混凝土基本在 2009 年 11 月及 2010 年 3 月浇筑，其浇筑温度和外界气温均较低，导致最高温度也较低；

b. 从三个方向的应力数值来看，在闸墩根部，水平应力 σ_x 和 σ_y 的数值远大于竖向应力 σ_z；在闸墩中上部，顺水流方向水平应力 σ_x 的数值远大于其他两个方向的应力。

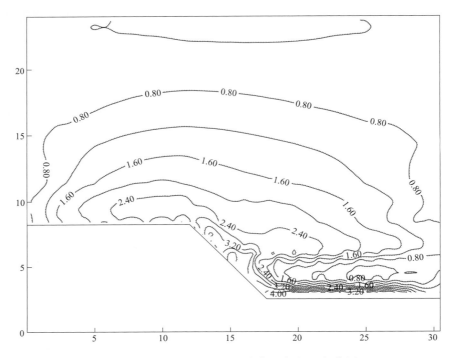

图 14-19　方案 1 闸墩表面顺水流方向水平应力 σ_x 包络图 （MPa）

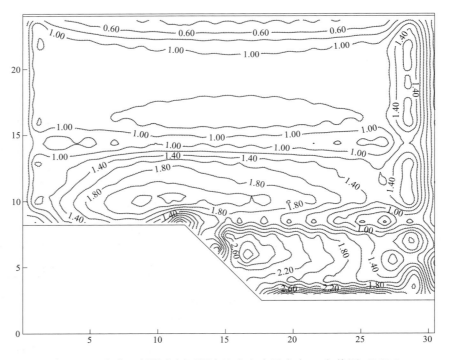

图 14-20　方案 1 闸墩中剖面顺水流方向水平应力 σ_x 包络图 （MPa）

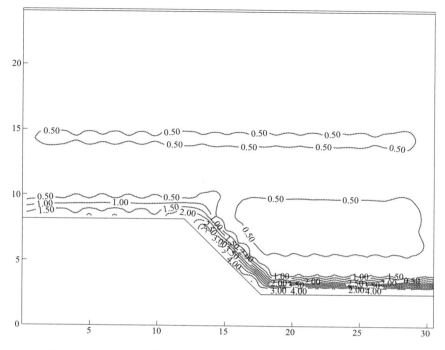

图 14-21　方案 1 闸墩表面垂直水流方向水平应力 σ_y 包络图（MPa）

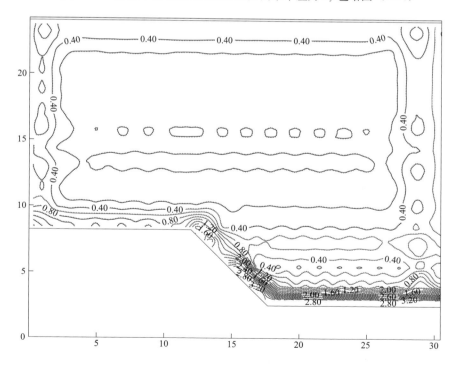

图 14-22　方案 1 闸墩中剖面垂直水流方向水平应力 σ_y 包络图（MPa）

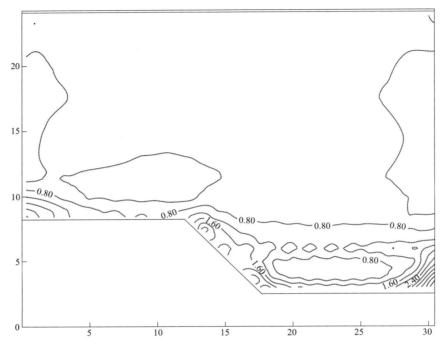

图 14-23　方案 1 闸墩表面竖向应力 σ_z 包络图（MPa）

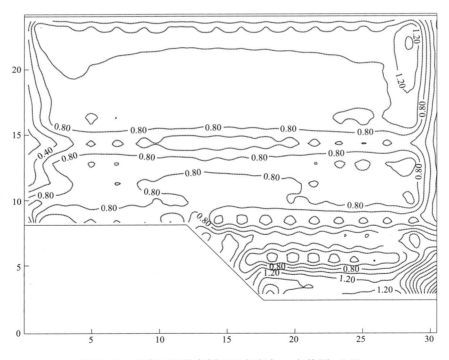

图 14-24　方案 1 闸墩中剖面竖向应力 σ_z 包络图（MPa）

从σ_x在闸墩不同部位的分布规律来看，闸墩的F区和G区（分区图如图14-5所示）σ_x应力最大，这主要是由于底部混凝土在2009年浇筑，经过越冬长间歇以后在2010年3月开始浇筑上部混凝土，而F区和G区混凝土处于新老混凝土结合面附近，受老混凝土约束很强，所以导致其温度应力较大。

c. 在闸墩的F区和G区（分区图如图14-5所示）混凝土表面及内部，顺水流方向水平应力σ_x均出现应力超标现象，很可能出现"自下而上"的贯穿性竖向裂缝。

2）典型点温度及应力比较图。对于闸墩混凝土，为了总结闸墩表面和内部混凝土温度及应力变化规律，将表面混凝土和对应的内部混凝土典型点过程线画在一张图上，便于对比分析。典型点分布示意图见图14-5，典型点温度及应力变化过程线如图14-25～图14-28所示。

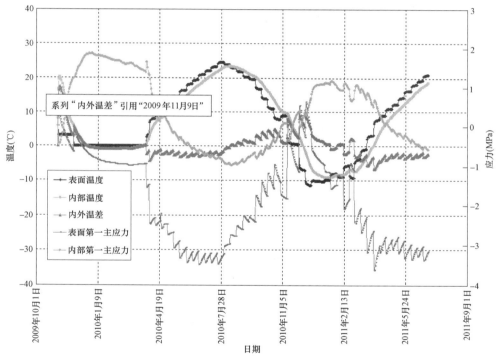

图14-25 闸墩E区混凝土内外典型点温度及应力变化过程线（6、7点）

a. 对闸墩E区混凝土，从其表面和内部典型点温度及应力变化过程线可以看出：在浇筑初期，由于闸墩表面散热快，内部散热慢，导致内部温度高于表面温度，内外温差（内外温差＝内部温度－表面温度）上升很快，在浇筑4天后，闸墩混凝土内外温差达到最大值约17℃。在此期间，随着内外温差的增大，表面混凝土呈现受拉状态，内部混凝土呈受压状态，在内外温差达到最大值时，表面拉应力和内部压应力达到浇筑初期的最大值，表面拉应力为0.3MPa，不会引起浇筑初期的混凝土开裂。

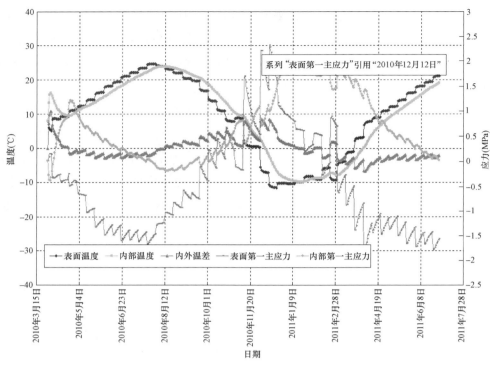

图 14-26 闸墩 F 区混凝土内外典型点温度及应力变化过程线（8、9 点）

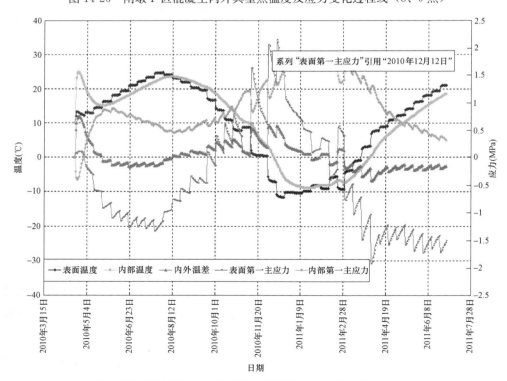

图 14-27 闸墩 G 区混凝土内外典型点温度及应力变化过程线（10、11 点）

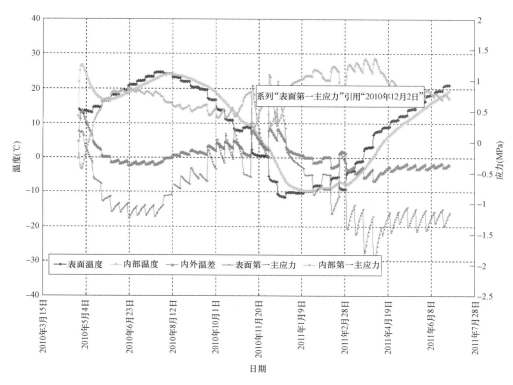

图 14-28 闸墩 H 区混凝土内外典型点温度及应力变化过程线（12、13 点）

在内外温差达到最大值以后，随着时间的推移，内外温差逐渐减小，同时闸墩表面混凝土逐渐由受拉状态变为受压状态，而内部混凝土由初期的受压状态变为受拉状态。对 E 区混凝土，闸墩表面停工以后采用"蓄水"方式保温，表面温度基本维持在 0℃，所以内外温差变化较慢，内外温差在浇筑 40 天后才小于 1℃。内部混凝土在 2009 年 12 月下旬应力达到最大值 1.8MPa，基本满足防裂要求，不会引起闸墩混凝土的开裂。

b. 对闸墩 F 区混凝土，在浇筑 3 天后，闸墩混凝土内外温差达到最大值约 16℃，此时表面拉应力为 0.2MPa，不会引起浇筑初期的混凝土开裂。

在内外温差达到最大值以后，随着时间的推移，内外温差逐渐减小，同时闸墩表面混凝土逐渐由受拉状态变为受压状态，而内部混凝土由初期的受压状态变为受拉状态。内外温差在浇筑 12 天以后即小于 1℃，主要原因是 F 区混凝土在 2010 年 3 月浇筑，外界气温开始回升，所以导致内外温差变化较快。

从 F 区混凝土内外应力过程线可以看出，在 2010 年 11 月中旬～12 月中旬，表面混凝土存在应力超标现象。主要原因是 F 区位于越冬长间歇面附近，受底部闸墩老混凝土的约束很强，在 2010 年冬季，由于没有表面保温措施，当外界气温降低时，内外温差迅速增大（最大增长到 9℃），从而会导致表面及内部混凝土应力均出现超标现象。

c. 对闸墩 G 区混凝土，在浇筑 5 天后，闸墩混凝土内外温差达到最大值约 11℃，此时表面拉应力为 0.1MPa，不会引起浇筑初期的混凝土开裂。

在内外温差达到最大值以后，随着时间的推移，内外温差逐渐减小，同时闸墩混凝土逐渐由受拉状态变为受压状态，而内部混凝土由初期的受压状态变为受拉状态。内外温差在浇筑 15 天以后即小于 1℃。G 区混凝土也位于越冬长间歇面附近，受底板堰体老混凝土的约束很强，进入 2010 年 11、12 月时，内外温差又有所增加，导致 2010 年 11 月中旬～12 月中旬表面及内部混凝土应力均出现超标现象。

d. 对闸墩 H 区混凝土，在浇筑 5 天后，闸墩混凝土内外温差达到最大值约 14℃，此时表面拉应力为 0.15MPa，不会引起浇筑初期的混凝土开裂。

在内外温差达到最大值以后，随着时间的推移，内外温差逐渐减小，同时闸墩混凝土逐渐由受拉状态变为受压状态，而内部混凝土由初期的受压状态变为受拉状态。内外温差在浇筑 25 天以后即小于 1℃。

从 H 区混凝土内外应力过程线可以看出，因为 H 区混凝土基本脱离了下部老混凝土的强约束区，虽然在 2010 年冬季也未进行表面保温，内外温差有所增加（最大增长到约 9℃），且应力达到最大，但混凝土应力不超过 1.5MPa，完全满足抗裂要求。

3）小结。16 号闸室闸墩混凝土除 E 区在 2009 年浇筑外，F、G、H 区均在 2010 年浇筑。F、G 这两个区域的混凝土位于越冬长间歇面附近，在浇筑完成达到最高温度后，在温度下降过程中受底部老混凝土（堰体混凝土或闸墩混凝土）的强约束作用，再加上 2010 年 11 月中旬～12 月中旬期间内外温差较大，会出现应力超标现象，很可能会产生"自下而上"的贯穿性裂缝。

E 区混凝土由于在 2009 年 11 月浇筑，浇筑温度较低，并且 2009 年越冬期间采用"蓄水"方式保温，故不会出现应力超标现象。

H 区混凝土虽然在 2010 年 4 月下旬浇筑，浇筑温度稍高（12℃），但由于脱离了底部老混凝土的强约束区，也不会出现应力超标现象。

2. 方案 2 计算成果

（1）计算条件。从方案 1 底板及闸墩混凝土的温度及应力变化规律可以看出：混凝土浇筑完后，如果只对 2009 年越冬时的混凝土表面进行保温，在 2010 年 4 月去掉保温以后，则在 2010 年越冬期间堰体表面及闸墩 F、G 区表面会出现应力超标现象。

方案 2 是在方案 1 的基础上进行的仿真计算，与方案 1 的区别是在 2010 年末越冬期间也对堰体表面及 F、G 区混凝土表面进行保温，在 2011 年 4 月去掉表面保温。

方案 2 计算时段为 2009 年 5 月 30 日～2013 年 5 月 31 日，2009 年 12 月 31 日以前计算步长为 1 天，采用现场实测日平均气温，2010 年 1 月 1 日以后计算步长为 3 天，采用多年旬平均气温。

（2）计算成果。方案 2 堰体表面及闸墩 F、G 区典型点温度及应力变化过程线如图 14-29～图 14-31 所示。闸墩 E、H 区典型点过程线如图 14-32 和图 14-33 所示。

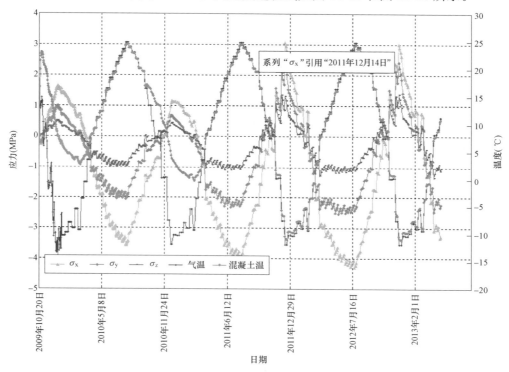

图 14-29　底板堰体表面 D 区混凝土表面典型点温度及应力变化过程线（5 点）

1）从图 14-29～图 14-31 可以看出：对底板及闸墩混凝土 2010 年 10 月初至～2011 年 3 月底实施表面保温后，在 2010 年越冬期间闸墩表面的内外温差基本控制在 4℃ 以内，小于方案 1（2010 年越冬时不进行表面保温）2010 年越冬期间的内外温差（约 9℃），可见表面保温对减小越冬期间薄壁结构的内外温差效果是很显著的。同时，方案 2 在 2010 年实施表面保温后，混凝土的表面应力和内部应力均有了较大的消减，在 2010 年越冬期间可满足防裂要求。

因为方案 2 只对堰体表面和闸墩 F、G 区 2010 年越冬期间实施了保温，2011 年 4 月以后不再实施表面保温，从温度及应力变化过程线来看，计算时段内 2011 年末及 2012 年末越冬期间上述部位的混凝土表面及内部应力又出现了超标现象，这说明在三湾泄洪

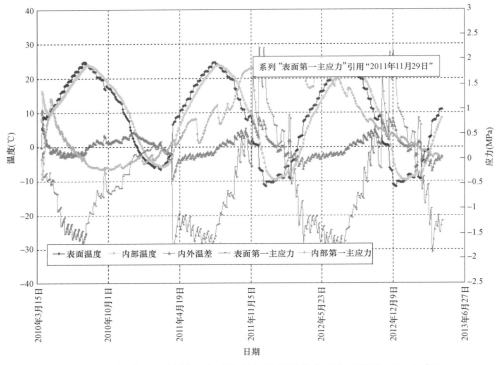

图 14-30　闸墩 F 区混凝土表面典型点温度及应力变化过程线（8、9 点）

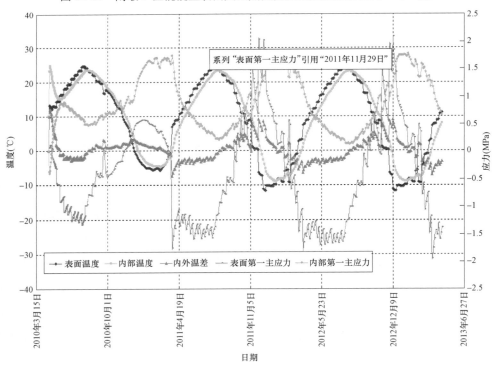

图 14-31　闸墩 G 区混凝土表面典型点温度及应力变化过程线（10、11 点）

闸当地的气候条件下，底板表面及闸墩 F、G 区表面在每年的冬季都需要表面保温。否则，这些部位极易产生裂缝。

2）从图 14-32 和图 14-33 可以看出：在闸墩的 E 区和 F 区虽然 2010、2011、2012 年冬季都未采取表面保温措施，并且在冬季其内外温差也较大（9℃左右），但混凝土表面和内部应力均满足防裂要求。

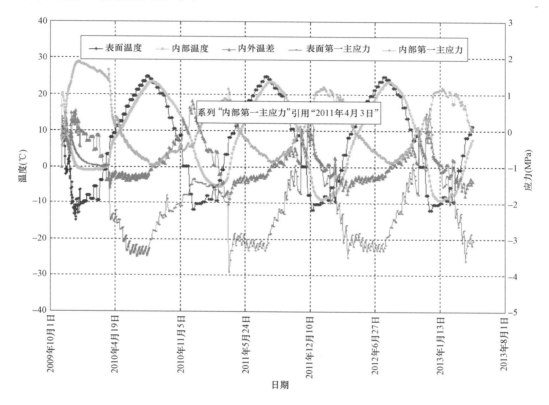

图 14-32　闸墩 E 区混凝土内外典型点温度及应力变化过程线（10、11 点）

3）从上面分析可以看出，对于闸墩混凝土，其 F、G 区混凝土越冬时需要表面保温，而 E、H 区混凝土却不需要表面保温就可防止闸墩的表面和内部裂缝。这种现象的出现是跟不同区域所处的结构部位和浇筑进度所决定的，F、G 区混凝土位于越冬长间歇面附近，其温度应力不但受内外温差的影响，还受底部老混凝土（堰体混凝土及底部已浇闸墩老混凝土）的强约束，所以导致在气温变化比较剧烈的冬季，如果不做表面保温就会出现应力超标现象；而 E 区和 H 区主要受混凝土内外温差的作用，受底部混凝土的约束较弱，所以在冬季虽然其内外温差仍然较大，但应力不会超标。

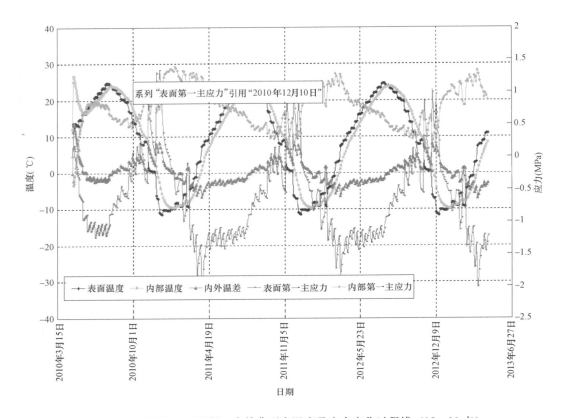

图 14-33　闸墩 H 区混凝土内外典型点温度及应力变化过程线（12、13 点）

3. 结论及建议

（1）基本结论。

1）在中期仿真分析成果的基础上，根据 2009 年三湾泄洪闸施工现场实际的浇筑进度、实际采用的温控措施及混凝土热力学室内试验参数，进行 2009 年已浇混凝土防裂评估和 2010 年待浇混凝土的温控措施优化工作。

2）在寒冷地区岩基上修建水闸，其底板和闸墩受内外温差、底部岩基（或混凝土）强约束等的作用，导致抗裂难度较大。究其原因：①在浇筑初期，混凝土发热很快，而闸墩及底板的内部和表面散热条件不同，会导致较大的内外温差，在表面混凝土产生超过混凝土允许抗拉强度的温度拉应力（混凝土浇筑初期抗拉强度很低），容易出现"自外而内"的表面裂缝；②岩基弹性模量较高，而底板混凝土为一薄而宽的板状结构，受岩基的约束很强，在底板内部温度下降的过程中，底板受岩基的强约束容易产生贯穿性水平及竖向裂缝；③闸墩混凝土与底板混凝土的浇筑时间间隔较长，浇筑闸墩混凝土时，底板混凝土的弹性模量已经较高，在闸墩混凝土温度下降的过程中,受底板的强约束容易产生"自下而上"的竖向贯穿性裂缝。另外,北方寒冷地区寒潮比较频繁,越冬间歇期长的特点进一步加大了三湾泄洪闸混凝土的防裂难度。

3)由于现场工作条件的限制,三湾泄洪闸 2009 年的施工现场未采取中期成果推荐的水管冷却、临时保温等温控措施,只对越冬保温做了比较完备的实施。在此情况下,仿真计算结果表明:闸室底板及闸墩混凝土的基础强约束部位(F、G 区)极易出现表面及贯穿性裂缝。

2009 年施工过程中出现了一些裂缝,从仿真计算结果来看,16 号闸室 1、2 号裂缝处于薄层长间歇混凝土表面上,而 2009 年施工期间未实施临时保温措施,应是在长间歇期间遭遇气温骤降从而在限裂钢筋端部产生的表面裂缝;3、4 号裂缝出现的原因是在施工过程中未采取水管通水降温措施,再加上 B4 区混凝土绝热温升较高,导致堰体内部温度较高,温度下降时受底部混凝土强约束导致的"自下而上"贯穿性裂缝。

4)仿真计算结果表明:在 2009 年越冬时,采用 6cm 厚草垫和 4.5cm 厚聚乙烯泡沫卷材对混凝土裸露的水平面、斜面及立面进行的表面保温效果是比较好的,可有效控制混凝土的内外温差,防止越冬期间出现裂缝;但对底板 7.5m 高程以下采用"蓄水"保温的方式,其效果并不好,底板 B、C 区混凝土很可能会在 2009 年 12 月左右出现水平裂缝。

5)在 2010 年复工以后,施工重点部位主要是闸墩混凝土,且 2010 年 5 月以前闸墩主体应施工完毕。在 2010 年 3、4 月浇筑闸墩混凝土(尤其是强约束区混凝土),其浇筑温度和外界气温均较低,对闸墩混凝土抗裂有利,因此在 2010 年条件允许的条件下,应尽早开展施工。

6)仿真计算结果表明:对于底板表面及闸墩越冬长间歇面附近的 F、G 区混凝土,必须在施工期及运行期的每个冬季均进行表面保温(永久保温)才能有效防止其裂缝问题。闸墩中的 E、H 区混凝土可不进行表面保温。

7)考虑到三湾泄洪闸的运行状况,每年春、夏季均需进行开闸泄洪,底板及闸墩表面实施永久保温的难度很大(保温材料被冲刷掉),可能难以在实际工程中成功实施。如果不能对上述部位实施永久保温,则至少在 2010 年 9 月底至 2011 年 4 月初对底板表面及闸墩 4.8~14.5m 进行一个冬季的保温。

8)在 2010 年施工期间,根据天气预报,如果遭遇寒潮,则寒潮期间应在闸墩裸露的混凝土表面采用 2cm 厚聚乙烯泡沫卷材进行临时保温。

9）在 2010 年施工期间，应加强混凝土的养护。应在混凝土浇筑完毕后至少两周的养护时间内保持湿润状态，另外，养护水的温度不得低于混凝土表面温度 15℃，以免形成对混凝土表面的冷击作用。

10）在 2010 年施工期间，应注意控制混凝土的拆模时间。混凝土的拆模时间除需要考虑拆模时混凝土的强度要求以外，还要考虑拆模时混凝土温度不能过高，以免混凝土与空气接触时降温过快而导致开裂。建议拆模时混凝土表面温度与外界空气之差不超过 15℃。在大风和气温骤降时不宜拆模，在外界气温低于 0℃时不宜拆模。

另外，混凝土在前期硬化的过程中对湿度的要求较高，过早拆除模板会加速混凝土表面的收缩，从而导致收缩裂缝的产生。对于本工程建议拆模时间在浇筑 7 天以后，并且宜选择在环境温度较高的白天拆模。拆模后严禁立即洒凉水进行养护。

（2）三湾泄洪闸 2010 年复工后现场浇筑混凝土温度控制指标。

1）浇筑温度。2010 年复工后，泄洪闸闸墩不同混凝土分区（分区图如图 14-5 所示）浇筑温度见表 14-14。

表 14-14　　　　三湾泄洪闸 2010 年复工后混凝土浇筑温度控制指标表

区域	浇筑温度（℃）	备　注
E 区	≤7.00	2010 年，应把 E、F、G 区混凝土尽量安排在 3 月浇筑，以充分利用此时外界气温较低的有利特点
F 区	≤8.00	
G 区	≤8.00	
H 区	≤12.00	

如条件允许，可在低温期浇筑混凝土，但浇筑温度不能低于 5℃。

2）最高温度。最高温度的控制可按照表 14-15 进行。

表 14-15　　　　三湾泄洪闸 2010 年复工后混凝土最高温度控制指标表

区域	最高温度（℃）	备注
E 区	≤20.0	
F 区	≤20.0	
G 区	≤25.0	
H 区	≤27.0	

3）上下层温差。上下层温差主要是由于混凝土浇筑温度的季节性变化和较长时间的停歇所引起，对混凝土浇筑块，当混凝土浇筑块的长度小于 25m 时，一般情况下，上下层温差引起的温度拉应力的数值不大。对于三湾泄洪闸，底板浇筑块长度约 30m，所

以应控制上下层温差：$\Delta T \leqslant 19.0℃$。

4）内外温差。控制内外温差目的主要是防止表面裂缝，可通过施加表面保温来实现。闸墩混凝土的内外温差控制为：在浇筑初期（浇筑以后5天内），内表温差 $\Delta T \leqslant 20.0℃$；在冬季，控制其内表温差 $\Delta T \leqslant 5.0℃$。

（3）三湾泄洪闸温控措施建议。中国水利水电科学研究院于2009年9月10日提出三湾泄洪闸温控措施建议。

1）为了控制底板及闸墩混凝土温度应力，必须铺设水管通水进行一期冷却，冷却水管采用高强度聚乙烯管，每卷长200m，外径32mm，内径30mm，水平间距×竖直间距按照1.0m×1.0m布置，通水流量为1.2m³/h。9月浇筑混凝土冷却水水温采用15℃，10月浇筑的混凝土冷却水水温采用10℃。通水时间：C区通水时间为5天，E区为10天，其他区域为15天，通水方向每天倒换一次。冷却水管应在混凝土浇筑前布设完善，并在浇筑前半天开始通水，提前冷却，以保证"削峰"效果，降低混凝土的最高温度。

2）临时保温及越冬保温：9月复工以后，在施工过程中，对裸露的混凝土面进行临时保温，临时保温采用2cm厚聚氨酯泡沫被［等效放热系数为4.108kJ/(m²·h·℃)］。10月底整个闸室基本浇筑完毕后，混凝土裸露表面喷涂3cm厚聚氨酯进行越冬保温［等效放热系数为2.784kJ/(m²·h·℃)］。

3）在采取上述"外保内降"温控措施，在当前施工进度安排下，可有效控制A、D、F区及G区的温度应力，防止这些部位产生裂缝。但B、C、E区应力仍然超标，可能会出现裂缝。

4）除采取上述"外保内降"措施外，控制E区混凝土浇筑温度在7℃以下时才可防止E区混凝土应力超标。考虑到工地现场实际的温控条件，E区混凝土浇筑温度很难控制在7℃以下，因此，对B、C、E区配置一定数量的限裂钢筋及掺加防裂剂是必要的。

5）在施工过程中应加强对混凝土流水养护。一方面混凝土采用了抗裂剂，必须加强养护；另一方面，表面流水可降低混凝土最高温度，对温控防裂有利。现场施工时，可结合临时保温进行流水养护，即可保温又可保湿，对混凝土防裂比较有利。

第三节　闸墩裂缝调查及分布

2012年4月、2013年5月，辽宁省水利水电科学研究院两次对三湾泄洪闸闸墩裂缝进行调查，对 6 个闸墩共 16 条裂缝宽度进行抽检，裂缝分布见表 14-16 及图 14-34～图 14-37。

表 14-16 裂缝分布检测结果表

序号	闸墩号及裂缝部位		裂缝信息				裂缝宽度抽检（mm）	
			编号	桩号	高程（m）	裂缝走向	2012 年 4 月	2013 年 5 月
1	8 号	右侧	8-1	D0+18.465	4.8～7.57	竖向	0.23	0.30
2	9 号	左侧	9-1	D0+18.780	4.8～7.08	竖向		0.20
			9-2	D0+23.600	6.33～7.13	竖向		0.40
			9-3	D0+23.78	4.8～6.91	竖向		0.30
		右侧	9-4	D0+19.000	4.8～7.12	竖向		0.04
			9-5	D0+23.647	4.8～7.06	竖向	0.45	0.20
3	10 号	左侧	10-1	D0+21.351	4.8～7.78	竖向	0.45	0.40
		右侧	10-2	D0+21.230	4.8～7.83	竖向	0.22	0.10
4	11 号	左侧	11-1	D0+22.500	4.8～7.85	竖向	0.08	0.10
		右侧	11-2	D0+22.500	4.8～7.80	竖向	0.08	0.04
5	12 号	左侧	12-1	D0+10.211	10.5～14.5	竖向	0.38	0.20
		左侧	12-2	D0+22.379	4.8～13.35	竖向	0.58	0.50
6	13 号	左侧	13-1	D0+10.419	10.5～18.14	竖向	0.48	0.50
		左侧	13-2	D0+18.364	4.8～17.35	竖向	0.58	0.40
		右侧	13-3	D0+10.419	10.5～18.84	竖向		0.25
		右侧	13-4	D0+18.364	4.8～15.25	竖向		0.80
7	15 号	左侧	15-1	D0+10.025	10.5～18.64	竖向		
		左侧	15-2	D0+19.200	8.25～13.75	竖向		
		右侧	15-3	D0+10.225	10.5～19.04	竖向		
8	17 号	左侧	17-1	D0+10.101	10.5～18.44	竖向		
		左侧	17-2	D0+19.642	8.25～16.75	竖向		
		右侧	17-3	D0+10.543	10.5～18.34	竖向		
		右侧	17-4	D0+19.622	8.25～17.45	竖向		
9	19 号	左侧	19-1	D0+20.820	8.25～17.25	竖向		
		右侧	19-2	D0+19.622	23.95～26.55	竖向		
10	20 号	右侧	20-1	D0+11.704	25.84～27.64	竖向		
		右侧	20-2	D0+21.607	16.25～19.25	竖向		
11	21 号	左侧	21-1	D0+17.711	24.25～28.25	竖向		
		左侧	21-2	D0+19.651	8.25～16.45	竖向		
12	22 号	左侧	22-1	D0+17.510	23.85～26.45	斜向		
		左侧	22-2	D0+18.710	23.85～26.45	斜向		
		右侧	22-3	D0+18.111	24.25～26.65	斜向		

序号	闸墩号及裂缝部位		裂缝信息				裂缝宽度抽检（mm）	
			编号	桩号	高程（m）	裂缝走向	2012年4月	2013年5月
13	23号	左侧	23-1	D0+16.517	23.65~26.25	斜向		
		左侧	23-2	D0+18.321	23.65~26.25	斜向		
		右侧	23-3	D0+17.913	23.05~26.25	斜向		
		右侧	23-4	D0+19.309	23.05~26.25	斜向		
		右侧	23-5	D0+27.105	12.05~12.95	竖向		
14	24号	左侧	24-1	D0+13.004	22.84~25.84	竖向		
		左侧	24-2	D0+17.700	23.35~28.25	竖向		
		右侧	24-3	D0+13.200	24.24~26.94	竖向		
		右侧	24-4	D0+18.102	23.05~25.55	竖向		
15	25号	左侧	25-1	D0+17.900	24.95~25.85	斜向		

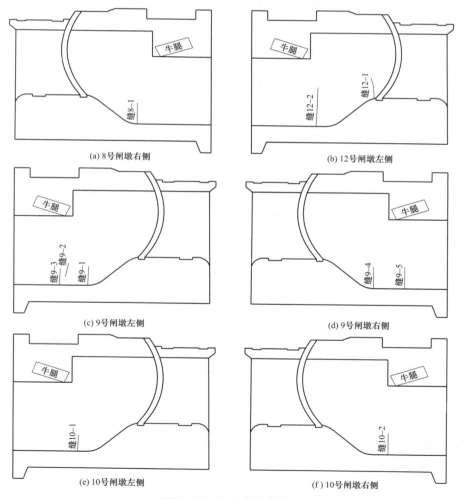

(a) 8号闸墩右侧　　　　　　　　(b) 12号闸墩左侧

(c) 9号闸墩左侧　　　　　　　　(d) 9号闸墩右侧

(e) 10号闸墩左侧　　　　　　　　(f) 10号闸墩右侧

图 14-34　闸墩裂缝位置 1

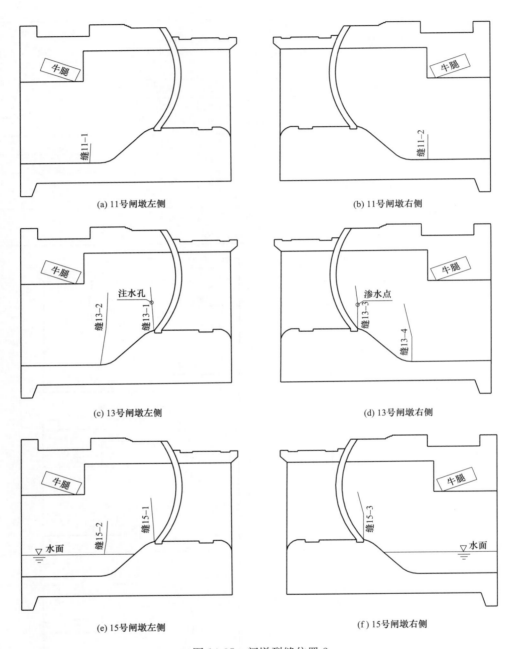

图 14-35 闸墩裂缝位置 2

　　两次检测数据比较，其中 3 条裂缝宽度增加，7 条裂缝宽度减小，6 条新统计裂缝。裂缝宽度增加幅度为 0.02～0.07mm，裂缝宽度减小幅度为 0.04～0.25mm。

　　除 14、16、18 号闸墩未发现裂缝，其余闸墩均有裂缝，裂缝多集中于闸门槽、液

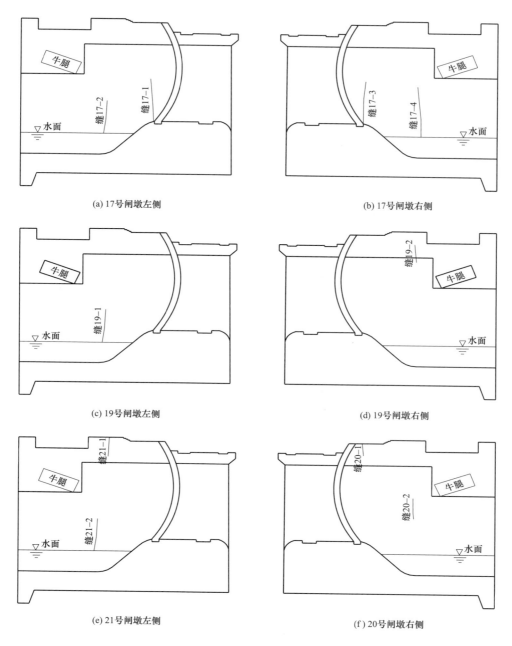

(a) 17号闸墩左侧

(b) 17号闸墩右侧

(c) 19号闸墩左侧

(d) 19号闸墩右侧

(e) 21号闸墩左侧

(f) 20号闸墩右侧

图 14-36 闸墩裂缝位置 3

压启闭机轴附近及牛腿偏上游侧桩号 D0+18.00～D0+20.00 之间。

有 12 条裂缝为对称裂缝。抽检 9、10、13 号闸墩裂缝为贯通性，推断其余闸墩具有一定长度的对称裂缝有贯通的可能。

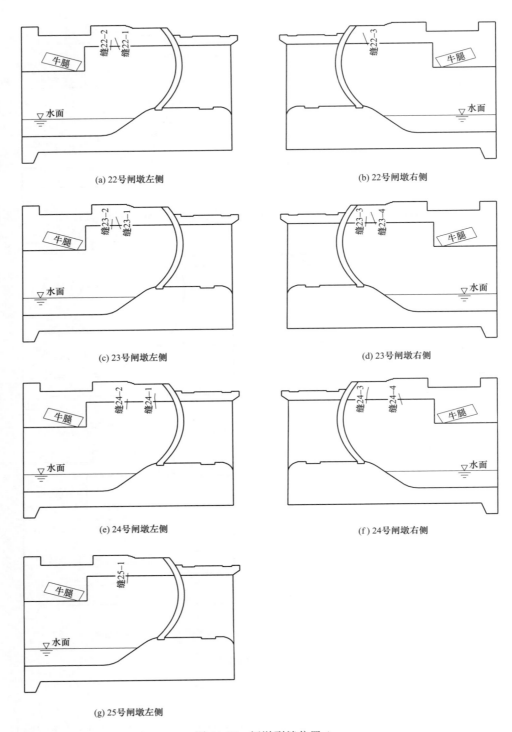

图 14-37　闸墩裂缝位置 4

第四节　裂缝成因分析及对闸室安全的影响评价

2012 年 5 月，中国水利水电科学研究院进行了三湾泄洪闸底板及闸墩裂缝成因分析及对闸室安全的影响评价。

利用三维有限元方法，采取了多种工况进行模拟，考虑水荷载、温度荷载、自重、弧门牛腿推力作用，分析闸墩的温度和应力变化过程及分布情况，分析不断增加的荷载对已存在的裂缝的影响，分析开裂原因，判断裂缝对建筑物安全的影响程度。另外，为了研究闸墩有缝和无缝工作时闸墩应力分布情况的不同，从而得出裂缝对闸墩整体安全的影响情况，对闸墩无缝的工作状态也进行了分析。

一、典型坝段闸墩裂缝分布

10 号闸墩在溢流面高程附近出现两条竖向裂缝，裂缝向上发展，并且左右岸贯穿，长 3.3m 左右；15 号闸墩在上游高程 13.07m 处出现长度为 2.57m 的竖向裂缝，裂缝左右岸贯穿。分别选取 10、15 号闸墩为典型进行研究。裂缝分布如图 14-38～图 14-40 所示。

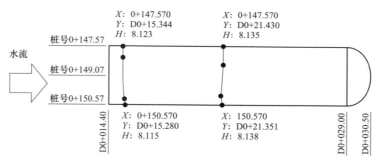

图 14-38　泄洪闸 10 号坝段闸墩裂缝平面图（高程、桩号单位：m）

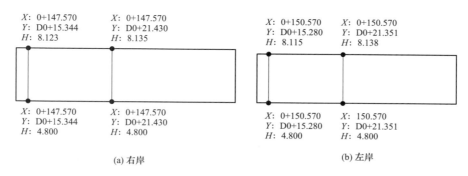

图 14-39　泄洪闸 10 号坝段闸墩裂缝立视图（高程、桩号单位：m）

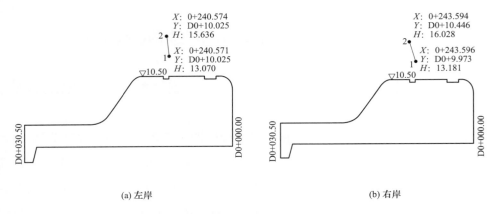

图 14-40 泄洪闸 15 号坝段闸墩裂缝立视图（高程、桩号单位：m）

二、计算工况

（1）10 号闸墩荷载组合。工况 1～工况 6 为闸墩带缝工作情况，工况 7 和工况 8 为闸墩无缝工作情况，荷载 组合如下：

工况 1：正常蓄水位＋闸门推力（两侧工作闸门同时关闭）＋自重。

工况 2：正常蓄水位＋闸门推力（一侧闸门关闭一侧开启）＋自重；当开启闸门泄洪时，可能出现闸墩一侧闸门关闭一侧开启的情况，则单侧荷载作用会出现"附加"扭矩的不利影响。

工况 3：正常蓄水位＋闸门推力（两侧工作闸门同时关闭）＋自重＋温升。

工况 4：正常蓄水位＋闸门推力（一侧闸门关闭一侧开启）＋自重＋温升。

工况 5：正常蓄水位＋闸门推力（两侧工作闸门同时关闭）＋自重＋温降。

工况 6：正常蓄水位＋闸门推力（一侧闸门关闭一侧开启）＋自重＋温降。

工况 7：正常蓄水位＋闸门推力（两侧工作闸门同时关闭）＋自重＋温降＋没有裂缝。

工况 8：正常蓄水位＋闸门推力（一侧闸门关闭一侧开启）＋自重＋温降＋没有裂缝。

（2）15 号闸墩荷载组合。工况 9～工况 14 为闸墩带缝工作情况，荷载组合如下：

工况 9：正常蓄水位＋闸门推力（两侧工作闸门同时关闭）＋自重。

工况 10：正常蓄水位＋闸门推力（一侧闸门关闭一侧开启）＋自重。

工况 11：正常蓄水位＋闸门推力（两侧工作闸门同时关闭）＋自重＋温升。

工况 12：正常蓄水位＋闸门推力（一侧闸门关闭一侧开启）＋自重＋温升。

工况 13：正常蓄水位＋闸门推力（两侧工作闸门同时关闭）＋自重＋温降。

工况 14：正常蓄水位＋闸门推力（一侧闸门关闭一侧开启）＋自重＋温降。

三、10 号闸墩计算成果分析

（1）不考虑温度荷载的计算成果分析。10 号闸墩不考虑温度荷载时的缝端最大主拉应力值见表 14-17。

表 14-17　　　　　　　不考虑温度荷载时的缝端最大主拉应力值　　　　　　MPa

工　况	裂缝 1		裂缝 2	
	最大主拉应力	发生部位	最大主拉应力	发生部位
正常蓄水位＋闸门同时关闭＋自重＋闸门推力	0.13	缝顶端	−0.004	缝顶端
正常蓄水位＋一侧闸门关闭一侧开启＋自重＋闸门推力	0.26	缝顶端	0.18	缝顶端

由计算结果可以看出，当不考虑温度荷载影响时，较大的拉应力区域主要集中在牛腿附近，缝端拉应力较小，最大的只有 0.26MPa，可判定单独考虑水荷载和自重作用不会引起裂缝开裂。鉴于本工程受外界温度影响较大，故应考虑温度荷载和水荷载的组合情况对闸墩纵缝开裂的影响。

（2）考虑温度对闸墩裂缝的影响。将气温和水温作为边界条件，采用时间步长为 10 天，利用 ANSYS 软件进行温度场仿真计算后，得出闸墩任意部位不同月份的代表性温度场，再与应力场进行耦合计算。

1）温升情况下计算成果分析。考虑温升荷载时的缝端最大主拉应力值见表 14-18。

表 14-18　　　　　　　考虑温升荷载时的缝端最大主拉应力值　　　　　　MPa

工　况	裂缝 1		裂缝 2	
	最大主拉应力	发生部位	最大主拉应力	发生部位
正常蓄水位＋闸门同时关闭＋自重＋温升＋闸门推力	0.93	缝顶端	0.67	缝底端
正常蓄水位＋一侧闸门关闭一侧开启＋自重＋温升＋闸门推力	1.02	缝顶端	0.84	缝底端

由以上结果可以看出，温升情况下，最大主拉应力（不考虑牛腿应力集中）发生在闸门一侧开启，一侧关闭的情况，出现位置为缝顶端上游侧附近单元，这个拉应力区斜向下发展，但未超过抗拉极限值 1.73MPa。裂缝底端存在小范围的压应力区域。

在温升荷载、水荷载、牛腿推力以及自重共同作用下，在闸门一侧开启，一侧关闭的情况，在缝顶端最大拉应力为最大值 1.02MPa，但是未超过抗拉极限值 1.73MPa，不足以引起裂缝扩展。

2）温降情况下计算成果分析。考虑温降荷载时的缝端最大主拉应力值见表 14-19。

表 14-19　　　　　　　　　考虑温降荷载时的缝端最大主拉应力值　　　　　MPa

工　况	裂缝 1		裂缝 2	
	最大主拉应力	发生部位	最大主拉应力	发生部位
正常蓄水位＋闸门同时关闭＋自重＋温降＋闸门推力	4.81	缝顶端	6.01	缝底端
正常蓄水位＋一侧闸门关闭一侧开启＋自重＋温降＋闸门推力	4.92	缝顶端	6.68	缝底端

温降情况下，缝端主拉应力很大，尤其是一侧闸门开启，一侧闸门关闭的情况，位置出现在第二条裂缝底端，最大值达到 6.68MPa，远超过混凝土的抗拉极限值；而且，闸墩最大主拉应力达到或超过混凝土极限抗拉强度 1.73MPa 的范围较大，主要集中下游溢流面附近，且有向下延伸的趋势。裂缝恰恰位于这个位置，因此裂缝极有可能向下扩展，贯穿整个底板，其危害性较大。

由此可得出在温降荷载、水荷载、弧门推力以及坝体自重共同作用下，延伸到溢流面的裂缝末端局部混凝土有进一步开裂的趋势。裂缝长期暴露在空气中，当溢流面过水后裂缝面可能会发生侵蚀，混凝土材料强度将进一步降低，裂缝在外荷载长期作用下可能继续扩展，并和闸墩混凝土内一些已有缺陷、微裂缝和空穴贯穿，发生宏观破坏，因此应对其进行处理。

（3）闸墩在无缝时受力分析。为了对比分析闸墩有缝和无缝不同的受力状态，本节对于闸墩无缝的情况进行受力分析，分析时选取了最危险工况，即考虑两种工况：①温降荷载、正常蓄水位、闸门同时关闭、自重；②温降荷载、正常蓄水位、闸门一侧关闭一侧开启、自重。具体最大拉应力结果（未计闸墩底部应力集中部位）见表 14-20。

表 14-20　　　　　　考虑温降荷载时无缝闸墩最大主拉应力值　　　　MPa

工　况	最大主拉应力	发生部位
正常蓄水位＋闸门同时关闭＋自重＋温降＋没有裂缝＋闸门推力	5.90	原裂缝1附近
正常蓄水位＋一侧闸门关闭一侧开启＋自重＋温降＋没有裂缝＋闸门推力	6.87	原裂缝1附近

当在温降、水压力、闸门推力、自重荷载组合下，在裂缝1和裂缝2周围，闸墩最大主拉应力远超过混凝土的极限抗拉强度。尤其在裂缝1附近，应力集中现象比较明显，最大拉应力达到了6.87MPa，远远超过了混凝土的极限抗拉强度1.73MPa，说明在此区域混凝土发生开裂。计算工况揭示的开裂情况与实际开裂情况基本一致。

对比闸墩有缝工作和无缝工作受力状态，两者整体应力分布有很大的相似性：超过混凝土极限抗拉强度的范围（不考虑牛腿附近的应力集中）都主要集中在闸墩下游溢流面附近，且最大值都为6.0MPa左右。因此闸墩出现裂缝后，对闸墩的结构安全影响比较小，但是考虑裂缝出现后，裂缝面过水可能会发生侵蚀，混凝土材料强度将降低，有发生宏观破坏的可能，因此有必要对裂缝进行处理。

四、15号闸墩计算成果分析

（1）不考虑温度荷载的计算成果分析。15号闸墩不考虑温度荷载时缝端最大主拉应力值以及出现的位置见表14-21。

表 14-21　　　　不考虑温度荷载时的缝端最大主拉应力值及出现位置　　　　MPa

工　况	最大主拉应力	发生部位
正常蓄水位＋闸门同时关闭＋自重＋闸门推力	0.85	裂缝顶端
正常蓄水位＋一侧闸门关闭一侧开启＋自重＋闸门推力	0.66	裂缝顶端

由计算结果可以看出，当不考虑温度荷载影响时，较大的拉应力区域（不考虑牛腿附近应力集中）主要出现在裂缝顶端，数值较小，最大的只有0.85MPa，在没有温度场作用的情况下混凝土不会开裂。

（2）温升情况计算成果分析。15号闸墩考虑温升荷载时缝端最大主拉应力值以及出现的位置见表14-22。

表 14-22 考虑温升荷载时的缝端最大主拉应力值及出现的位置   MPa

工 况	最大主拉应力	发生部位
正常蓄水位＋闸门同时关闭＋自重＋温升＋闸门推力	0.74	裂缝顶端
正常蓄水位＋一侧闸门关闭一侧开启＋自重＋温升＋闸门推力	0.58	裂缝顶端

由计算结果可以看出，温升情况下的最大拉应力（不考虑牛腿应力集中）发生在两侧闸门同时关闭的工况，出现的位置在缝顶端，最大主拉应力为 0.74MPa，未超过抗拉极限值 1.73MPa。温升温度场作用不会引起混凝土开裂，也不会引起裂缝扩展。

（3）温降情况下计算成果分析。考虑温降荷载时，15 号闸墩的缝端最大主拉应力值见表 14-23。

表 14-23 考虑温降荷载时的缝端最大主拉应力值   MPa

工 况	最大主拉应力	发生部位
正常蓄水位＋闸门同时关闭＋自重＋温降＋闸门推力	5.64	裂缝顶端
正常蓄水位＋一侧闸门关闭一侧开启＋自重＋温降＋闸门推力	5.26	裂缝顶端

计算结果显示，温降情况下，15 号闸墩的缝端最大主拉应力发生在两侧闸门同时关闭的工况，出现在裂缝顶端部位，最大值达到 5.64MPa，大大超过了混凝土的抗拉极限值，裂缝有进一步开展的可能。两个缝端超过混凝土抗拉极限值 1.73MPa 的范围较小，向上向下延伸各有 0.5m 左右，尚未延伸至溢流坝面。闸墩超过混凝土极限抗拉强度的区域主要集中在闸墩下游面溢流面附近，闸墩下游溢流面附近很可能会有新的裂缝产生，这都将给闸墩运行带来危害，应该对其进行修补加固处理。

五、裂缝成因分析

通过上述计算分析以及现场情况了解，对于闸墩裂缝的成因分析如下：

（1）闸墩裂缝性态分析：闸墩裂缝检测结果显示，裂缝基本为向上竖直开展，部分裂缝已经贯穿。混凝土闸墩在施工后不久即出现裂缝。底板地基为岩基，承载力较好，一般不存在不均匀沉降，而闸墩自重一般不会产生竖直裂缝，由此分析，影响闸墩裂缝的因素应该是温度收缩应力。这种在闸墩施工期出现的竖向裂缝，在运行期时，如果出现温降情况，裂缝将会进一步扩展；具体过程是当闸墩中部最大主拉应力达到混凝土抗拉强度时，其中部就产生第一条裂缝，裂缝两边混凝土将发生应力重新分布，应力重分布后最大应力值大于混凝土极限抗拉强度则会继续开裂。

（2）闸墩混凝土温度应力分析：温度是引起闸墩竖向开裂的主要原因。混凝土浇筑后，由于闸墩体积大，不易散热，因此闸墩内部会上升到比较高的温度。当热量逐渐散去时，内部混凝土会由于温降而收缩，受到地基和其他部分混凝土的约束，内部混凝土会产生拉应力。随着温度的不断下降，拉应力逐渐增大，当拉应力超过混凝土的极限抗拉强度时，会造成闸墩开裂，严重时形成贯穿裂缝，危害极大。

（3）引起闸墩这种竖向开裂的另一个主要原因是混凝土收缩产生的。本工程闸底板较宽，对闸墩的约束作用较大，施工现场资料表明，在闸墩混凝土浇筑时，底板混凝土的收缩已经完成70％以上，导致闸墩混凝土早期变形与底板变形不一致，进一步加重了闸墩裂缝的开展。

六、结论和建议

根据以上计算结果以及分析，可以得出如下结论和建议：

（1）只考虑水荷载、自重和闸门推力的影响，计算结果显示纵缝周围出现的最大拉应力未超过混凝土的抗拉极限值，不会引起混凝土开裂。

（2）闸墩在无缝状态下，考虑水荷载、自重、闸门推力以及温降温度场的荷载组合是控制工况。该工况下，闸墩下游溢流面附近最大拉应力远远超过混凝土的极限抗拉强度，且超出范围较大，说明运行期的闸墩在下游溢流面附近容易出现裂缝，而且其主要原因是温度应力产生的。这种竖直贯穿的裂缝，是典型的温降收缩受到约束产生的结果。

（3）闸墩带缝状态下，考虑水荷载、自重、闸门推力和温降温度场的荷载组合是控制工况，该工况下：

1）10号闸墩裂缝主要集中在闸墩下游溢流面附近，缝端的最大拉应力超过混凝土的极限抗拉强度范围较大，超出范围主要集中在下游溢流面附近，混凝土有进一步开裂的趋势，会对闸墩的安全造成一定的影响。

2）15号闸墩裂缝出现在闸墩上游偏向上部，缝端的最大主拉应力超过混凝土的极限抗拉强度范围较小，但是超出数值较大，依然有开裂的可能性；15号闸墩大面积超过混凝土极限抗拉强度值的范围依然集中在闸墩下游溢流面附近，因此该区域有出现新的裂纹的可能性，应加强防护。

（4）为了制止裂缝的进一步发展，降低纵缝缝端的拉应力，建议根据裂缝的具体情况进行修补加固处理。提高结构整体性和耐久性，保证结构安全。

（5）计算结果显示，各种工况下牛腿附近的闸墩受拉区域均出现了较大的应力集中现象，应密切监测该区域的裂缝发生、发展情况，加强该区域的防护以保证结构安全。

第五节　闸墩裂缝修补方案

一、裂缝修补原则

（1）处理方案必须能够适应各种复杂工况，能够适应该地区的冷热温度变化，适应冻融环境。

（2）选择的处理时间原则上结合水库工程进度及蓄水时间进行合理安排，保证在下闸蓄水前将所有缺陷修补完毕。

（3）对于裂缝，选取能够适应较大变形的柔性材料进行表面粘贴处理，选取能够适应环境变化的灌浆材料进行内部封闭。

（4）对于裂缝途经的区域出现的混凝土冻融剥蚀、蜂窝、麻面、脱空、孔洞、钢筋锈蚀及鼓胀、冻胀破坏、局部缺失、局部振捣不实部位必须进行预处理，使之不影响裂缝的修补效果。

二、裂缝修补方案要点

（1）缝面清理与缺陷修补。清除裂缝表面杂物、淤泥、白色析出物，清理裂缝开口左右各 0.15m（即宽度 0.30m）范围内的钢筋锈蚀区域、填补较大的孔洞和缺陷，深度打磨、清除老化的混凝土，使露出的混凝土保持较为平整、光滑。对于存在的冻融、剥蚀、蜂窝、麻面、脱空、孔洞、钢筋锈蚀及鼓胀、冻胀破坏、局部缺失、局部振捣不实等缺陷，需进行缺陷的预处理，采用必要的除锈、阻锈、植筋和钢筋网加固，采用聚合物混凝土、高强砂浆、钢塑纤维混凝土等材料进行缺陷填补、养护。

（2）裂缝贯通性检查。首先进行压气、压水查缝，试验该裂缝与其他裂缝的连通性。

（3）钻孔。采取密集布孔灌浆，将所有渗水区域裂缝内部封堵。

（4）灌浆。开度大于 0.2mm 进行常规灌浆处理，开度小于等于 0.2mm 采取化学材料缓慢渗透的方法进行灌浆处理。采用有机灌浆料与无机灌浆料（抗收缩性能的无机混合材料）相结合的，且遇水膨胀型灌浆材料为主，必要时采取深孔灌浆、多次补浆、导流等措施。

（5）裂缝表面柔性封闭。灌浆后裂缝表面开口处两侧各 0.15m（即宽度 0.30m）范围内已经经过表面处理的区域进行表面柔性封闭。在较干燥的表面涂刷手刮聚脲材料进行封堵；在长期保持潮湿的区域采用其他材料先进行潮湿面的水分阻断，待表面长期保持干燥时进行涂刷手刮聚脲封闭；对于无法阻断的潮湿区域，选用其他材料进行表面封闭，封闭平均厚度大于2mm。封闭材料的选择依据现场施工条件调整。

（6）所有裂缝涉及延续工期和分阶段处理的端部必须进行端部止水细部处理，留好延续接口。

（7）所有裂缝涉及越冬冰层和冬季运行水位变化区的部分必须在手刮聚脲涂层的最边缘向外进行防冰害处理，涂层最外端向外0.5m使用硅烷水性浸渍剂涂刮，以便膏体物质渗透混凝土1mm以上，在此基础上由涂层最外端向外0.25m范围内薄涂手刮聚脲界面剂一遍，养护成膜。

第六节　本　章　小　结

（1）在寒冷地区岩基上修建水闸，其底板和闸墩受内外温差引起的内部约束、底板受岩基外部强约束、闸墩受底板外部强约束等作用，导致抗裂难度较大。

施工前期温度应力仿真计算分析显示出，一是在浇筑初期，混凝土发热很快，而闸墩及底板较大的内表温差，在混凝土表面产生较大的温度拉应力，加之混凝土浇筑初期抗拉强度很低，容易出现表面裂缝；二是岩基弹性模量较高，而底板混凝土为薄长板状结构，在底板内部温度下降的过程中，受岩基的强约束容易产生贯穿性裂缝；三是闸墩混凝土与底板混凝土的浇筑时间间隔较长，浇筑闸墩混凝土时，底板混凝土的弹性模量已经较高，且收缩完毕，在闸墩混凝土温度下降的过程中，受底板的强约束容易产生竖向裂缝。

（2）依据有限元仿真成果，采取"外保内降"温控措施。浇筑温度不大于7～12℃，最高温度不大于20～27℃，上下层温差 $\Delta T \leqslant 19.0$℃。闸墩混凝土的内外温差控制为：在浇筑初期（浇筑以后5天内），内表温差 $\Delta T \leqslant 20.0$℃；在冬季，控制其内表温差 $\Delta T \leqslant 5.0$℃。铺设水管通水进行一期冷却，加强临时保温及越冬保温，配置一定数量的限裂钢筋及掺加防裂剂。

（3）运行期只考虑水荷载、自重和闸门推力的影响，不会引起混凝土开裂，温度作用是引起较大拉应力的原因。闸墩在无缝状态下，温降引起拉应力远远超过混凝土的极限抗拉强度，难以避免裂缝产生；闸墩带缝状态下，温降引起缝端的最大拉应力超过混凝土的极限抗拉强度范围较大，混凝土有进一步开裂的趋势，会对闸墩的安全造成一定的影响。

（4）启示。

1）在寒冷地区岩基上修建水闸，不利的气候条件下，这种薄长底板和长闸墩的防裂极具挑战性。仅依靠"外保内降"温控措施，严格的温度控制标准要求是不够的，还应采取更多种综合防裂措施。抗裂剂的选择未能进行充分的试验研究，包括抗裂剂种类、掺量、自生体积微膨胀性能、掺加部位、对温度应力补偿效果等。钢筋对于防裂和限裂作用需要进一步深入研究。

2）值得进一步研究的防裂措施包括混凝土中掺加聚丙烯纤维，提高混凝土抗裂能力；尽量缩短底板及靠近底板一定高度的闸墩浇筑间隔时间；必要时采取底板及靠近底板一定高度的闸墩预留宽槽后浇带等结构措施，可能会起到好的防裂效果。